Herbert Henzler
Immer am Limit

Herbert Henzler

Immer am Limit

Der Spitzenmanager von McKinsey erinnert sich

Econ

Meiner Mutter – und meinen Kindern Nicole,
Oliver, Eliora, Ilan, Yoran

2. Auflage 2011

Econ ist ein Verlag der Ullstein Buchverlage GmbH

ISBN: 978-3-430-20093-6

© Ullstein Buchverlage GmbH, Berlin 2011
Alle Rechte vorbehalten
Gesetzt aus der Sabon
Satz: LVD GmbH, Berlin
Druck und Bindearbeiten: Bercker, Kevelaer
Printed in Germany

Inhalt

Prolog

Es hat Momente gegeben, die düster aussahen, Momente voller Selbstzweifel. Ende der siebziger Jahre, als ich die Eumig beriet, zu dieser Zeit das größte privatwirtschaftliche Unternehmen Österreichs, ein Hersteller von Radiogeräten, Filmkameras (Super 8) und Projektoren. Zu einem der beiden Eigentümer, Karl Vockenhuber, hatte ich engen Kontakt, so merkte ich schnell, dass die Firma kontinuierlich den Berg hinunterging. Damals verhandelte ich mit der österreichischen Länderbank und versuchte zu retten, was zu retten war. Aber letztlich war es mir entglitten: Einst hatte die Eumig mit ihren Super-8-Kameras und ihren Projektoren für Leinwände viel Umsatz gemacht. Nach dem Urlaub lud man Freunde und Nachbarn ein, um ihnen die Ferienimpressionen vorzuführen. Darauf baute sich die Geschäftsgrundlage von Eumig auf. Doch dann kamen andere Kameras auf den Markt, einfach zu handhaben und preiswert. Bei Eumig hatten die Kameras über dreißig verschiedene Einstellungsmöglichkeiten. Viel zu kompliziert und zu teuer lautete das Urteil des Marktes. Diesen technischen Wandel schaffte Vockenhuber einfach nicht mehr.

1979 ging Eumig in die Insolvenz, massiv begleitet von Kommentaren in der Presse. Ich hatte schlaflose Nächte. Mein Plan bestand darin, in Wien ein McKinsey-Büro zu eröffnen, aber das ging nun nicht mehr. Jeder assoziierte McKinsey mit dem Untergang von Eumig. Karl Vockenhuber, der in Österreich eine Legende war, rief mich an: »Wollen die einen Schah haben? Wollen die mich aus meinem eigenen Land heraustreiben?« Ich erwiderte: »Herr Vockenhuber, das kann ich mir nicht vorstellen. Wir machen noch einen letzten Termin mit den Bankern.« Die Banker, die jahrzehntelang vor Vockenhuber ihren Hut gezogen haben, hatten sie doch durch die guten Ergebnisse von Eumig und ihren rund 6500 Mitarbeitern ihren Anteil verdient, sagten nun – sie waren per Du: »Karli, du bist ein Pleitier!« In diesem Moment konnte ich sehen, wie Karl Vockenhuber, von Natur aus klein von Statur, erkennbar um nochmals zwanzig Zentimeter schrumpfte. Nachher sagte er zu mir: »Wie so ein Taugenichts, wie so ein Funktionär mit mir umsprang …« Das war eine Anspielung darauf, dass die Banker über die politische Schiene zu ihren Posten gekommen war, er jedoch sein Unternehmen aus dem Nichts aufgebaut hatte.

Danach lud Karl Vockenhuber mich in sein wunderschönes Haus ein, außerhalb von Wien gelegen, am Wiener Wald. Als er mich durch die Villa führte, meinte er: »Dr. Henzler, ich kann es nicht mehr genießen. Mein Lebenswerk ist dahin.« Nicht lange danach verstarb er.

Das hatte mich sehr mitgenommen. Das durfte mir nicht mehr geschehen. Alles wollte ich dafür tun. Und wenn ich dafür ans Limit gehen musste.

Krieg und Kriegsfolgen – eine schwäbische Kindheit auf dem Dorf

Der Waschzuber war gemütlich. Immer wenn die Sirenen heulten, zog meine Mutter meinem Bruder Siegfried und mir die Trainingsanzüge an, ging mit uns Kindern in den Keller und legte uns in diesen Zuber. Der ältere Nachbarsbub Erwin, der später ein großer Fußballer wurde, kam beim ersten Sirenengeheul rüber und half mit. Unser Haus hatte den besten Keller weit und breit, so dass zehn oder zwölf Nachbarn bei Luftalarm ebenfalls hier Schutz fanden. Ich mochte es gern, im Dunkeln zu liegen und zu hören, wie sich die Erwachsenen um uns herum leise unterhielten. Nur wenn sie still auf das horchten, was draußen geschah und was ich noch nicht begreifen konnte, weil ich damals erst dreieinhalb Jahre alt war, spürte ich eine seltsame Anspannung.

Wenn wir am nächsten Morgen wieder hinauf ins Freie durften, lagen manchmal Dachpfannen auf der Straße, die von Tieffliegern durch die Luft gewirbelt worden sein mussten. Bomben gingen glücklicherweise nicht auf unser Dorf Neckarhausen nieder. Und somit wich die Anspannung der Erwachsenen schnell wieder dem üblichen geschäftigen Treiben.

Den größten Kriegsschaden erlebte ich an einem Vormittag spät im März des Jahres 1945, und zwar amtlich angekündigt. Der Gemeindebüttel fuhr mit seinem Fahrrad durch die Straßen, und alle dreihundert bis vierhundert Meter blieb er stehen, läutete eine Glocke und rief aus: »Achtung, Achtung, morgen früh um zehn Uhr wird die Neckarbrücke gesprengt!« Man solle die Fenster öffnen, um Glasbruch zu vermeiden, und die Kinder zur Sicherheit im Haus behalten. Als es so weit war, standen wir im Wohnzimmer am Fenster und hörten, wie der »Volkssturm« sein Werk vollbrachte, also jener Verband aller waffenfähigen Männer zwischen sechzehn und sechzig, die ab Oktober 1944 dazu aufgerufen worden waren, den »Heimatboden« zu verteidigen.

Kaum war die Explosion verhallt, da rannte ich hinunter zum Neckar. Es war ein brutaler Anblick: Dort, wo die Brücke gestanden hatte, ragten nur noch Trümmer aus dem Fluss. Der Lieblingsbolzplatz der älteren Kinder, auch einige Wiesen meiner Eltern auf der anderen Seite des Ufers, waren nach dem kurzen Knall unerreichbar geworden. Wenn ich heute die neue Neckarbrücke überquere, kommt mir Henry Kissinger, der ehemalige amerikanische Außenminister, in den Sinn. Er hatte einmal gesagt: »Drei Jahre dauert es, eine Brücke zu bauen, aber nur drei Minuten, sie in die Luft zu jagen.«

Der Krieg brannte sich mit Einzelsequenzen in mein Gedächtnis ein, war ich, im November 1941 geboren, doch noch zu jung, um genau zu begreifen, was in Deutschland vor sich ging. So erinnere ich mich, wie ein Mann in unsere Waschküche gestürmt kam und rief: »Der Feind ist hinter mir her!« Er warf sein Gewehr weg, riss sich die Uniformjacke herunter, betätigte den Pumpenschwengel und hielt Kopf und Oberkörper unter den Wasserschwall. »Nimm noch ein Stück Brot mit«, sagte meine Mutter. Der junge Mann griff dankbar zu, und dann war er auch schon wieder durch die Scheune auf dem Weg nach draußen. Später erklärte mir meine Mutter, dass es ein Soldat gewesen sei, der nicht mehr kämpfen wollte, der die Sinnlosigkeit des Krieges erkannte und dass er damit Recht hätte.

Meine Mutter stammte aus Wendlingen, wo wir die ersten drei Jahre meines Lebens bei ihren Eltern verbrachten. Nachdem britische Flieger dort Industriebetriebe bombardiert und dabei Wohnhäuser zerstört hatten, beschloss meine Mutter Mitte 1944 in das zehn Kilometer entfernte Haus meines Vaters nach Neckarhausen zu ziehen. Nach den Bombardements suchte sie für sich und ihre beiden Jungen Sicherheit.

Die Bilder von Feuer und Zerstörung waren also durchaus auch in meinem Kopf. Doch trotz der vielen Nächte im Luftschutzkeller kann ich mich nicht erinnern, dass ich jemals wirklich Angst gehabt hätte. Die einzige Erklärung, die ich dafür finde, ist meine Mutter. Sie gab mir und meinem Bruder immer das Gefühl, beschützt zu sein. Wie sie das schaffte, weiß ich nicht. Aber es muss sie viel Kraft gekostet haben.

Zwei Brüder hatte sie schon im Krieg verloren, der eine vermisst, der andere gefallen. Sie hatte die Trauergottesdienste miterlebt, in denen das Horst-Wessel-Lied, die Parteihymne der NSDAP (»Die Fahne hoch! Die Reihen fest geschlossen!«), in Hitler-Grußpose gesungen wurde und in der sie ihrer Mutter den Arm nach unten drückte. Sie selbst hatte mit einem Mann eine Familie gegründet, den sie kaum kannte. Es war eine Kriegstrauung, sie erfolgte innerhalb kürzester Zeit. Mein Vater – Albert Henzler war 1913 zur Welt gekommen und war im Frankreichfeldzug in Chalon-sur-Saône stationiert. Meine Mutter konnte nicht wissen, ob mein Vater unverletzt oder überhaupt wiederkommen würde. Und wie so viele Frauen, die ein ähnliches Schicksal hatten, bekam sie Kinder, meinen Bruder Siegfried und mich. Später fragte ich sie einmal, wie es ihr möglich war, mitten im Krieg Kinder zu gebären. Meine Mutter antwortete darauf: »Wenn der Herrgott Kinder in die Welt setzt, dann sorgt er auch für sie.«

Sie war tatsächlich eine sehr starke Frau – und ist es mit ihren jetzt bald fünfundneunzig Jahren immer noch. Sie war das Zentrum der Familie, tief im christlichen Glauben verankert, wodurch sie meinem Bruder und mir diesen festen Halt geben konnte, der unser ganzes Leben prägen sollte.

Trotz vieler Sorgen erlebte ich meine Mutter mit ihren blonden, hochgesteckten Haaren und ihrer etwas rundlichen Figur immer fröhlich, immer an andere denkend. Als der Krieg vorbei war und die ersten Ernten eingeholt wurden, lud sie zusammen mit meinem Vater die Garben vom Feld auf einen Wagen. Dabei blieben immer einige abgebrochene

Ähren auf dem Acker liegen. Diese wurden dann von den sogenannten Ährenlesern eingesammelt, die hinter dem Erntewagen hergingen und das Gefundene in große Schürzen legten. Meist waren die Ährenleser Flüchtlinge, und ich kann mich noch daran erinnern, dass es oft mehr von ihnen gab als Ähren. Als sie sich einmal sehr nah an den Wagen heranwagten, in der Hoffnung, es könnte doch noch etwas mehr herunterfallen, sagte mein Vater mit einer demonstrativen Geste: »Schaut, dass ihr weiter nach hinten kommt, nehmt das, was übrig bleibt.« Meine Mutter meinte beschwichtigend: »Lass sie doch, sie haben ohnehin so wenig.« Diese Szene hat sich bis heute eingeprägt, für mich Sinnbild ihres praktizierten christlichen Glaubens.

Meine Mutter nahm ohne Widerworte Familienmitglieder in ihrem Bauernhaus auf, etwa Ruth, die Tochter des gefallenen Bruders Gottfried oder ihre Schwiegermutter, die sie pflegte, bis sie starb, ebenso zwei Flüchtlingsfamilien. Diese waren uns 1945 durch die Gemeinde per Einweisungsbefehl zugewiesen worden. Meinem Vater hatte die Unterbringung der vier Personen überhaupt nicht gepasst, waren das doch für ihn »Fremde«. Und als diese auch noch erzählten, wie schön es in ihrer alten Heimat gewesen wäre, meinte er: »Dann sollen die da wieder hingehen, wo sie herkommen« – nicht beachtend, dass das nicht mehr möglich war.

Meine Mutter begriff sofort, dass diese Menschen auf ihre Weise versuchten, den Verlust ihres Zuhauses zu verarbeiten. Um es ihnen leichter zu machen, holte sie die beiden Ehepaare immer wieder zu den Mahlzeiten an unseren Küchentisch. »Wo vier Menschen Platz haben, haben auch acht Platz«, sagte sie.

Später, als Siegfried und ich längst nicht mehr zu Hause lebten, war sie die Einzige in dem Dorf, die eine türkische Familie im oberen Stock des Bauernhauses zur Untermiete wohnen ließ. Nach einer Weile zog die Familie in eine größere Wohnung etwas weiter entfernt. Aber da beide Elternteile arbeiteten, blieb das Mädchen, das auf den für mich ungewöhnlichen Namen Schale hörte, unter der Woche bei meiner Mutter. Da Schale anfangs nicht so gut in der Schule war – ihre Eltern konnten nicht genügend Deutsch, um ihr bei den Hausaufgaben zu helfen –, setzte sich meine Mutter mir ihr hin. Zusammen gingen sie die Aufgaben durch, und meine Mutter achtete darauf, dass Schale in der Schule weiterkam. Sie blieb dann bei uns, bis sie die Volksschule geschafft hatte. Noch heute telefoniert sie häufig mit meiner Mutter, ihrer »Tante«- Schale ist in Istanbul verheiratet und hat drei Kinder.

Die christliche Nächstenliebe meiner Mutter versuchte ich auch in meinem Führungsverständnis bei McKinsey umzusetzen, soweit es möglich war, wollte ich die Büros mit Herz leiten. Und oft habe ich Gnade vor Recht ergehen lassen. Einmal gab es bei McKinsey großen Zoff, weil ein Berater massiv gegen unsere Regeln verstoßen hatte. Ich hätte den betreffenden Mitarbeiter sofort entlassen müssen. Doch ich wusste, dass er gerade privat in den größten Problemen steckte, eine Scheidung zu verkraften hatte, die Trennung von seinen Kindern. Also führte ich mit drei anderen Beratern, die mir den Regelverstoß gesteckt hatten, Einzelgespräche: »Was ist in euren Augen der richtige Schritt? Soll ich Hans« – das ist jetzt ein erfundener Name – »nun kippen oder gebe ich ihm eine gelbe Karte?« Am Ende der Unterredungen hatte ich bei allen dreien das Gefühl, dass eine weitere Chance vertretbar war. Dem Betreffenden sagte ich: »Deine Karte ist dunkelgelb. Wenn noch einmal so etwas passiert, fliegst du raus.« Er hat es mir mit hoher Loyalität gedankt, meinte Jahre später: »Hättest du mich rausgeschmissen, ich wäre vollkommen abgesoffen.«

Zum Ende meiner aktiven Zeit bei McKinsey hatte ich rund 1400 Menschen zu führen, und es gibt bei so vielen immer Dinge, die sich im Graubereich befinden. Mietwagen, die am Montagmorgen gebraucht wurden, holte man schon am Freitagabend ab, um damit übers Wochenende mit der Freundin eine Spritztour zu unternehmen, Telefone im Büro wurden für Privatgespräche benutzt. Wenn mich der Controller darauf hinwies, sagte ich ihm: »Weißt du, es ist nicht mein Job, diese Mitarbeiter jetzt anzurufen und sie darauf hinzuweisen. Du kannst ihnen gelbe oder dunkelgelbe Karten austeilen. Nur wenn es eine rote ist, dann musst du zu mir kommen.«

Bei einer so großen Zahl von Beratern hätte ich viel zu tun gehabt, ihnen all ihre Verfehlungen in diesem Graubereich vorzuhalten. Niemals hätte man sie dann führen können.

Eine Lieblingsaussage von mir war: »Wenn ihr bei McKinsey seid, egal ob als Sekretärin oder als Partner in der Beratung, sieht man euch mit anderen Augen an. Schreibt unter Glückwunsch- oder Weihnachtskarten nicht einfach ›Gruß und Kuss, dein Julius‹. Von euch wird etwas anderes erwartet. Ich gehe davon aus, dass ihr eine innere Haltung habt, die dem entspricht, was wir von den Klienten verlangen. Wenn ihr Geschenke macht, dann denkt ein bisschen darüber nach, wer diese Person ist, der ihr etwas schenken wollt. Und denkt auch darüber nach, wie ihr euch anzieht.« Diese Sätze habe ich gepredigt und gepredigt.

Doch zurück in die Nachkriegszeit und zu meinem Vater. Er unterschied sich von den vielen anderen Henzlers im Raum Nürtingen, indem man ihn »Flieger-Henzler« nannte, denn er war bei der Luftwaffe. Als Junge dachte ich, wer bei der Luftwaffe sei, der müsse ein Pilot sein. Als mein Vater bei Kriegsende heimkehrte, stellte sich heraus, dass er nur beim Bodenpersonal gedient hatte, und das war eine große Enttäuschung für mich.

Überhaupt begann nach seiner Rückkehr eine schwierige Zeit. Ich erinnere mich noch genau daran, was ich empfand, als er in unserem Haus auftauchte. Es war ein warmer Junitag 1945. Siegfried und ich saßen mit unserer Mutter in der Küche beim Essen, es gab Kartoffelschnitz und Spätzle in der Brühe, als Gaisburger Marsch bekannt. Er trat durch die hintere Küchentür in den Raum, schmal, fast hager, dunkelhaarig, in einer stark abgeschabten und verlausten Uniform. Seinem Gesicht war anzusehen, dass er krank war. Er litt unter einer Rippenfellentzündung, wie ein Arzt später diagnostizierte.

Die nächsten Wochen verbrachte er im Bett, unter der Obhut meiner Mutter, bis er dann langsam anfing, sich wieder um die Äcker und Wiesen zu kümmern und die Hypotheken, mit denen unser Haus belastet war, abzustottern – noch in Reichsmark. Er war nicht gern in den Krieg gegangen, erfuhr ich von ihm, er sei sinnlos gewesen.

Für mich war die Rückkehr meines Vaters ein einschneidendes Erlebnis. Plötzlich war ein Mann im Haus, der für mich ein Fremder war und der meine Mutter beanspruchte. Ich war sehr stark auf sie fixiert, und immer wenn ein Gewitter aufzog oder der Neckar Hochwasser führte, durfte ich zu meiner Mutter ins Bett kriechen. Doch seitdem mein Vater da war, hatte ich dazu keine Chance mehr: Das Ehebett war besetzt!

Mit dem Verstand konnte ich es nicht erfassen, aber spüren, dass dieser Mann, zu dem ich Vater sagen sollte, vom Krieg schwer gezeichnet war. Wenn er mit seiner Mütze auf den dunklen Haaren von der Feldarbeit zurückkam, setzte er sich an den Kopf des Küchentisches. Er sprach nie viel, aß das, was ihm meine Mutter hinstellte, danach stand er sofort wieder auf und ging nach draußen. Nur sehr selten nahm er uns Kinder auf den Schoß, er spielte nie mit uns. Nach den aufreibenden Kriegsjahren war es ihm nicht möglich, uns seine Zuneigung zu zeigen.

Mein Vater war nicht verwundet worden, aber seine Gesundheit war doch ruiniert. Mal war erneut das Rippenfell entzündet, mal die Lunge – er war immer wieder krank. Und ich vermute, dass auch seine Seele in den Jahren, die er als Soldat für Hitler dienen musste, gelitten hatte. Als viele seiner Altersgenossen in die NSDAP eintraten, war er ihnen nicht gefolgt. Das hatte nichts mit Widerstand zu tun, er war ein durch und durch unpolitischer Mensch – aber auch sehr sensibel. Im Krieg ging es ihm einzig darum: nur nicht auffallen! Vielleicht war es meinem Vater deshalb nicht möglich gewesen, je wieder richtig Fuß zu fassen. Vielleicht wollte er es gar nicht. Als Erwachsener hatte ich manchmal diesen Eindruck.

Dabei hörte ich im Dorf oft, er sei in der Schule »zerscht gsessa«, der Beste gewesen. Er hatte seinen Vater mit zwei Jahren verloren, der war 1915 im Alter von sechsunddreißig Jahren an Tuberkulose gestorben. Als meine Großmutter Sophie einen anderen Bauern aus dem Dorf heiratete, der fünf Kinder mit in die Ehe brachte, kam es, dass mein Vater Albert zusammen mit seiner Schwester Maria am »Katzentisch« zu sitzen hatte. Es müssen grauenvolle Zeiten für meinen Vater gewesen sein – teilweise zog er zu Verwandten ins Dorf, weil er es mit den älteren Stiefgeschwistern nicht aushielt. Er durfte keine Lehre machen, das »Bauernsein« sollte ausreichen, und im Alter von vierzehn Jahren arbeitete er deshalb als Mahlknecht in der Mühle, später als Angelernter bei den »Hellern« – die Heller-Werke in Nürtingen waren Hersteller von Werkzeugmaschinen. Schon mit dreiundzwanzig Jahren hatte er ein eigenes Haus gebaut und, was in dieser Zeit sehr selten war, Verwandte und Nachbarn dafür als Bürgen gewinnen können. Und er hatte eine Frau aus Wendlingen gefunden – meine Mutter.

In den Jahren nach dem Krieg versuchte mein Vater seine Familie einigermaßen durchzubringen, indem er die kleine Landwirtschaft betrieb, die er geerbt hatte, und indem er eine Maurerlehre machte. Doch die Arbeit auf dem Bau war seiner Gesundheit nicht zuträglich, so dass er als Mechaniker im nahen Industriebetrieb Metabo arbeitete, der Schlagbohrmaschinen und andere Werkzeuge produzierte. Wenn ich mich an ihn erinnere, dann sehe ich einen allzeit müden, einen todmüden Mann vor mir. Schon damals ahnte ich, dass Erfolg anders aussah. Später habe ich mir oft gesagt: Nicht auffallen, das wird niemals deine Devise. Nur schuften und keinen Erfolg haben, was ist das für ein Leben?

Siegfried dachte ähnlich. Das »Brüderle« war zwei Jahre und einen Tag nach mir auf die Welt gekommen. Wir beide hassten die Landwirtschaft, und statt im Stall bzw. in der Scheune zu arbeiten, ärgerten wir lieber das Flüchtlingsehepaar, das über uns wohnte, oder spielten unten am Neckar Fußball. Ebenso wenig mochten wir, wenn wir bei irgendwelchen Verwandten mal einen Mäher, mal einen Häcksler oder auch nur den großen Leiterwagen ausleihen mussten. Oft saßen die gerade in der Küche beim Essen, wenn einer von uns dorthin geschickt wurde und den Spruch: »Mei Vaddr schickt me ond lässt froga …« aufsagen musste. Peinlich. Besonders dann, wenn der Bauer fragte: »Warom?« Oder wir aufgefordert wurden, das Sprüchlein ein zweites Mal aufzusagen. Vielleicht haben wir uns damals geschworen, dass wir als Erwachsene nie etwas ausleihen würden. Jedenfalls taten wir dies tatsächlich nicht.

Abends lagen wir in unseren Betten im kalten Zimmer neben der Küche, und da wir die Schulklasse des jeweils anderen kannten, machten wir Ratespiele mit den Vor- und Zunamen der Klassenkameraden, wo sie saßen, wer wen sympathisch fand und wer nicht. Und wir waren uns unter unseren warmen Decken einig, dass wir auf jeden Fall anders leben wollten als unsere Eltern.

»Für 30 Pfennige die Stunde die gesamte Schinderei!«

Es hatte immer wieder Gerüchte gegeben, dass das »Geld verrecke«, und jetzt war es so weit. Meine Mutter und mein Vater wurden im Juni 1948 aufs Rathaus gebeten – und jedes Elternteil bekam 40 Deutsche Mark ausgehändigt. Ich weiß noch, wie beide das neue Geld lange betasteten und erst gar nicht in Umlauf bringen wollten. Doch sparen konnte man das neue Geld auch nicht, denn man musste jetzt damit all jene Sachen kaufen, die es in der Landwirtschaft nicht gab: Zucker, Kaffee beziehungsweise Linde's Muckefuck, Margarine (Sanella) und Gries. Mein Vater hatte in weiser Voraussicht bei einem Nürtinger Wirt Most eingelagert und konnte diesen jetzt veräußern – gegen veritable D-Mark-Münzen. Und wenn wir Äpfel in der Raiffeisenzentrale ablieferten, dann gab es gutes Geld. Trotzdem erinnere ich mich, wie die schwäbischen Bauern damals unter den Lastenausgleichsabgaben stöhnten.

Unser Bauernhaus stand einen Steinwurf weit vom Neckar entfernt, am Ende der Harzstraße. Der Garten mit den Obstbäumen und den Beeten reichte zum Fluss hinunter, bis in den fünfziger Jahren eine Umgehungsstraße gebaut wurde und uns vom Neckarufer abschnitt. Der Mittelpunkt des Hauses und des Lebens insgesamt war die Küche. Hier hielten wir uns abends auf, hier war es warm, hier wurde gegessen. Dann gab es noch eine »gute Stube« für gelegentliche Sonntagsbesuche und die Weihnachtstage. Auf dem Dachboden darüber befand sich eine Wohnung, in der erst die Flüchtlinge, dann meine Großmutter Sophie, später Schale mit ihren Eltern lebte. Im rechten Teil des Hauses befanden sich die Scheune sowie die Heu- und Strohsparren, die im Sommer unter größten Mühen dort hinaufgebracht werden mussten.

Zu ebener Erde war der Viehstall untergebracht. Wir hatten vier Kühe, vier Geißen, zwei Schweine, eine Hühnerschar und ein Dutzend Gänse. Sie versorgten uns mit Fleisch, Milch, Eiern, Daunen und mit weiterem Bargeld, das wir mit dem Überschuss erzielten. Unser Gemüsegarten lieferte Radieschen, Salat, Gurken, Erbsen, Bohnen und vieles mehr, von den Obstbäumen ernteten wir Kirschen, Äpfel, Birnen. Und dann gab es die Äcker, beiderseits des Neckars in der Gemarkung verstreut, zusammen nicht mehr als zwei Hektar. Mein Vater baute Getreide, Kartoffel und Rüben hauptsächlich für die Eigenversorgung an, aber auch als Futter für unser Vieh und ebenfalls zum Verkauf in der örtlichen Raiffeisenstelle.

Als Selbstversorger litten wir nie Not. Wer in der Landwirtschaft tätig war, hatte zwar selten Bargeld, aber immer genug zu essen. Die Schlachtfeste waren fröhliche Ereignisse, das selbst gebackene Brot schmeckte köstlich, und ich sehe noch heute den Maultaschenteig vor mir, wie er auf unseren Betten zum Rollen ausgelegt wurde. In meiner Kindheit kam die Milch noch nicht aus der Tüte, die Bohnen nicht aus der Dose, das Ei nicht aus der Fabrik. Wir hatten einen unmittelbaren Bezug zu dem, was auf den Tisch kam. Denn alles stammte aus unserem Stall, aus unserem Garten, von unserem Feld.

Aber der Preis war hoch. Meine Eltern und meine Großmutter Sophie Bauknecht, waren unablässig auf den Beinen. Und wir Kinder? Die Kinderrechtskonvention der Vereinten Nationen gab es damals noch nicht, und vermutlich könnte man auch heute schwäbischen Kleinbauern mit so etwas nicht kommen. Irgendeine Tätigkeit fand sich immer, mit der sich ein Kind nützlich machen konnte.

Manchmal halfen auch Nachbarsjungen mit. Einer von ihnen war jener Erwin Waldner, der Siegfried und mich bei Fliegeralarm oft in den Keller gebracht hatte. Erwin war für uns jüngere Kinder schon damals ein Vorbild, und später wurde er ein großes Idol – als Stürmer beim VfB Stuttgart und dreizehnfacher Nationalspieler. 2008 sorgte ich dafür, dass die Sportanlage in Neckarhausen nach dem großen Sohn unseres Dorfes benannt wurde.

Gut zwei Monate nach der Währungsreform, Anfang September, hieß es für mich: »Die Schule hat begonnen.« An diesem Morgen legte mir meine Mutter das Schulgewand hin: ein Leible, eigentlich ein kleines Stoffkorsett, das bis zum Bauchnabel ging und dem die Strapser für die unsäglich langen Wollstrümpfe befestigt waren – und das, obwohl es draußen noch recht warm war. Dazu eine dunkelblaue Bleyle-Hose und einen Pullover. Leible und Strapser trug ich nicht gern, aber gegen die Anordnung meiner Mutter gab es keinen Widerspruch. In der Schule sah ich dann, dass die anderen Jungen ähnlich gekleidet waren und sich genau wie ich über die holzwollartigen Strümpfe ärgerten, die ständig piekten. Schultüten gab es keine, und auch sonst war das ganze Prozedere recht einfach. Zur Feier des Tages gab es lediglich in der Kirche, die auf der anderen Straßenseite lag, einen Gottesdienst.

Wir waren aber auch erst der dritte Jahrgang, der nach dem Krieg eingeschult wurde, insgesamt einundfünfzig Kinder des Neckarhausener »Stalingrad-Jahrgangs«. Wir hießen deshalb so, weil 1941 Deutschland den Krieg gegen die Sowjetunion begonnen hatte und in keinem anderen Hitler-Jahr mehr Kinder geboren wurden. Die Propaganda »Der Führer braucht Soldaten« hatte Früchte getragen.

Als Kind, das von einem Bauerndorf stammte, gehörte ich zu den Begüterten, jedenfalls im Vergleich zu den etwa 20 Prozent Flüchtlingskindern, die in »Neurussland«, einem Siedlungsgebiet von Neckarhausen, angesiedelt worden waren. Weitere 20 Prozent der Kinder, die den Vater im Krieg verloren hatten, lebten ebenfalls in schwierigen Verhältnissen. Aber wir alle fühlten uns als Gleiche unter Gleichen.

Die Volksschule in der Nürtinger Straße war ein altes Gebäude, in dem die Dielen knarzten, in dem es eng und streng zuging. Unser Lehrer Herr Keuerleber (»Fünf Minute vor der Zeit, das ist rechte Pünktlichkeit«) verlangte, dass wir kurz vor acht in unseren Bänken saßen und auf den Unterrichtsbeginn warteten. Wenn es dann Punkt acht war, veranstaltete er erst einmal einen »Fingerappell«. Er kontrollierte alle 102 Kinderhände, und wenn er etwas Schwarzes unter den Nägeln fand, erteilte er einen Tadel, der damit begann: »Warscht bei der Beerdigung?« Meist endete er damit, dass man zusätzlich übers Wochenende die Tafel waschen oder die Griffel spitzen musste.

Ständig lernten wir etwas auswendig. Das fiel mir leicht und machte mir Spaß. Manche Verse habe ich heute noch im Gedächtnis. Als mein Kindergartenfreund Siegfried Henzler – er hieß genauso wie mein Bruder – vor dem versammelten Dorf den »Kleinen Nimmersatt« von Heinrich Seidel vortrug, ohne hängen zu bleiben, war er Kult, denn dieses Gedicht war besonders lang. Herr Keuerleber war es auch, der mir meinen ersten Spitznamen verpasste. Im Religionsunterricht bei Pfarrer Ludwig war es um Jesus und seine Jünger gegangen, und der Pfarrer fragte, wie man die Jünger denn noch bezeichnen könnte. Ich sagte: »Das waren seine Kumpels!« Fortan nannte mich mein Lehrer, als er von dieser Antwort hörte, »Kumpel«, und das blieb für viele Jahre an mir haften.

Mittags versorgten uns amerikanische Besatzungssoldaten mit der Schulspeisung. Peanutbutter, Schokolade und Kakao nahmen wir gern an, aber den Mais mochten wir nicht: »Jetzt müssen wir schon das essen, was die Kühe fressen!«, sagte man in Neckarhausen zu dieser Essgewohnheit der Amerikaner.

Auch wenn ich nun zur Schule ging, so hieß das noch lange nicht, dass ich meinen Eltern nicht mehr behilflich sein musste. Immerhin war ich nicht mehr der »Junge für alles«, sondern durfte eine herausgehobene Position bekleiden. Ich erinnere mich gut, wie stolz ich war, als ich mit zehn Jahren zum »Fuhrmann« befördert wurde: Meine Aufgabe war es, den Kühen das Geschirr anzulegen, sie vor den Wagen zu spannen und das Fuhrwerk dann durch das Dorf hinaus auf das Feld zu bringen. Es war ein mächtiges Gefühl, mit der Peitsche in der Hand neben den Zugtieren herzugehen und sie zu kommandieren, auch wenn sie meistens von allein wussten, was sie zu tun hatten. Dennoch: Es war eine prägende Erfahrung, Verantwortung zu tragen. Aber eines Tages versetzte mir eine Kuh einen derart heftigen Stoß mit dem Horn, dass ich am Bauch verletzt wurde und mich fortan weigerte, das Fuhrwerk zu führen.

Unsere vier Kühe zogen nicht nur Wagen und Pflug, sondern gaben natürlich auch Milch. Heute bringt eine Milchkuh dreißig Liter pro Tag, bei uns waren zwei Liter oder etwas mehr normal. Morgens und abends trug man die frisch gemolkene Milch zum Milchhäusle im Zentrum des Dorfes und entleerte die Kannen in einen Tank.

Der Gang dorthin war ein begehrter Job. Mein Bruder und ich rissen uns darum, weil zur gleichen Zeit auch die anderen Bauernbuben am Häusle auftauchten, um Milch abzuliefern. Es war der zentrale Treffpunkt für uns Dorfjungen. Dort saßen wir auf den entleerten Milchkannen und tauschten Informationen aus. Wir klatschten und tratschten, hechelten die Schule durch oder hielten Kriegsrat, wenn es irgendwo Schwierigkeiten gab.

Die Milchmenge wurde beim Hineinschütten automatisch erfasst und quittiert. Auf unseren Milchzetteln waren selten mehr als viereinhalb Liter pro Lieferung verzeichnet, die am Monatsende abgerechnet wurden. Zwei unserer Kühe wurden hauptsächlich als Arbeitskühe eingesetzt. Mit etwa zehn Jahren begann ich mich dafür zu interessieren, was uns das Milchgeschäft eigentlich einbrachte. Von meinen Eltern hörte ich, dass sie für jeden Liter Milch 28 Pfennige bekamen. Wie konnte es dann sein, dass der Liter Milch beim Kolonialwarenhändler Häberle in der Brückenstraße 55 Pfennige kostete?

Wir melkten, wir fütterten, wir misteten aus. Wir konnten niemals ausschlafen, und wenn wir am Sonntag die Verwandtschaft in Wendlingen besuchten, durften wir den Zug zurück auf keinen Fall verpassen, weil nicht gemolkene Kühe eine Katastrophe sind. Diese paar Liter Milch bestimmten den Rhythmus unserer ganzen Existenz, und dabei erhielten wir gerade mal die Hälfte vom Preis im Laden? Wer waren jene, die die andere Hälfte kassierten, und was taten die dafür? Damals betätigte ich mich erstmals in meinem Leben als Unternehmensberater, in dem ich dem elterlichen Kleinbetrieb vorschlug, die Milch künftig direkt an die Flüchtlinge im Ort zu vermarkten, um den vollen Endverbraucherpreis selbst einnehmen zu können. Aber das Konzept kam nicht zum Zuge, weil die Hygienevorschriften den Direktverkauf vom Stall aus leider nicht zuließen.

Das Thema ließ mich aber nicht los. Ein paar Monate später nahm ich einen neuen Anlauf, um die ökonomische Lage unseres landwirtschaftlichen Nebenerwerbsbetriebs zu durchleuchten. Ich schrieb genau auf, was meine Mutter, mein Vater und meine Großmutter an Arbeitsstunden leisteten. Auf der anderen Seite notierte ich, was an Einnahmen hereinkam, wenn Äpfel, Weizen, Eier, Kirschen oder Most verkauft wurden, wenn die Milchabrechnung kam oder wenn Großmutter Sophie einmal wieder auf dem Nürtinger Wochenmarkt stand, um Kartoffeln und Stangenbohnen anzubieten. Sie nahm dazu ihre altertümliche Handwaage mit, nahm sehr wenig ein, was wohl auch daran lag, dass sie die Reste ihrer Waren an Flüchtlinge verschenkte.

Nach einiger Zeit der Erfassung – ich hatte mir dieses Mal ein größeres Projekt vorgenommen – setzte ich mich hin und rechnete auf einem Blatt Papier aus, was sich ergeben würde, wenn man Aufwand und Ertrag in Beziehung setzte. Das Ergebnis, sozusagen meine erste Studie, präsentierte ich meinem Vater: »Ihr verdient 30 Pfennige die Stunde! Für

30 Pfennige diese ganze Schinderei! Sie bringt nichts!«
Meine Erkenntnisse fielen allerdings nicht auf fruchtbaren
Boden. Im Gegenteil, es gab einen großen Krach. Was ich
erworben habe, das habe ich von meinen Vätern, das muss
ich behalten!«, schleuderte mir mein Vater entgegen. In Goethes *Faust* heißt es: »Was du ererbt von deinen Vätern hast,
erwirb es, um es zu besitzen.« Aber mein Vater spielte wohl
nicht auf dieses Zitat an, es kam aus seinem tiefsten Inneren.
Und mir war klar, was sein Ausbruch bedeutete: Man kann
nicht einfach weggeben, was man geerbt habt, man muss die
Äcker und Wiesen bestellen, die einem die Vorfahren hinterlassen haben.

Mein Vater verstand es als Geringschätzung, was sein na-
seweiser Sohn ihm über die Wirtschaftlichkeit des Henzler-
schen Kleinbauernbetriebs vorrechnete. Dabei wollte ich
doch nur sagen: »Es ist ökonomisch sinnlos!«

Dass es in diesem Leben einen Sinn anderer Art gab, habe
ich erst viel später erkannt: Dass es, zum Beispiel, eine große
Befriedigung darstellen kann, Brot zu essen, das man selbst
hergestellt hat, vom Pflügen des Feldes über das Säen des
Korns bis zur Ernte und dem nächtlichen Dreschen.

Als Junge wusste ich nur eines: Diese gnadenlose »Schaf-
ferei« in der Landwirtschaft war das Letzte, was ich in meinem Leben würde machen wollen. Es gab einfach nichts,
was diese Existenzform irgendwie reizvoll erscheinen ließ.
Im Gegenteil, als ich in Nürtingen zur Schule ging, erfuhr ich
auch noch den Dünkel der Städter gegenüber uns Dörflern:
Wenn ich sagte, im Heidenhau – so hieß ein Teil des Feldes,
»häbe mir« einen Acker, lachten sie mich aus und riefen
mich und die anderen Dorfjungen »Häberle« – damals eine
Witzfigur. Wenn einer »häbe« sagte, war er eben ein »Häberle«. Auch »dummer Bauer« rief man mir nach, und das
war noch eines der harmloseren Schimpfworte, um mich als
minderwertig abzustempeln. Immerzu arbeiten, kaum etwas
dafür bekommen und dann auch noch schlecht angesehen
sein – nein, nicht mit mir.

Und als ich älter wurde und mich begann für Mädchen zu interessieren, hatte ich, der Junge aus einem Bauerndorf, zugegebenermaßen auch bei den Nürtinger Mädchen einige Schwierigkeiten. Obwohl meine Klassenkameradinnen meist sehr zugänglich und offen waren, galt dies nicht für einige standesbewusste Töchter der Heller-Direktoren. So wurde ich von der Mutter einer solchen Familie einmal gefragt, ob ich der Henzler von der Druckerei Henzler am Marktplatz sei. Als ich dies verneinte und erklärte, dass ich aus Neckarhausen käme und nur in Nürtingen zur Schule gehe, dass wir eine Landwirtschaft hätten und mein Vater bei Metabo »schaffe«, da konnte ich es vergessen, mit der Tochter des Hauses auszugehen. Und so etwas sprach sich im kleinen Nürtingen natürlich auch schnell herum.

Krise Tuberkulose: Mein Zauberberg in Schwäbisch Gmünd

Ein Brief lag zwischen unserer Post, er sollte einen großen Einfluss auf mein weiteres Leben haben. Es war der Sommer 1949, als er eintraf, und in ihm stand, dass ich ins Gesundheitsamt Nürtingen zur Röntgenreihenuntersuchung komme solle. Die Aufforderung diente der Tuberkulose-Früherkennung – und sie erwies sich bei mir leider als berechtigt: Der Amtsarzt entdeckte auf dem Röntgenbild die gefürchteten Flecken in meinem Lungengewebe. Er besprach den Fall mit meiner Mutter, und dann lief die Prozedur ab, die im Kampf gegen Tuberkulose Standard war. Das hieß vor allem Isolation und so bald wie möglich ein Aufenthalt im Sanatorium.

Ich machte mir keine Sorgen, denn alle sprachen von ein paar Wochen der Erholung, die mir bevorstünden. Von einer lebensgefährlichen Krankheit war nie die Rede. Eine Art Kur würde es sein, wurde mir vermittelt, und das konnte ja wirklich nicht schaden. So redete auch meine Mutter. Wenn sie geweint, wenn sie gesagt hätte: »Mein liebes Kind, du hast TBC, Schwindsucht, und man weiß nie, ob diese böse Krankheit je geheilt wird!«, ich hätte anders reagiert. Aber sie tat so, als sei alles in Ordnung. So kam ich gar nicht auf die Idee, Angst zu haben. Nur dass Siegfried Hals über Kopf zu meiner Großmutter nach Wendlingen ausquartiert wurde, das passte für mich nicht in dieses Bild.

Schwäbisch Gmünd liegt gut fünfzig Kilometer nordwestlich von Neckarhausen im ostwürttembergischen Remstal. Auf dem Dach des »Sonnenhofes« war noch das Rote Kreuz angebracht, das vor Luftangriffen schützen sollte. Im Zweiten Weltkrieg war das Gebäude als Lazarett genutzt worden, jetzt diente es als Heim für etwa hundert Kinder, die hier unter Quarantäne ihre Tuberkulose auskurieren sollten. Allerdings gab es damals noch keine Medikamente, so dass sich die Heilungsanstrengungen im Wesentlichen auf die sogenannte Liegekur konzentrierten.

Tag für Tag gab es den gleichen, monotonen Ablauf. Wecken, Morgentoilette, Frühstück im Speisesaal. Danach hinüber in die Liegehalle, um dort auf den Feldbetten zu ruhen, und zwar bis zum Mittagessen. Das nahmen wir im Speisesaal ein, anschließend ging es zurück in die Liegehalle, zurück auf das Feldbett. Wieder langes Ruhen. Zum Abendessen durften wir uns erneut erheben und in den Speisesaal gehen. Danach Bettruhe. Es gab keinerlei Unterhaltung, kein Unterricht für uns Kinder, die wir schon zu Schule gingen, Bewegung war verboten. Die meiste Zeit mussten wir einfach still liegen, und das war schrecklich langweilig. Heute hätten Kinder in einer solchen Heilstätte mindestens ihren iPod dabei. Ich hatte nur das Blatt der kirchlichen Jungschar, das meine Mutter mir immer mal wieder zuschickte, und alle sechs Wochen kam sie selbst, um mich im »Sonnenhof« zu besuchen.

Nach sieben Monaten wurde ich entlassen und durfte heim, vor allem aber endlich wieder in die Schule. Aber bald stellten die Ärzte bei einer Nachuntersuchung fest, dass die Tuberkulose nicht völlig verschwunden war. Ich musste wieder in ein Krankenhaus, diesmal ging es nach Klein-Ingersheim, drei Bahnstunden von zu Hause entfernt. Man sprach erneut von einem Aufenthalt von einigen Wochen, aber daraus wurden dann ein weiteres Mal Monate, dieses Mal drei.

In beiden Lungenheilstätten erlebte ich, dass neu angekommene Kinder zunächst sehr litten. Die meisten hatten Angst und Heimweh. Unentwegt flossen die Tränen, und die Jungen und Mädchen beruhigten sich erst ein wenig nach ein oder zwei Tagen. Mir ging es von Anfang an besser. »Du bist doch neu hier, wieso weinst du überhaupt nicht?«, fragte mich eine Krankenschwester.

Damals konnte ich das nicht erklären, aber heute nehme ich an, dass es mit meinen Eltern zusammenhing. Meine Mutter hatte mir vermittelt, für Angst in der ungewohnten Umgebung gebe es keinen Grund, alles sei gar nicht schlimm. Auch mein Vater trug dazu bei, dass ich es in der Fremde gut aushielt, aber es geschah unfreiwillig und auf unerfreuliche Art: Er hatte mich jeweils mit der Bahn zu den Heilstätten gebracht. Doch statt auch für mich eine Fahrkarte zu lösen, versteckte er mich hinter einer Zeitung, wenn der Schaffner kam. Dieses Verhalten ärgerte mich nicht nur, es kränkte mich auch sehr. Als er mich im Sanatorium ablieferte, war ich geradezu froh.

Durch die Aufenthalte in Schwäbisch Gmünd und Klein-Ingersheim hatte ich in der Schule nahezu ein Jahr verloren. Was macht man mit einem Jungen, der so viel Unterricht versäumt hat? Kann der wieder den Anschluss an seine Kameraden finden? Es wurde ernsthaft diskutiert, mich eine Klasse zurückzustufen. Aber dann sorgte Lehrer Keuerleber dafür, dass ich eine Chance bekam: »Probieren wir halt mal, ob er es packt!« Ich durfte zurück in meine alte Klasse, nach vier oder fünf Wochen hatte ich vieles aufgeholt, so dass endgültig entschieden wurde: »Der Junge schafft es.«

In dieser Hinsicht schien ich die Krankheitsfolgen mit Bravour zu bewältigen, und das tat mir gut. Etwas anderes dagegen machte mir schwer zu schaffen: Die Klasse zog – Hand in Hand und in Formation – vom Schulgebäude die Straße hinunter über den Neckar zum Sportplatz. Dort sagte der Lehrer zu mir: »Setz dich unter den Kastanienbaum.« Während die anderen liefen, sprangen, warfen oder mit dem Ball spielten, musste ich im Schatten bleiben und durfte zuschauen. Ich wollte nicht nur Gedichte aufsagen können, sondern auch im Sport gut sein und den anderen imponieren. Aber es hieß immer: »Du darfst nicht an die Sonne, du darfst nicht schwitzen, du darfst dich nicht anstrengen!« Ich fühlte mich ausgegrenzt, und zugleich dämmerte mir, dass Tuberkulose wohl doch ernster war, als ich gedacht hatte.

Es ist erst wenige Jahre her, da las ich wieder einmal Thomas Manns Roman *Der Zauberberg*. Ich habe sogar mit Axel Heitmann, dem Chef des Chemieunternehmens Lanxess, den Originalschauplatz in Davos kennengelernt. Während wir zu Mittag aßen, sprachen wir über Parallelen und Unterschiede zwischen dem, was ich und was die literarische Figur Hans Castorp auf dem »«Berghof« erlebt hatte. Der Hamburger Kaufmannssohn hatte immerhin eine anregende Zeit, etwa indem er mit dem Literaten Lodovico Settembrini philosophische Fragen diskutierte und die Russin Madame Chauchat begehrte. In beiderlei Hinsicht konnte davon bei mir nicht die Rede sein. Für mich war es – wie gesagt – ein Hort der Langeweile. Und doch war die Krankheit, auch wenn es paradox klingen mag, ein Glücksfall für mich. Denn sie stellte die Weichen meines Lebens neu. Es war die Folge der Krankheit, dass ich nicht auf dem eingefahrenen Gleis blieb, das damals für einen schwäbischen Kleinbauernsohn der übliche Weg war.

Mit der Sprache fing es an. Als ich aus dem Sanatorium zurückkehrte und meinen Schulkameraden davon erzählte, da fragten die: »Wie schwätzt denn du?« In meiner Heimat konnte man damals am Dialekt hören, aus welchem Tal oder von welchem Dorf einer stammte, und nun kam ich mit meinen acht Jahren daher und redete auf einmal Hochdeutsch. Heute weiß ich, dass ich in den Heilstätten mit der anderen Sprachkulisse eine Fessel gesprengt hatte, die mich an einer nationalen oder internationalen Karriere möglicherweise gehindert hätte.

Ohne die Krankheit wäre ich unweigerlich das geworden, was in Neckarhausen üblich war, nämlich Facharbeiter irgendwo in der Industrie der Umgebung. Nun galt ich aber als einer, der krank war und womöglich wieder krank wird, jedenfalls für körperliche Anstrengung ungeeignet. Deshalb war es beschlossene Sache, dass ich auf die Mittelschule gehen musste: Man war sich einig, dass ich später einmal »aufs Büro« sollte. Dort war die körperliche Belastung nicht so schwer. Technisch war ich nämlich völlig unbegabt. Mit dem Metallbaukasten von Märklin konnte ich etwas anfangen, aber ansonsten war mir Basteln und Laubsägen ein Graus. Presswerkzeuge bei Heller zusammenzuschrauben, war nicht die passende Perspektive für mich.

Meine Eltern wurden damals oft im Dorf gewarnt: »Maria, du ziegst ein Herrabüble heran, der grüßt dich später nimme.« Was für eine Verachtung für Veränderung steckte dahinter! Ich hörte es wieder und wieder, bis ich sechzehn war. Schnell erkannte ich, dass eine höhere Schule auch bessere Chancen bedeutete. Zum Beispiel gab es auf der Mittelschule Englischunterricht von der fünften Klasse an. Die Sprache fiel mir sehr leicht. Als in Neckarhausen ein Dorffest gefeiert wurde und ich dort zwei amerikanische Soldaten entdeckte, ging ich auf sie zu und sprach sie an: »*How do you do?*« Wir unterhielten uns, so gut ich es eben konnte. Nach und nach bildete sich eine Traube von Neckarhäusern um uns herum, auf einmal war ich eine kleine Sensation. »Guck mal, der kann Englisch schwätze«, sagten die Einheimischen, und auch meiner Mutter trug man zu, dass ihr Bub eine halbe Stunde mit den GI's geplaudert hätte. Welch ein tolles Gefühl: Kein anderer in Neckarhausen konnte mit Amerikanern reden, aber ich! Dazu gab es noch Kaugummi und Schokolade. Lernen lohnte sich also.

Englisch mochte ich zwar gern, aber der Religionunterricht war schwierig, weil ich Herrn Findeisen, unseren Lehrer, nicht mochte. Herr Findeisen gab uns aber auch reichlich Gelegenheit, ihn in die Enge zu treiben. Obwohl wir Jungen inzwischen in einem Alter waren, in dem man durchaus wusste, dass es Menschen zweierlei Geschlechts gibt, versuchte er jeden Hinweis auf Sexualität zu ignorieren oder zu leugnen, sei es in der Bibel oder in der Literatur. Wir machten uns einen Spaß daraus, ihm gezielt Fragen zu stellen. So hatten wir in Schillers Drama *Die Räuber* eine Szene gefunden, in der Moritz Spiegelberg, der Gegner des Räuberhauptmanns Karl Moor, von einem Überfall auf ein Nonnenkloster berichtet:»Und meine Kerls haben ihnen ein Andenken hinterlassen, sie werden ihre neun Monate dran zu schleppen haben.« Wir wollten von Findeisen wissen, was das zu bedeuten habe. Er druckste lange herum, doch er brachte es nicht über die Lippen, dass die Nonnen vergewaltigt worden waren.

Zu den schönsten Seiten dieser Schulzeit zählte der Sport. Inzwischen durfte ich voll mitmachen, das tat ich mit Begeisterung und auch mit Erfolg. Ich wurde Kapitän der Fußballmannschaft unserer Schule, war bei den Leichtathleten und lief Mittelstrecken. Mein erster Tausendmeterlauf als Zwölfjähriger fand bei einem Schulfest statt. Das Ergebnis weiß ich immer noch: 3:15 Minuten. Das war achtbar, aber vor allem spürte ich: Ausdauer liegt dir!

Im Radio hatte ich als Junge Berichte von den Olympischen Spielen in Oslo 1952 und von den Ski-Helden wie Beni Obermüller und Willi Klein gehört, die dort für Deutschland um Medaillen kämpften. In der Zeitung sah ich Fotos von der wunderbaren Bergwelt, in der sich der Skisport abspielte. Das alles faszinierte mich, und in meiner Fantasie fuhr ich die steilen Hänge hinunter.

In Neckarhausen beschränkte sich der Skisport auf ein paar Bauernburschen, die sich Fassdauben von alten Mostfässern unter die Füße banden und damit versuchten, verschneite Wiesenhänge im Schuss hinabzufahren. Was man brauchte, wenn man richtig Skifahren wollte, das war wenige Jahre später im Sporthaus Knecht in Nürtingen zu betrachten. So beschloss ich, mir ein paar richtige Skier anzuschaffen – Erbacher Standard zu 39,50 Mark.

Zwei- oder dreimal pro Woche arbeitete ich in einer Baumschule, und bei einem Stundenlohn von 30 Pfennig brachte mir eine Fünfstundenschicht 1,50 Mark ein. Anfang Dezember 1955 hatte ich das Geld endlich beisammen; aber leider hatte ich die Bindung und die Montage nicht mitgerechnet, so dass ich weitere 12,50 Mark erarbeiten musste, was mir jedoch noch vor Weihnachten gelang.

Die Ausrüstung erwarb ich hinter dem Rücken meines Vaters. Er wäre strikt dagegen gewesen, da das Skifahren ein teurer Sport war. Geld für Skier auszugeben war für ihn Verschwendung. Meine Mutter wollte keinen Krach und bat mich inständig, meine nagelneuen Skier nicht unter dem Weihnachtsbaum zu präsentieren, wie ich es vorhatte, sondern sie auf dem Dachboden zu verstecken. In den nächsten Wochen diskutierte ich mit meinem Vater die Vorteile einer eigenen Ski-Ausrüstung, wobei insbesondere mein Argument zog, ich könnte ihm dann viel schneller zur Hand sein, könnte im Winter schneller zu ihm kommen und ihm sein Essen bringen. Jedenfalls stimmte er schließlich zu. Ich holte die Bretter vom Boden, ging neckaraufwärts, wo er gerade im Holz arbeitete: Es waren Pappeln gefällt worden und die Wurzeln durfte er ausgraben. Als er mich ankommen sah, sagte er: »Da kommt ja der Nurmi auf Skiern!« Der Finne Paavo Nurmi war vor dem Krieg populär, weil er der beste Langstreckenläufer der Welt war.

Der Vergleich war ein wenig übertrieben, aber ich brachte mir das Skilaufen selbst bei – und kam dabei gut voran. Mit sechzehn Jahren erlebte ich den ersten Winterurlaub, in einer Jugendherberge in Kornau, in der Nähe von Oberstdorf im Allgäu. Dort wurde ich erstmals im Skilaufen unterrichtet, und zwar in einem recht rustikalen Alpinstil, erteilt von keinem Geringeren als Anderl Heckmair, der im Juli 1938 als Erster die Eiger-Nordwand durchstiegen hatte.

Der Skisport ließ mich seitdem nie mehr los. So feilte ich im Schwarzwald, im Zastlergebiet, tagelang an der Technik und erwarb später den Übungsleiterschein des Deutschen Skiverbands, so dass ich selbst Skiunterricht geben konnte. Mit einigem Erfolg habe ich dies auch bei meinen eigenen fünf Kindern getan. Bis heute vergeht kein Winter, ohne dass ich ausgiebig das mache, was ich mir als Kind erträumt hatte:

mich in der faszinierenden Bergwelt zu bewegen und die schneebedeckten Hänge hinunterzurauschen.

Aber neben Schule und Sport gab es noch andere Dinge, die mich bewegten. Der 18. März 1956 war ein einschneidender Tag in meinem Leben. Wir hatten die Kirche von außen und innen geschmückt, hatten unsere Konfirmandenkleider und -anzüge bekommen und mussten nun der Gemeinde in dem voll besetzten Gotteshaus zeigen, dass wir uns in Glaubensdingen auskannten. Pfarrer Jehle stellte Fragen, die uns eine Woche vor dem Fest zugeteilt worden waren – Peter Sihler und mir als Mittelschülern je zwei, den anderen jeweils eine Frage. Es ging um den Inhalt eines Psalms oder die Bedeutung eines Gebots, er wollte auch wissen, wie das Kirchenjahr abläuft oder was es mit dem Heiligen Geist auf sich hat.

Wer aufgerufen wurde, musste die passende Antwort vortragen, die wir auswendig gelernt hatten. Es war schlimmer als vor einer richtigen Prüfung, denn hier schaute das versammelte Dorf zu; hier wurde nicht nur der Konfirmand geprüft, sondern seine ganze Familie: Wenn einer »hanga« blieb, blieb dieses Missgeschick auf Jahre hinaus an ihm, den Eltern und den Geschwistern hängen.

Ich erinnere mich nicht mehr, was ich gefragt wurde. Aber ich weiß noch, dass mein Schulfreund Günther Koluch das neunte Gebot (»Du sollst nicht begehren deines Nächsten Haus …«) aufsagen sollte und ihm der Text entfallen war. Koluch begann zu improvisieren. Er trug vor, was man alles nicht tun sollte – ein Fahrrad stehlen, den Lehrer anlügen und so weiter –, bis Pfarrer Jehle ein Einsehen hatte und Koluchs Aufzählung mit Dank beendete.

Den Höhepunkt der Konfirmation bildete nach dem Gottesdienst die große Feier zu Hause. In unserer Gegend war es üblich, dass Verwandte und Nachbarn dem Konfirmanden bereits vor der Konfirmation je zwei Mark schenkten und dafür Hefekranz und Gugelhupf erhielten. Bei meiner Konfirmation kamen 210 Mark zusammen. Ich kaufte mir aber nicht ein neues Fahrrad wie die meisten meiner Freunde, sondern ich entschied mich für ein gebrauchtes Exemplar. Es kostete mich 25 Mark, und den Rest sparte ich.

Die Rücklagen konnte ich gut gebrauchen, wenn die Jungschar unserer Kirchengemeinde Freizeiten veranstaltete. Mal ging es in ein Zeltlager, mal in eine Jugendherberge irgendwo auf der Schwäbischen Alb. Wir verbrachten wunderschöne Tage mit Sport, Spiel, Gesang und Lagerfeuer.

Ich hätte mir nur einen anderen Jungscharführer gewünscht, denn Helmut Krämer ging uns auf die Nerven. Er stellte zum Beispiel unentwegt die unsinnige Frage: »Wer regiert uns, König Fußball oder Gott der Herr?« Oder er mahnte uns immer wieder: »Gott sieht alles, auch was im Schlafsack geschieht.« Außerdem machte er eine komische Figur, wenn er mit seinen Knickerbockerhosen und Schnürstiefeln von seiner Horex mit Beiwagen stieg.

Wir Jungschärler trafen uns jeweils am Montagabend für zwei Stunden im Neckarhäuser Gemeindehaus. Es wurden Spiele veranstaltet, Bücher vorgelesen, dazu wurde gesungen und natürlich gebetet, am Beginn des Abends und zum Abschluss.

Was ich in der Jungschar und in der Konfirmandenzeit erlebte, prägte mich sehr. Aus mir ist kein regelmäßiger Kirchgänger geworden. Aber die Beschäftigung mit der Bibel, mit Fragen und Inhalten des Glaubens regten mich an. Auch das Gemeinschaftserlebnis mit den anderen Jugendlichen bei Spiel und Sport oder bei der Diskussion von Lebensfragen formte mich dauerhaft.

Die Fundamente meines christlichen Glaubens wurden bereits im Elternhaus gelegt. Sie wurden, wie ich schon sagte, zu Leitplanken meines Handelns und Denkens. Im Römerbrief schreibt der Apostel Paulus: »Denn unser keiner lebt sich selber und keiner stirbt sich selber. (Römer 14.7–9) Beeindruckt hat mich auch der 23. Psalm: »Der Herr ist mein Hirte, mir wird nichts mangeln.« Ganz wichtig ist für mich auch ein Gedicht des lutherischen Theologen Dietrich Bonhoeffer, der wegen seines Widerstands gegen den Nationalsozialismus im April 1945 im Konzentrationslager Flossenbürg ums Leben kam. In einem Brief an seine Verlobte schrieb er:»Von guten Mächten wunderbar geborgen/erwarten wir getrost, was kommen mag./Gott ist mit uns am Abend und am Morgen/und ganz gewiss an jedem neuen Tag.« Diese Zeilen haben mir in stillen Stunden, aber auch in turbulenten Zeiten Halt gegeben.

An den Bibelspruch »Was hülfe es dem Menschen, wenn die ganze Welt gewönne und nähme doch Schaden an seiner Seele?« (Matthäus 16:26) habe ich oft gedacht, wenn es im Geschäft und bei Kollegen ums Geld ging.

Mit der Amtskirche setzte ich mich schon früh sehr kritisch auseinander, weder die allein selig machende Kirche noch das auserwählte Volk waren meine Sache. Aber ich blieb ihr treu. Ein Kirchenaustritt wäre für mich nie in Frage gekommen.

In der Schule lernten wir natürlich nicht nur fürs Leben, sondern sorgten auch für Abwechslung. Wenn irgendetwas passiert war, wenn zum Beispiel Passanten genau auf den Glockenschlag Wasser auf den Kopf bekamen, dann hieß es, »der Henzler« stecke dahinter oder sei zumindest an führender Position beteiligt. Ich lege Wert auf die Feststellung, dass die Leute mit der Vermutung in neun von zehn Fällen recht hatten.

Die spektakulärste Aktion, die ich je leitete, fand unmittelbar nach der Abschlussprüfung statt und traf den Lehrer Heger. Er fuhr einen Lloyd 300, den wir »Flüchtlingsporsche« nannten, weil Heger aus dem Sudetenland kam. Ich organisierte acht oder neun Mann, und wir griffen uns den Hegerschen Flüchtlingsporsche, um ihn die fünf Betonstufen hinauf zur großen Eingangstür der Schule zu hieven und danach durch die Tür vors Lehrerzimmer. Das war eine reife Leistung, allerdings hart an der Grenze, zumal der arme Lehrer mir später einmal sagte, sein Fahrzeug hätte bei der Exkursion einen Achsenbruch erlitten.

Und wie verlief das weitere Leben meines Bruders? Während ich auf die Mittelschule ging, sollte Siegfried zunächst eine Lehre bei der Maschinenfabrik Gebr. Heller machen, nachdem er die Volksschule in Neckarhausen abgeschlossen hatte. Diese Werkzeugmacherlehre fing er auch an, aber nach gut einem Jahr bekam er eine tückische Darmerkrankung. Auf ärztlichen Rat hin brach er die Lehre ab und ging auf die Höhere Handelsschule – gegen den massiven Widerstand des Vaters, aber mit gütiger Unterstützung der Mutter. Von dort wechselte er auf die Wirtschaftsoberschule in Esslingen und schloss sie mit dem Abitur ab. Also hatte meine Mutter zwei »Herrabüble«, wie man im Ort sagte.

Siegfried studierte Geografie und Englisch in Tübingen, unterrichtete in Stuttgart bzw. Ludwigsburg und wurde Oberstudienrat im württembergischen Balingen. Er ist ein hervorragender Pädagoge, Lehrer mit Leib und Seele.

Die Energie, die ich brauchte, um meinen weiteren Weg zu gehen, verdanke ich vermutlich auch der Tuberkulose. Wen sie befällt, den schwächt sie sehr; aber mancher, der sie übersteht, entwickelt hinterher ungeahnte Kräfte. So war es bei mir. Ich bin kein Psychologe. Ich weiß nicht, ob es das Bestreben ist, sich nach der Krise zu beweisen, oder der Drang, so intensiv wie möglich zu leben, nachdem man noch einmal davongekommen ist. Ich jedenfalls habe fortan ein Leben mit vollem Einsatz auf mehreren Feldern zugleich geführt.

Zur Deutschen Shell mit gelber Krawatte und taubenblauem Sakko

Meine ganze Hoffnung setzte ich auf ein Inserat in der *Stuttgarter Zeitung*. Darin suchte die Deutsche Shell Lehrlinge der Fachrichtung Mineralölkaufmann für ihre Niederlassung in Stuttgart. Raus aus Neckarhausen, raus aus Nürtingen, auf in die Hauptstadt, das war mein nächster Traum. Ich hätte nach der Mittelschule auch bei dem Maschinenbauer Heller als kaufmännischer Lehrling anfangen können, aber das wollte ich nicht.

Mit meinem Zeugnis – in allen Fächer bis auf Französisch hatte ich mindestens ein »Gut« –, konnte ich mich bei der Shell sehen lassen. Jedenfalls bot mir der Personalchef Ernst Rommel nach dem Vorstellungsgespräch einen Lehrvertrag an. Ich war glücklich, dass ich nicht zu den Heller-Werken musste, und ich war stolz, dass ich 120 Mark im Monat verdienen sollte, doppelt so viel wie meine ehemaligen Mitschüler, die in Nürtingen geblieben waren. Zwar hatte ich den weiteren Weg zum Betrieb, nämlich über eine Stunde per Fahrrad und Bahn. Aber ich stand gern vor sechs Uhr auf, denn nun konnte ich es mit meinen sechzehn Jahren allen in Neckarhausen und in Nürtingen zeigen: Seht her! Ich kenne mich in Stuttgart aus!

Am ersten Tag meiner Ausbildung betrat ich, herausgeputzt mit einem taubenblauen Sakko, meinem einzigen, und einer gelben Krawatte um den Hals, voller Vorfreude den mächtigen Hindenburgbau gegenüber dem Stuttgarter Hauptbahnhof. Ich meldete mich, wie man es mir gesagt hatte, bei der Personalabteilung. Dort händigte man mir den Ausbildungsplan aus und schickte mich zur ersten Station, der Registratur, und zu deren Chef, Herrn Weber, genannt der »große Weber«. Ihm unterstand ein anderer Herr Weber, ein kleiner gewachsener Sachbearbeiter, genannt der »kleine Weber«. Er wies mich in die Geheimnisse der Schriftgutablage ein und die Gefahren, die dabei lauern. Ging man etwa in die Mittagspause, ohne das Fenster zu schließen beziehungsweise die Schriftstücke zu beschweren, konnten sie einem schon wegfliegen. Auch konnte man beim Öffnen der Geschäftspost darin enthaltene Schecks zerstören.

Vor allem verdanke ich dem kleinen Weber eine Erkenntnis, die mein ganzes Berufsleben lang eine wichtige Rolle gespielt hat: Wieder einmal hatte ein Mitarbeiter die Registratur betreten, ohne zu grüßen oder sonstige Zeichen minimaler Höflichkeit. Der Typ gab den großen Max, aber der kleine Weber sagte hinterher zu mir: »Du glaubst doch nicht, dass ich dem seine Sachen ordentlich ablege!« Mit anderen Worten: Wenn der mich wie Dreck behandelt, dann soll er das nächste Mal suchen, bis er schwarz wird. Mir wurde in dem Moment klar: Das ist nicht die Rache des kleinen Mannes, sondern normales menschliches Verhalten. Wie man in den Wald hineinruft, so schallt es heraus. Natürlich war der kleine Weber unbedeutend, und ich war noch viel unbedeutender, aber musste man uns das zeigen und sich uns gegenüber respektlos benehmen?

Nach und nach lernte ich die Buchhaltung kennen und schob Pumpenwache im Stuttgarter Hafen, wenn Tanker gelöscht wurden. Ich arbeitete einige Wochen als Tankwart (»Darf ich volltanken, bitte«), plante die Touren für die Ölauslieferung an den Landhandel und erfasste die leeren Fässer in der Gebindebuchhaltung – einer Abteilung, die McKinsey bestimmt schon nach sehr kurzer Prüfung zur Auflösung vorgeschlagen hätte.

»Lehrjahre sind keine Herrenjahre«, war eine stehende Redewendung bei der Shell. Und es waren wirklich Lehrjahre, in denen ich viel lernen konnte: Höchst respektable Sachbearbeiter gaben sich alle Mühe, ihr berufliches Wissen weiterzugeben; die Shell bot uns Englischunterricht sowie Vorträge zu chemischen Themen, damit auch wir Kaufleute die Produkte besser verstanden. Dazu kam noch ein Berufsschultag pro Woche, der sich dem theoretischen Rüstzeug widmete.

Zugleich besuchte ich während meiner Lehrzeit wöchentlich an zwei Abenden von 18 bis 20 Uhr eine Dolmetscherschule in Stuttgart, durch die ich in der Lage war, nach gut einem Jahr das »Lower Certificate of Cambridge« am Dolmetscherinstitut der Universität Heidelberg zu machen. Später, als ich bei der Shell-Niederlassung in Freiburg tätig war, besuchte ich die Berlitz School und absolvierte einen Kurs, durch den ich mich nach erfolgreich bestandener Prüfung als »Auslandskorrespondent in Englisch« bezeichnen konnte; zugleich verbesserte ich dort mein eher begrenztes Französisch.

Im Amerika Haus in Stuttgart, das 1950 eingeweiht wurde, gab es eine Bibliothek, in der ich mir öfter Bücher auf Englisch auslieh. Die Chefin des Hauses war gerade dabei einen Konversationsclub zu gründen, und ich nahm von Anfang an teil. Da die Landeshauptstadt von Baden-Württemberg Stützpunkt der US-Streitkräfte war, gab es häufig Abende mit den GI's. Mich selbst nannte man Harry, denn Herbert klang in ihren Ohren »too german«. Da mir das gefiel, blieb mir der Spitzname bis Ende des Studiums erhalten.

In der Adventszeit besuchten wir einen Kindergarten, und einer der Soldaten verbrachte bei uns zu Hause den Heiligen Abend. Ich war damals siebzehn und lernte auf diese Weise enorm viel umgangssprachliches Englisch.

Nach zweieinhalb Jahren meist abwechslungsreicher Tätigkeit in Stuttgart versetzte man mich für die letzten sechs Monate meiner Lehre nach Freiburg im Breisgau. Die schriftliche und mündliche Prüfung als Kaufmannsgehilfe bestand ich jeweils mit der Note »Sehr gut«, was mir einen Preis der Industrie- und Handelskammer sowie eine lobende

Erwähnung in meiner Nürtinger Heimatzeitung einbrachte. Noch heute habe ich einen Ordner im Regal stehen, der mich an die schöne Lehrzeit bei der Shell erinnert. Er enthält die Berichte, die ich jeweils abfassen musste, wenn ich eine Ausbildungsstation absolviert hatte. Es sind rund 200 selbst getippte Schreibmaschinenseiten, die die Wissens- und Erfahrungsfortschritte des Lehrlings Henzler dokumentieren.

Nachdem ich die Prüfung abgelegt hatte, stellte mich Shell für 550 Mark pro Monat als Verkaufssachbearbeiter für den Südschwarzwald an. Von Zeit zu Zeit durfte ich mit einem VW die Shell-Tankstellen abfahren und ihnen Werbemittel überbringen, zum Beispiel für ein Frostschutzmittel, das sich Glysantin nannte. Spannplakate (»Winterzeit – Glysantinzeit«) sollten die Autofahrer rechtzeitig vor dem Kälteeinbruch daran erinnern, bei der Shell-Tankstelle nicht nur zu tanken, sondern auch Glysantin in den Kühler füllen zu lassen. Eine solche Fahrt führte mich im Herbst 1961 zu Domenicus Federer, dem Shell-Tankstellenpächter in Hinterzarten. Ihm war angekündigt worden, dass ich Glysantin-Spannplakate überbringen würde, und er wollte sie sogleich sehen. Sie waren aber nicht rechtzeitig bei der Niederlassung eingetroffen, und ich verfiel auf eine Ausflucht, die vermutlich viele Verkäufer benutzen, wenn sie nichts zu bieten haben: »Die Herren in Hamburg, in der Zentrale der Deutschen Shell, haben es wieder einmal nicht geschafft, die Artikel rechtzeitig zu liefern, so dass ich leider mit leeren Händen dastehe.«

Ich murmelte noch ein paar Anklagen über die Nachlässigkeit der Shell im Besonderen und die Ineffizienz großer Unternehmen im Allgemeinen. Aber da packte mich Domenicus Federer schon am »Krawättle« und fauchte mir ins Gesicht: »Lieber Henzler, für mich sind Sie der Herr Shell! Ich kenne von der ganzen Firma nur Sie, und wenn Sie mit den Herren in Hamburg Probleme haben, dann lösen Sie das bitte unter sich! Wenn Sie das nicht schaffen, sind Sie der falsche Mann.«

Ich war gerade neunzehn Jahre alt, und dieser Anpfiff fuhr mir gründlich in die Glieder. Der Mann hatte ja recht: Außer mir sah er niemanden von der Deutschen Shell AG, ich war es, der ihm die gewünschten Spannplakate zur Verfügung stellen musste. Ich war ihm dankbar für diese Lektion.

Der nächste Winter war bitterkalt, und in Südbaden musste das Heizöl rationiert werden. Wer 15 000 Liter bestellte, konnte nur 3000 bekommen, und ich, der eben Ausgelernte, hatte zu entscheiden: »Du erhältst etwas, und du erhältst nichts!« Aber es machte mir große Freude, das knappe Öl so verantwortlich zuzuteilen, als ob ich der Herr Shell wäre. Diese Haltung brachte mir viele Pluspunkte bei den Kunden ein.

So war es auch bei einem Textilmaschinenhersteller aus Zell in Schönau, der sich an mich wandte, weil er vergessen hatte, rechtzeitig neues Spindelöl für seine Maschinen zu bestellen. Die Shell hatte wegen des winterlichen Engpasses keine Reserven. Da fragte ich bei einem anderen Kunden an: »Sie haben doch neulich 200 Liter Spindelöl bekommen. Würde es Ihnen etwas ausmachen, jemand anderem mit 50 Litern auszuhelfen?« Er war bereit, und so verschaffte ich dem Maschinenbauer das Spindelöl und verhinderte, dass seine Produktion zusammenbrach. Er dankte mir die Hilfe in der Not, indem er fortan ein besonders guter Kunde war.

Das Leben in Freiburg bot aber nicht nur beruflich viel Neues. Achtzehn Jahre hatte ich in Neckarhausen gewohnt; nun zog ich fort, zum ersten Mal und für immer. Und während ich in einem möblierten Zimmer logierte, empfand ich ein unglaubliches Gefühl von Freiheit. Mein Stamm der Schwaben ist ein »verhocktes«, ein strebsames, ein recht biederes Völkchen. Dann kommt man in die schöne Stadt Freiburg und lernt eine ganz andere Lebensart kennen – leicht, fröhlich, den schönen Dingen zugetan, ein bisschen französisch. Hier trank man abends eine Flasche Wein zusammen und feierte gern Feste, während in meiner Heimat immer nur »geschafft« wurde, wenn man nicht gerade schlief. Gemocht haben die Badener die Schwaben nie so recht, eher brachten sie ihnen so etwas wie gehörigen Respekt entgegen: »Bis der Badener Wurscht sagt, hot sie dr Schwob scho gfressa.«

Wie schon in der Schule in Nürtingen musste ich auch in Stuttgart eine bittere Erfahrung mit dem anderen Geschlecht machen. Mit Sybille Walker fuhr ich morgens im Zug von Nürtingen nach Stuttgart, wo sie eine Modeschule besuchte. Sie war besonders hübsch. Zweimal durfte ich sie in einen Stuttgarter Jazzclub einladen, und ich hatte vor, sie zum Abiturientenball in Nürtingen auszuführen. Sybille sagte auch zu, und wir schmiedeten schon Pläne, an wessen Tisch wir sitzen wollten. Aber ihr Vater, der Studienrat Walker, und seine Frau, die ebenfalls den größten Ball des Jahres besuchen wollten, bestanden darauf, dass ihr Mädchen mit einem richtigen Abiturienten dorthin gehen solle. Also musste sie mir einen Korb geben. In der Folge blieb ich dem Abiturientenball fern, denn ich gehörte ja nicht dazu.

Auch dieser Vorfall sprach sich in Nürtingen ebenso schnell herum und förderte meinen Entschluss, nach Freiburg zu gehen, dorthin, wo mich keiner kannte. Noch war es eine Zeit, in der damals das »Ausrichten« in der Kleinstadt Nürtingen noch sehr schmerzhaft sein konnte, in der auch ein ungewollt schwangeres Mädchen mit sechzehn Jahren das Gymnasium in Esslingen verlassen musste und ihr leibliches Kind nicht selbst aufziehen durfte. Als ich von diesem Geschehen hörte, beschäftigte es mich tagelang.

In Freiburg war ich, wie erhofft, ein unbeschriebenes Blatt. Und obwohl der Wechsel von Schwaben nach Baden einen Kulturschock bedeutete, war er damals ein richtiger Kick für mich. Ich genoss das Leben in vollen Zügen. Nach der Arbeit kurvte ich mit meiner gelben Vespa in der Altstadt umher, fand Freundinnen, machte Ausflüge in das nahe Elsass, war sportlich aktiv. Erst spielte ich bei den Amateuren des FC Freiburg Fußball, später beim TSV Alemannia Zähringen, und für den Wintersport schloss ich mich dem Ski Club Freiburg an. Auf seiner Hütte am Feldberg verbrachte ich viele wunderbare Wochenenden.

Dem Club bin ich bis heute verbunden. Zum Präsidenten habe ich noch immer Kontakt, und auf dem hundertjährigen Vereinsjubiläum im Oktober 1995 hielt ich die Festrede. Diese Verbundenheit hat sicher auch damit zu tun, dass Freiburg für mich eine überaus glückliche Zeit war.

Dennoch wurmte es mich: Die Studenten feierten bis tief in die Nacht fröhliche Feste, während ich längst schlafen musste, um am nächsten Morgen um 7.30 Uhr pünktlich und wach bei der Arbeit zu sein. Als ich ein sehr gut aussehendes Mädchen kennenlernte, gab sie mir zu verstehen: »Ich studiere Medizin!« In diesem Moment wusste ich: »Eine angehende Ärztin, das wird nichts, da nützt dir die Vespa gar nichts! Immer öfter dachte ich: »Eigentlich bist du second class!« Und das war nicht nur im Hinblick auf entgangene Liebschaften gemeint.

Die Westseite des Kollegiengebäudes der Albert-Ludwigs-Universität in Freiburg ziert ein in Stein gemeißeltes Motto, das aus dem Johannesevangelium entlehnt wurde: »Die Wahrheit wird euch frei machen.« Wenn ich dort vorbeikam, dachte ich oftmals an diese Inschrift. »… und was hat der Mensch dem Menschen Größeres zu geben als Wahrheit?«, formulierte einst Friedrich Schiller in seinen Schriften. Seine Freiheitsideale waren in der Mittelschule ebenso behandelt worden wie die Werke seines Zeitgenossen Friedrich Hölderlin, der wie ich aus dem Neckartal stammte: »… und verstehe die Freiheit aufzubrechen, wohin er will.«

Wenn ich vor dieser Universität stand, dieser ehrwürdigen Institution, die sich der Wahrheit im Dienste der Freiheit verpflichtete, dann ahnte ich: Hier ist die höchste geistige Elite angesiedelt. Im Vergleich zu uns, die wir Heiz- oder Spindelöl verkauften, war die Universität eine ganz andere Liga, und dorthin wollte ich unbedingt aufbrechen, auch wenn ich den Weg noch nicht kannte.

Bei der Shell in Freiburg gab es zwei Kollegen, die einige Zeit verschwunden waren und als promovierte Akademiker zurückkehrten. Der eine war der Kollege Ernst Morawsky, ein Mann mit überaus souveränem Auftreten. Doktor Morawsky nahm mich eines Tages, als ich meine Eltern in Neckarhausen besuchen wollte, in seinem Volkswagen bis Karlsruhe mit. Von dort ging es per Anhalter weiter. Unterwegs sprachen wir über das Studieren und Promovieren. Er erzählte, wie es bei ihm nach dem Abitur gelaufen war und was die Abschlüsse für ihn bedeuteten. Ich sprach von meinem Wunsch, ebenfalls studieren zu wollen, und Morawsky sagte: »Wenn Sie das wollen, dann machen Sie es doch!« Herr Dr. Morawsky ging wenig später als Bereichsvorstand zur BASF, und sein Beispiel zeigte mir: Man muss nicht da stehen bleiben, wo man ist. Man kann versuchen, weiter zu kommen.

Ich recherchierte, ob es möglich war, ohne die klassische Hochschulreife ein Studium zu beginnen, und stieß auf die höheren Wirtschaftsfachschulen, die – den Ingenieurschulen ähnlich – an verschiedenen Orten entstanden. Ohne zu zögern bewarb ich mich bei der Wirtschaftsfachschule, die in Siegen in Gründung war. Mit Realschulabschluss, Lehre und einem Jahr Berufspraxis erfüllte ich exakt die Zulassungsvoraussetzungen – und wurde aufgenommen. Augenblicklich kündigte ich bei der Deutschen Shell. Es war ein freundschaftlicher Abschied, man sagte mir sogar zu, dass ich in den Semesterferien Urlaubsvertretungen übernehmen könnte, und das zu meinem bisherigen Gehalt.

Jedem Anfang wohnt ein Zauber inne, dichtete Hermann Hesse. Als ich 1962 von Freiburg in das westfälische Siegen zog, erlebte ich diesen Zauber des Anfangs. Die Stadt selbst, diesen recht verschlafenen Ort, der keinen Autobahnanschluss hatte, dessen Fußballverein »Sportfreunde« gerade mal in der zweiten Liga spielte, wo die Menschen das R rollten und jedem Satz ein »woll« hintansetzten, war damit nicht gemeint. Was mich faszinierte, das waren die Chancen, die nun vor mir lagen: Endlich konnte ich studieren! Und das an einem Institut, das ganz neu und im Aufbau begriffen war. Da war noch nichts eingeschliffen, da konnte man vieles gestalten. Mein Auskommen war auch gesichert: Das Land Baden-Württemberg zahlte mir ein Stipendium von 200 D-Mark monatlich, weil ich meine Lehre mit der Note »sehr gut« abgeschlossen hatte und in die Begabtenförderung aufgenommen wurde.

Und schließlich hing es los. Die höhere Wirtschaftsfachschule (HWF) startete mit sechzig Studierenden, die in ihren erlernten Berufen unterschiedlich lange gearbeitet hatten. Daraus ergab sich eine ungewöhnliche Altersspanne: Ich war mit zwanzig Jahren einer der jüngsten, der älteste Studierende, Robert Bohrer, war sechsunddreißig. Als ehemaliger Shell-Verkäufer konnte ich natürlich mit vielen Geschichten aus dem wahren Leben brillieren. So war es kein Wunder, dass mich die Kommilitonen vier Wochen nach Studienbeginn zum AStA-Vorsitzenden wählten – der AStA ist der Allgemeine Studierendenausschuss – vermutlich auch deshalb, weil ich schon Kapitän der frisch gegründeten studentischen Fußballmannschaft war und auch sonst immer wieder die Initiative ergriffen hatte.

Als AStA-Vorsitzender organisierte ich den ersten großen Ausflug zu Opel nach Rüsselsheim. Statt der erwarteten Einladung zum Essen bekamen wir nichts serviert, und so futterten wir uns an verschiedenen Kiosken durch. An diesem Tag machte ich auch eine durchgreifende Erfahrung mit demokratischer Willensbildung: Ich ließ die sechzig Kommilitonen über alles abstimmen, über die Sitzordnung im Bus, über die Pausen, darüber, was und wann wir aßen. Nach der vierten Abstimmung nahmen mich meine AStA-Kollegen Hartmut Sieper und Dirk Wuppermann – beide waren Söhne von westfälischen Unternehmern – beiseite und sagten:»Lieber Herbert, wir schätzen dein demokratisches Herz, aber hier ist Führung gefordert. Sag den Leuten einfach, was sie machen sollen!« Das war eine hilfreiche

Lektion. Es gibt viele Situationen, in denen Abstimmungen essentiell für das Gemeinwesen sind; aber es gibt auch viele Momente, in denen klare Führung angesagt ist. Fortan versuchte ich immer, diese Konstellationen zu unterscheiden.

Meinen Einfluss nutzte ich unter anderem, als Siegener Maschinenbaustudenten bei uns Betriebswirten anfragten, ob wir nicht ihren Verbindungen beitreten wollten. Ich hatte mich mit deren Geschichte und Haltung befasst und dabei viel Negatives gelesen. Deshalb bezog ich sogleich Position und setzte mich rasch damit durch, den studentischen Verbindungen einen Korb zu geben.

Das AStA-Amt machte mir viel Freude, zumal auch noch einige tüchtige Mitarbeiter in die einzelnen Referate gewählt worden waren. Mit dem damaligen Sozialreferenten Hartmut Sieper, der inzwischen selbst Unternehmer ist, verbindet mich noch heute eine enge Freundschaft. Und mit unserem Direktor Walter Lohmann hatten wir einen Visionär, der genaue Vorstellungen davon hatte, wie sich unsere Lehranstalt entwickeln sollte. Kaufmann zu sein hieß für ihn, weitblickend zu denken, rechtzeitig zu wagen und ganzheitlich zu wirtschaften. Das Image des Kaufmanns zwischen »Koofmich« und »Pfeffersack« erschien ihm verbesserungsbedürftig. Der neue Betriebswirt (HWF), so dachte Lohmann, könnte einen Beitrag dazu leisten und würde mit seiner Kombination aus Theorie und Praxis hervorragende Aussichten auf dem Markt haben. Zur Begründung zitierte er Goethe, der in *Wilhelm Meisters Wanderjahren* schrieb: »Eines recht wissen und ausüben gibt höhere Bildung als Halbheiten im Hundertfältigen.«

Lohmann und ich verstanden uns gut, so dass sich ein enges Zusammenspiel entwickelte, ob bei der Gestaltung des Curriculums oder des gesellschaftlichen Lebens an der Hochschule und darüber hinaus. Die Pausen brachte ich im Dozentenzimmer zu, weil es immer etwas zu besprechen gab. Ich sagte dem Direktor auch schon mal, welcher Lehrbeauftragte etwas taugte und welcher nicht.

Betriebswirtschaft ist ohnehin kein hochwissenschaftliches Fach, eher eine angewandte, systematische Erfassung des Betriebsgeschehens, und die höhere Wirtschaftsfachschule betonte die praktische Orientierung. In den fünf Semestern lernte ich viel und gern, aber es fiel mir auch sehr leicht. So konnte ich Zeit in Initiativen investieren, die ich rund um das Studium organisierte. Als das Deutsch-Französische Jugendwerk (DFJW) aufgebaut wurde, war ich von Anfang an dabei. Ich schrieb nach Bonn an die Zentrale des DFJW und ließ mir eine Partnerschule in Frankreich vermitteln. So reisten wir 1963 erstmals mit zwanzig Studierenden aus Siegen zur Ecole d'arts et métiers im damaligen Châlons-sur-Marne. Heute heißt die Stadt Châlons-en-Champagne. Im nächsten Jahr hatten wir die Franzosen zu Gast, so dass ein reger Austausch entstand.

Oft fehlte jedoch das Geld für solche Exkursionen. Dann ging ich zum Präsidenten der Industrie- und Handelskammer (IHK), Bernhard Weiss, trug ihm das Anliegen vor – und konnte fast immer mit einer Spende rechnen: Weiss, Chef der Siemag, einem weltweit führenden Unternehmen der Hütten- und Walzwerktechnik, unterstützte unsere Schule nach Kräften. In zahlreichen Gesprächen entstand ein persönliches Verhältnis, was dazu führte, dass mich Heiner Weiss, der Sohn des Siemag-Vorstandsvorsitzenden, später in den Aufsichtsrat berief.

Bernhard Weiss sagte zu mir: »Bisher konnten Volksschüler kaum ins mittlere Management vorstoßen, aber als graduierte Betriebswirte können sie es sogar noch weiter schaffen.« Da hatte ich eine große Mission vor mir!

Zu den wenigen Projekten, die die IHK nicht unterstützen wollte, zählte meine Idee, im Keller der Burg oberhalb von Siegen einen Jazzkeller einzurichten, wie ich es aus Stuttgart kannte. Das Vorhaben wurde im zuständigen Kammergremium behandelt und abschlägig beschieden. Später konnte ich im Protokoll die Begründung nachlesen: Man wolle keine »Negermusik« im heimischen Burgkeller. Ich war enttäuscht, dass das Geld nicht bewilligt wurde. Vor allem aber war ich erschüttert, dass im Deutschland des Jahres 1963 noch so gedacht wurde, noch dazu von Honoratioren in der Selbstverwaltung der Wirtschaft. Schließlich, am Ende des fünften Semesters, fanden die schriftlichen und mündlichen Prüfungen zum graduierten Betriebswirt statt. Als die Zeugnisse vergeben wurden, stellte sich heraus, dass ich als Einziger mit einer Eins abgeschnitten hatte. Bei der Bekanntgabe brach im Saal Beifall aus. Aber dieser Abschluss war nicht nur angenehm, er war vor allem nützlich: Diese Endnote war mit einer Hochschulreife verbunden, die zwar nicht an allen, aber doch an einigen wichtigen Universitäten anerkannt wurde. Dem ehemaligen Kaufmannsgehilfen und jetzigen graduierten Betriebswirt Herbert A. Henzler stand nun eine richtige Alma Mater offen.

Doch bevor es so weit war, reiste ich nach Amerika. Es war im Sommer, ich hatte mir das Geld für ein Lufthansa-Studententicket zusammengespart und nutzte die dreimonatigen Semesterferien, um das Land der unbegrenzten Möglichkeiten zu entdecken.

Zunächst besuchte ich meine Tante Emma an der amerikanischen Ostküste. Emma war die Schwester meiner Mutter, und 1922, als fünfzehnjähriges Mädchen, war sie zusammen mit ihrem zwei Jahre älteren Bruder Karl aus der schwäbischen Heimat in die Staaten ausgewandert. Seitdem lebte sie in Watertown, im Bundesstaat New York. In der Nachkriegszeit hatte sie meiner Familie mit Care-Paketen geholfen, auch hatte sie uns einmal besucht, was ein großes Ereignis in unserem Dorf war.

Die Aufnahme in Watertown war sehr herzlich, wie mich überhaupt die Freundlichkeit der Amerikaner beeindruckte. Allerdings wirkten sie zugleich befremdlich auf mich, etwa wenn sie mich fragten, ob ich nicht besser in den USA bleiben wolle, in Deutschland hätte man ja nicht einmal Kühlschränke und Autos. Es war immerhin achtzehn Jahre nach Kriegsende, und mit amerikanischer Regierungshilfe waren wir längst wieder zu Wohlstand gekommen. Also erklärte ich den staunenden US-Bürgern ein ums andere Mal:»Doch, wir haben Kühlschränke in Deutschland! Doch, bei uns gibt es Autos, und ich selbst besitze sogar eines!«

Auch in politischer Hinsicht war mir dieses Amerika recht fremd. John F. Kennedy lehnten die republikanischen Kreise, in denen ich mich bewegte – also die Deutschamerikaner, die es unter schwierigsten Umständen zu einem kleinen Wohlstand gebracht hatten – entschieden ab. Der junge Präsident, der bei uns in Deutschland verehrt wurde, war im eigenen Land bei vielen geradezu verhasst; seine Demokratische Partei nannten sie»Demorats«, und katholisch sei er obendrein. Einige Male ging ich ins Kino und sah Filme, in denen»The german Nazi« vorkam – alle Deutschen galten in Amerika damals als Nationalsozialisten. Nein, dieses Land mit seinen vielen gedankenlosen Bewohnern war keinerlei Versuchung für mich. Hier wollte ich nicht leben.

Dann verabschiedete ich mich von meiner Tante und der Ostküste, um zu ihrem Bruder an die Westküste zu reisen, Onkel Karl lebte in Kalifornien, in San Diego. Schon vor Reisebeginn hatte er mir ein 99-Dollar-Ticket für die Greyhound-Busse geschickt, mit dem ich nun den Kontinent durchquerte. Drei Tage und drei Nächte war ich von Ost nach West unterwegs, da spürte ich: Das Land hier hat eine enorme Dimension! Als ich in San Francisco angekommen war, änderte ich meine Meinung und dachte: Hier könnte man einmal länger hin!

Zwei Jahre später flog ich erneut in die Vereinigten Staaten, diesmal um dort zu arbeiten. Ich hatte einem amerikanischen Studenten ein Praktikum bei Karl M. Reich, einem Familienunternehmen für Verbindungstechnik in Nürtingen, vermittelt. Im Gegenzug sorgte er dafür, dass ich eines in den Staaten machen konnte. Wieder wohnte ich bei meiner Tante Emma, und meine Arbeitstage verbrachte ich bei

»Stebbins Engineering and Manufacturing Company«, einer Firma in Watertown, die Betontanks baute. Mein erstes Projekt war eine Kostenanalyse, die ergab, dass der Betrieb bei der Hälfte seiner Tanks kräftig Geld verlor. Ein Grund waren die Gewerkschaftsstrukturen: Danach war ein Bauarbeiter nicht gleich ein Bauarbeiter, sondern es gab Eisenbieger, Maurer oder Verschaler. Jede Berufsausrichtung hatte ihre eigene, machtbewusste Gewerkschaft, und das führte zu mangelnder Flexibilität und trieb insbesondere die Lohnkosten in die Höhe.

In einem zweiten Projekt führte ich bei »Stebbins Engineering« eine einfache Projektkostenrechnung ein, damit sie fortan selbst verfolgen konnten, wo sie Geld verdienten und wo sie Geld verloren. Nach Abschluss dieses Praktikums reiste ich wieder nach Kalifornien, um meinen Onkel zu besuchen. Auch dieses Mal war mein Eindruck gespalten. Auf der einen Seite hatte ich wieder das Gefühl, in einem wunderbaren Land zu Gast zu sein. Auf der anderen Seite war es mir doch zu selbstgewiss: Was Amerika machte, war automatisch gut und recht; das »Land der Freien und Heimat der Tüchtigen«, wie es in der US-Nationalhymne heißt, lebte diesen Traum.

Als Reiseleiter einen Gasthof gerettet und eine Liebe gefunden

Der Herbst 1964 war gekommen, und ich lebte meinen Traum: Erstmals studierte ich an einer »richtigen« Universität. In Siegen hatten wir mit Wolfgang Kilgers *Einführung zur Kostenrechnung* gearbeitet, mit den Beiträgen von Wolfgang Stützel zur Bank- und Finanzwirtschaft oder mit Günter Wöhes *Einführung in die Allgemeine Betriebswirtschaftslehre*. Hier in Saarbrücken, auf dem Campus am Stadtwald, liefen einem diese und andere Größen der Wirtschaftswissenschaften leibhaftig über den Weg.

Der Stoff selbst, bot mir wenig Neues, deshalb suchte ich die Herausforderungen woanders. Am Ende des ersten Semesters legte ich die Vordiplomprüfung ab, einschließlich Statistik und Buchführung. Im zweiten Semester ging ich in Operations Research-Seminare für die Studenten, die vor der Prüfung standen. Nebenbei studierte ich Jura bis zum Vorexamen und schaute auch bei anderen Fächern vorbei, um den Horizont zu erweitern. Meine französischen Sprachkenntnisse verbesserte ich in Theorie und Praxis, indem ich an der Universität in Lehrveranstaltungen ging, aber auch bei Ausflügen zusammen mit Kommilitonen in meinem gebrauchten 2CV (»Ente«) in das nahe Frankreich.

Schon von Freiburg aus hatte ich gelegentlich als Reiseleiter gearbeitet und dabei wichtige Erfahrungen gesammelt. So begleitete ich einmal im Auftrag des Stuttgarter Reisebüros Ruoff eine Touristengruppe im Bus in das Kleinwalsertal. Wir fuhren durch die Nacht, als eine Frau aus dem hinteren Teil des Busses zu mir nach vorne kam und sagte: »Da hinten saufen und rauchen die immerzu! Das halte ich nicht aus, da kann ich nicht sitzen bleiben!«

Was sollte ich tun? Ich war mit meinen damals siebzehn Jahren deutlich jünger als die Reisenden und spürte, dass ich mich mit irgendwelchen Anordnungen in punkto Trinken und Rauchen wohl kaum würde durchsetzen können. Da kam mir die rettende Idee: Ich bot der Frau meinen Reiseleitersessel rechts neben dem Fahrer an und klappte für mich selbst einen Notsitz aus. Die Dame schickte später ein dickes Lob an den Veranstalter: So jung sei der Reiseleiter gewesen und habe doch schon so salomonische Entscheidungen getroffen; der werde es einmal weit bringen! Darüber freute ich mich, und bei späteren Reisen klärte ich die Frage des Rauchens im Bus immer am Anfang, und zwar per Abstimmung.

Der Umgang mit Menschen machte mir Spaß, deshalb suchte ich auch in Saarbrücken wieder eine Tätigkeit als Reiseleiter. Ich fand sie bei der Auslandsstelle des Deutschen Studentenrings (DSR), der unter anderem Skifreizeiten in Österreich veranstaltete. Mehrere Fahrten, die ich leitete, führten nach Westendorf in Tirol. Meine Aufgabe war es vor allem, die Leute bei Laune zu halten, obwohl sie immer etwas fanden, was auf die Stimmung drückte – das schlechte Wetter, der dicke Kopf vom Alkohol des Abends vorher, der unvermeidliche Sturz in den Schnee. So eine Reiseleitung war ein Schnell- und Intensivkurs in Menschenführung. Denn ich erlebte damals, dass man mit Initiativkraft und offenem Feedback eine Gruppe von fünfzig Studenten positiv bewegen kann. Besonders die »Meckerbögen«, die am Ende der Unternehmung von ihnen auszufüllen waren, wurden mit Bestnoten versehen – das erfuhr ich, als ich einmal nach Bonn musste, in die DSR-Zentrale.

Meistens gingen meine Aufenthalte in Westendorf von Ende Februar bis Anfang April. Die örtliche Skischule Jakob Ziepl inspizierte meine Skifahrerkünste, und fortan war ich tagsüber Skilehrer – damals als einziger Deutscher unter den vierzig Skilehrern. Es war für mich ein angenehmes Leben dort, auch dank meines roten Pullovers, der mich als Skilehrer auswies: Im Café bediente man mich umsonst, auch beim Tanztee oder in der Bar hatte ich einen Sonderstatus.

Meine Gruppen wohnten im »Maierhof«, einem wunderschönen alten Tiroler Gasthof, der aber erkennbar Schwierigkeiten hatte. Die Ursachen lagen auf der Hand: So war zum Beispiel die Speisekarte viel zu lang. Deshalb schlug ich vor: »Sie bieten fünf Gerichte an, und das nur in der Zeit von 19 bis 21 Uhr, danach gibt es belegte Brote mit Schinken, Wurst und Käse.« Oft ließen die Gäste Liegestühle beschädigt zurück, und ich empfahl eine Benutzungsgebühr von sechs Schilling einzuführen. Der Wirt folgte meinen Vorschlägen, und die ersten positiven Veränderungen zeigten sich bald. Aber die Krise wurde wieder akut, als die Brauerei plötzlich kein Bier mehr lieferte. Begründung: unbezahlte Rechnungen!

Was ist ein Gasthaus ohne Bier? Ich fuhr mit dem Wirt zur Gösser-Brauerei nach Wörgl, um gemeinsam eine Lösung zu suchen. Schließlich sagte ein Verantwortlicher von Gösser zu mir: »Wenn Sie dabei sind und sich kümmern, dann versuch ich es noch mal.« Der »Maierhof« bekam wieder Bier geliefert, und nach vier Wochen überbrachte ich persönlich das fällige Geld. Von da an lief alles wieder normal. Diese Unternehmensberatung gefiel mir, und der Gasthof existiert noch heute.

Bei der zweiten Westendorf-Tour lernte ich dann die Frau kennen, die ich später heiratete. Rosemarie Zens war mit zwei Freundinnen angereist, das Trio trug sehr zur guten Stimmung bei. Rosemarie war eine gute Skiläuferin – das war mir gleich zu Anfang aufgefallen. Sie wollte in keinen Skikurs gehen, sagte, das sei ihr zu langweilig. Ihre Antwort gefiel mir, und ich sah sie mir genauer an.

Als die zwei Wochen Ferien um waren, fiel uns der Abschied schwer. Sie studierte in München, wollte Realschullehrerin für Geschichte und Englisch werden, und ich ging zurück nach Saarbrücken. In den nächsten Wochen schrieben wir uns viele Briefe, nur ein einziges Mal trafen wir uns für ein Wochenende. Danach sagte sie zu mir:»Wenn unsere Beziehung etwas werden soll, dann musst du nach München kommen.« Ich widersprach nicht, antwortete aber eher ausweichend:»Ja, vielleicht, vielleicht auch nicht.« Und so vage wie ich reagiert hatte, unternahm ich natürlich auch nicht die Schritte, die notwendig gewesen wären, um meinen Wechsel zu vollziehen. Die Uni in Saarbrücken war hervorragend, ich hatte dort viele Freunde, und zudem schlug sie mir dies vor, nachdem wir uns doch erst gerade kennengelernt hatten.

Rosemarie nahm meine zögerliche Haltung nicht hin. Sie lief von Pontius zu Pilatus, um an der Ludwig-Maximilians-Universität in München die Anerkennung meiner Scheine, die ich in Saarbrücken erworben hatte, durchzusetzen. Das imponierte mir. Hätte sie das nicht getan, ich wäre vermutlich im Saarland geblieben. Aber durch ihren Einsatz konnte ich mich zum dritten Semester an der Universität in der bayrischen Landeshauptstadt einschreiben.

München kannte ich nicht, ich fühlte mich aber sofort wohl in dieser lebendigen, südländisch angehauchten Stadt, als ich 1965 dort hinzog. Rosemarie und ich wohnten im Stadtteil Schwabing in getrennten Zimmern und hatten eine wunderbare Zeit. Auch die Uni gefiel mir sehr gut. Im Vergleich zu Saarbrücken stellte sie noch einmal eine andere Dimension dar. Man hatte es mit interessanten Professoren zu tun, zum Beispiel mit Edmund Heinen, dem Gründer des Instituts für Industrieforschung. Von ihm lernte ich viel, ebenso von seinem Kollegen Erich Preiser, dem legendären Volkswirt.

Dennoch blieb ich bei meiner Gewohnheit, neben dem Studium auch noch anderen Interessen nachzugehen. Im Winter gab ich an den Wochenenden oft Unterricht an der Uni-Skischule, im Sommer lernte ich die Welt besser kennen. Zweimal – 1963 mit dem ersten Studentenflug und 1965, als ich bei»Stebbins«in Watertown zwei Monate arbeitete –

war ich schon in den USA gewesen. Aber der weitere Kontinent, der sich im Süden anschloss, war noch ein einziger weißer Fleck auf meiner Landkarte. Ich beschloss also, nach Südamerika zu reisen. Dafür nahm ich Spanischunterricht an der Universität, und zugleich suchte ich über die Konrad-Adenauer-Stiftung in Bonn Kontakt zu einem Unternehmen, bei dem ich tätig sein könnte. Schließlich fand ich einen Familienbetrieb in Uruguay. Für meinen Lebensunterhalt dort würde mein Lohn reichen; die Kosten für die Anreise verdiente ich mir in der Abteilung Eisen- und Blechbearbeitung bei der Firma Alfred Gnida in Nürtingen, auch übernahm ich dort einige Sonderprojekte im Büro.

An Bord der *MS Louis Lumière*, die mich von der französischen Hafenstadt Le Havre nach Südamerika bringen sollte, hatte ich ein Bett in einer Sechserkabine der Touristenklasse gebucht. Drei der Mitreisenden waren die meiste Zeit seekrank, mit allen unangenehmen Erscheinungen, die diesen Zustand gemeinhin begleiten. Es stank fürchterlich. Aber als ich in Montevideo, der Hauptstadt Uruguays, angekommen war, begannen zwei äußerst spannende Monate. Es war das erste Entwicklungsland, das ich kennenlernte – mit den großen sozialen Unterschieden, mit viel Fußballbegeisterung, mit einer ungeheuren Korruption, die sich sogar auf offener Straße und vor aller Augen vollzog, wenn Falschparker sich bei Polizisten freikauften. Was mich stark beeindruckte, waren die Lateinamerikaner mit ihrem besonderen Temperament, so fröhlich und dann wieder so melancholisch.

Mein Einsatzort war eine Textilfirma, die Textil Uruguay SA der belgischen Familie Steverlyng, die aus Baumwolle Stoffe herstellte, zum Beispiel für Hemden und für Bettwäsche. Es gab keine Kostenrechnung, und ich sollte innerhalb von zwei Monaten eine einführen. Der Zeitrahmen war so großzügig, dass ich ein besonders tief gegliedertes Modell der Kostenrechnung wählte, nämlich die Platzkostenrechnung. Man ermittelt dabei, welches Material wo und wie lange zur Bearbeitung durch Mensch und / oder Maschine verweilt, danach legt man die Kostenaufschläge fest. Ich entwickelte Formulare und gab sie an die Arbeiter aus, damit sie eintrügen, wann eine Charge ankam und wann sie, bearbeitet, den jeweiligen Platz wieder verließ. Aber als ich am nächsten Tag die ersten Blätter einsammeln wollte, erlebte ich eine Pleite: Niemand hatte auch nur eine Position auf meinen Zetteln ausgefüllt; man scherte sich einfach nicht um mein ehrgeiziges Kostenrechnungsprojekt.

Ich beschloss, einen anderen Weg zu gehen. Ich setzte mich an den Schreibtisch, analysierte mit Hilfe von Lexika und technischer Literatur den Produktionsprozess, bis ich den Ablauf verstanden hatte: Hier wurden schmale, dort breite Chargen eingesetzt; hier wurden sie dreimal gewalzt, weil dieses Produkt entstehen soll, dort zehnmal, weil das für jenes Erzeugnis nötig war. Anschließend ging ich meine Erkenntnisse mit dem Produktionsleiter durch. Danach hatte ich alles, was ich brauchte, um je nach Anforderung des Bearbeitungsschritts Kostenaufschläge festzulegen. Am Ende hatte ich jene Äquivalenzziffern, die zeigten, wie sich die Kosten auf die Produktgruppen verteilten.

Der Aufwand hatte sich gelohnt, denn wir stellten fest, dass die bisherige grobe Durchschnittskalkulation bei bestimmten Produkten Verluste und bei anderen zwar Gewinne einbrachten, die aber bei Weitem nicht ausreichten. Die Konsequenz war, dass wir das Preisgefüge komplett überarbeiteten. Später sollte mir der Chef der Textilfirma schreiben, der Betrieb sei so profitabel wie noch nie und exportiere nun auch nach Chile.

Dankbar für die interessante Zeit in dem fremden Land trat ich die Heimreise an. Die Passage mit der *Eugenio C* der italienischen Costa-Reederei führte von Montevideo über Buenos Aires, Rio de Janeiro an Madeira vorbei nach Genua, und von dort ging es mit dem Nachtzug über die Alpen zurück. Fast zeitgleich kam ich mit Rosemarie nach München, die, als ich in Uruguay war, als Au-pair-Mädchen in den USA gearbeitet hatte.

In Deutschland hatte sich die Studentenwelt inzwischen verändert. Die Vorboten der 1968er Studentenrevolte zeigten sich auch in der bayerischen Landeshauptstadt. Es gab Demonstrationen gegen den Vietnamkrieg, gegen die Notstandsgesetze, gegen den Springer-Verlag, gegen das sogenannte Establishment einschließlich der Universitäten und ihrer Hierarchien (»Unter den Talaren der Muff von tausend Jahren«). Ich schloss mich einmal einer Demonstration an, die durch Schwabing zog und rief: »Demonstrieren, mitmarschieren und nicht auf Demonstranten stieren!« Die Abschlusskundgebung auf dem Königsplatz war ein großes Happening. Doch insgesamt blieb mir die Studentenbewegung fremd, denn sie hatte in meinen Augen, von der Bildungspolitik vielleicht abgesehen, wenig konkrete Ziele, sondern war das Werk von Söhnen und Töchtern gut betuchter Eltern, die das Abenteuer suchten.

Viel interessanter fand ich es, an den Debattierclubs der Konrad-Adenauer-Stiftung teilzunehmen, etwa zu Fragen der Notstandsverfassung, jenen Rechtsvorschriften vom Mai 1968, die den Ausnahmezustand, den Verteidigungsfall der Bundesrepublik regeln sollten. An einem Aushang in der Uni hatte ich eine Notiz gelesen, dass die Konrad-Adenauer-Stiftung unter Hochbegabten Ausschau halte, man möge doch mit seinen Zeugnissen, zwei Gutachten und einem handgeschriebenen Lebenslauf eine Bewerbung einreichen. Man müsse aber davon ausgehen, dass nur wenige genommen werden. In einer Tageszeitung las ich dann damals auch, dass Bruno Heck, der vormalige Familienminister der Bundesrepublik, seit Juni 1968 Vorstandsvorsitzender der Stiftung sei und junge Menschen suche, die Interesse an der politischen Entwicklung des Landes hätten.

Gut, sagte ich mir, warum sollte ich nicht eine Bewerbung abgeben? Gedacht, getan. Es gab eine Auswahlsitzung im Schwarzwald, und ich empfand es in der Tat als eine Auszeichnung, als ich unter den Eingeladenen genommen wurde. Jetzt hatten wir Konrad-Adenauer-Stipendiaten jährliche politische Schulungen in Eichholz bei Bonn oder in West-Berlin. Wir lernten die künftigen Hoffnungsträger der Union kennen, erlebten, wie die Adenauer-Republik langsam die Sozialdemokraten als künftige Bündnispartner testeten. Einmal konnte ich Konrad Adenauer sogar selbst die Hand schütteln, bei einer Preisverleihung der Deutschlandstiftung in München 1967. Ein großes Ereignis, allerdings wurde mir damals auch klar, dass fast alle anderen Stipendiaten in die Politik wollten – darunter Uwe Barschel. Aber auch Bernd Kränzle und Ursula Männle erreichten den Status von Regierungsmitgliedern in Bayern. Doch je mehr ich mich mit ihnen auseinandersetzte, desto mehr wurde mir bewusst, dass ich nicht war wie sie. Auch deshalb, weil ich mich geistig viel unabhängiger fühlte. Viele von ihnen kannten schon Bezirktagsabgeordnete und waren Mitglieder in diversen Organisationen – was mir doch sehr fremd blieb.

Einmal wollte es der Zufall, dass Barschel und ich anlässlich eines Stipendiatentreffens in Eichholz uns ein Zimmer teilten. Barschel war damals bei der Jungen Union aktiv und hatte einen klaren Fahrplan für die weitere politische Karriere: Mit achtundzwanzig Jahren wollte er Kreistagsabgeordneter in seiner Lauenburgischen Heimat sein, mit einunddreißig Minister des Landes Schleswig-Holstein, und damit sollte natürlich noch längst nicht Schluss sein.

Politische Ambitionen in dieser Form waren mir fremd, auch wenn mich die CDU/CSU als Volkspartei faszinierte, da sie konservativen Werten verhaftet, gleichzeitig nicht vom Umverteilungswillen beseelt war. Die Sympathie verstärkte sich später noch, als ich enger mit Lothar Späth, Edmund Stoiber, Horst Seehofer, Wolfgang Schäuble und Annette Schavan zusammenarbeitete – alles Überzeugungsmenschen.

Trotz meiner fehlenden Neigung, in der Politik Karriere machen zu wollen, wurde ich erster Sprecher der Münchner Stipendiatengruppe – und etablierte so einen ständigen Kontakt zu Otto B. Roegele, Herausgeber des *Rheinischen*

Merkurs und unser Vertrauensdozent, von dem ich sehr profitierte. In dieser Sprecherfunktion organisierte ich monatliche Meetings und lud zu diesen immer wieder »Würdenträger« aus der CSU ein.

Doch zuvor machte ich mein Examen. Meine Diplomarbeit über die Anerkennung von Konzernsteuerbilanzen schrieb ich 1968 im Bundesfinanzhof in der Ismaninger Straße, nachdem ich herausgefunden hatte, dass dort eine höchstrichterliche Bibliothek existierte. Mit gutem Zureden erreichte ich es, dass ich dort arbeiten und die Bücher benutzen durfte. Ich erinnere mich noch an ein Gespräch mit dem Bundesrichter Hugo von Wallis, der mir in knappen Worten erklärte, dass man die Versteuerung der innerbetrieblichen Konzerngewinne nicht »*ad calendas graecas*« (»bis zu den griechischen Kalendern«) hinausschieben könne, das heißt bis zu einem nie eintreffenden Zeitpunkt (in der altrömischen Zeitrechnung hatten die Griechen noch keinen Kalender). Das war eine Erkenntnis, die dazu beitrug, dass meine Arbeit in der betriebswirtschaftlichen Steuerlehre mit »Sehr gut« benotet wurde. Die mündliche Prüfung musste in ein Nebengebäude verlegt werden, weil die Universität gerade bestreikt wurde. Dann, nach insgesamt sieben Semestern, konnte ich mich Diplomkaufmann (Note »sehr gut«) nennen.

Go West! Berkeley, große Statistiker und Protestmärsche gegen Vietnam

Sollte ich nach meinen Erfahrungen in Uruguay für ein großes internationales Unternehmen arbeiten? Der Gedanke gefiel mir, zumal ich gut Englisch und einigermaßen Spanisch und Französisch sprach. Aber ich konnte mir auch eine akademische Karriere vorstellen. Auf jeden Fall wollte ich jedoch erst einmal in München promovieren und eine Assistentenstelle an der Hochschule bekommen. Unabhängig davon stellte ich zudem einen Antrag auf ein USA-Stipendium beim Deutschen Akademischen Austauschdienst (DAAD). Und ich hatte Erfolg, und als dann noch meine Wunsch-Universität Berkeley zusagte, freute ich mich auf ein Jahr Studienaufenthalt in Kalifornien. Es passte gut, dass Rosemarie gerade ihr Lehrerexamen abgeschlossen hatte. Ihr Referendariat konnte sie hinausschieben, was uns ermöglichte, gemeinsam in die USA zu gehen.

Rosemarie und ich hatten uns im Juni 1968 verlobt, und als ich den DAAD-Bescheid für das Stipendium Anfang Juli erhielt und wir wussten, dass wir nun nach Kalifornien ziehen würden, beschlossen wir, vor dem großen Abenteuer zu heiraten. So gingen wir am 19. Juli mit unseren Eltern und den Trauzeugen zum Standesamt und feierten danach im kleinen Kreis diesen schönen Tag. Danach konnte es losgehen. An der Columbuskaje, einem Schiffsanlegeplatz in Bremerhaven, gingen wir an Bord der *Bremen*, das Flaggschiff des Norddeutschen Lloyds, um in sieben Tagen den Nordatlantik mit Ziel New York zu überqueren. Es war eine ruhige Passage, nur an einem einzigen Tag gab es Windstärke sieben und eine entsprechend unruhige See. Mitreisende waren vor allem Deutsch-Amerikaner, die Verwandte in der alten Heimat besucht hatten und jetzt wieder nach Hause reisten.

Rosemarie und ich kamen mit vielen Menschen auf dem Schiff ins Gespräch. Ein Stahlhändler aus Chicago fragte mich über meinen Werdegang aus und bot mir einen Job an. Er wollte mir 5000 Dollar im Monat zahlen, wenn ich als Manager bei ihm einstiege. Ich hatte aber andere Pläne und war natürlich nicht bereit, sie einfach umzuwerfen; aber der Mann ließ nicht locker und nervte mich, bis wir New York erreichten.

Es war ein faszinierendes Erlebnis, wie die stolze *Bremen* langsam in den Hafen von Manhattan einlief und an der Pier festmachte. Das Manöver dauerte zwei Stunden. Ich habe New York später noch unzählige Male besucht, aber immer mit dem Flugzeug, immer eilig. Oft musste ich dabei an diese Schiffsankunft im Sommer 1968 denken, denn es war einfach die schönste Art, sich dieser einzigartigen Stadt mit ihrer atemberaubenden Skyline zu nähern.

Das praktische Leben in der Neuen Welt bot manche Herausforderung. Wie viel Trinkgeld gibt man dem Mann, der unsere sechs Koffer und Taschen sowie zwei paar Skier vom Deck des Schiffes auf die Pier schafft? Ich bedankte mich bei ihm mit warmen Worten und drückte ihm zwei Quarter in die Hand, das waren damals etwa zwei Mark. Er schrie: »Ich bin ein reicher Mann« und warf das Geld voller Empörung auf die Straße. Beim Taxifahrer, der uns zur nächsten Greyhound-Busstation bringen sollte, erhöhte ich unaufgefordert auf das Doppelte. Aber er war trotzdem nicht zufrieden mit uns, denn die Fahrt ging gerade einmal sechs Block weiter.

Mit dem Bus fuhren wir über Nacht nach Watertown zu meiner Tante Emma. Ich hatte sie ja bereits zweimal besucht, und auch auf dieser Reise verbrachten wir bei ihr und ihrer Familie ein paar unbeschwerte Tage.

Auf der *Bremen* hatten Rosemarie und ich Studenten getroffen, die ihren VW-Käfer mit an Bord genommen hatten, um ihn nach einer Amerikatour zu verkaufen. Das hatte uns auf die Idee gebracht, auch mit einem Auto nach Berkeley zu fahren und dabei mehrere Staaten zu bereisen. Schließlich fanden wir in Watertown einen alten Ford Falcon für 250 Dollar. Mit ihm machten wir uns auf den Weg.

Erst ging es in nördlicher Richtung nach Kanada, auf dem Queen Elizabeth Way fuhren wir durch Quebec und fühlten uns so, wie es die niederländischen Dokumentarfilmer Peter Delpeut und Mart Dominicus später in *Go West, Young Man!* beschrieben: unabhängig und vollkommen frei. Über die berühmte Ambassador Bridge, jene Brücke, die den kanadischen Bundesstaat Ontario mit dem amerikanischen Staat Michigan verbindet, erreichten wir die Autometropole Detroit und suchten uns ein Motel. Allerdings tat meine Frau die ganze Nacht kein Auge zu, denn wir hatten einige Tage zuvor den Alfred-Hitchcock-Film *Psycho* gesehen, in dem Anthony Perkins als psychopathischer Serienmörder Norman Bates ausgerechnet in Motels sein Unwesen trieb.

Unsere Reise führte uns weiter durch Nebraska bis in die Nähe von Denver, wo wir Agnes und Harry Bitterman besuchten. Wir hatten die beiden auf dem Münchner Oktoberfest kennengelernt, und sie hatten uns sogleich zu sich nach Hause in Evergreen eingeladen. Nun gaben sie uns zu Ehren eine Willkommensparty mit vielen Freunden. Einer von ihnen rief, als er von unseren weiteren Plänen hörte, bei seinen Schwiegereltern in Alameda bei Oakland an der Westküste an und organisierte für uns bei ihnen eine Übernachtung. Wieder erlebten wir aufs Neue die Gastfreundschaft der Amerikaner.

Unser »*Go west*« endete, wie geplant in Berkeley. Wir fanden ein Appartement in der Francisco Street, und Rosemarie nach einigen Enttäuschungen einen Job in einem Kindergarten, während ich an der Universität des Staates Kalifornien studierte. Berkeley galt damals als eine der besten Hochschulen der Welt. Dort lehrten berühmte Professoren der Wirtschaftswissenschaften und Statistik. Koryphäen wie George Danzig, West Churchman, Norman Blackwell und Jerzy Neyman wollte ich kennenlernen, von ihnen versprach ich mir Wissen und Können aus erster Hand. Noch in München hatte ich das Thema meiner Promotion geändert. Statt einer Steuerfrage wollte ich nun statistische Probleme behandeln, denn in Berkeley lehrten die großen Statistiker der damaligen Zeit, und davon wollte ich profitieren.

Einer von ihnen war Ernest »Ernie« Königsberg, ein Protagonist der »Operations Research«, in der Angewandte Mathematik, Wirtschaftswissenschaften und Informatik kombiniert werden, um mit quantitativen Modellen Entscheidungsprozesse zu unterstützen. Königsberg sagte einmal nach einer Prüfung zu mir:

»Nächstes Mal trinken Sie vorher einen Whiskey!«

»Warum?«, fragte ich.

»Sie waren so nervös, das war nicht zu übersehen.« Dieses direkte Verhältnis zwischen Lehrenden und Lernenden, das in Berkeley üblich war, kannte ich aus Deutschland nicht. Es ist noch heute das Vorbild, das meine eigene Lehrtätigkeit an der Universität München prägt. Ich spreche die Teilnehmer meiner Seminare mit dem Vornamen an und bin auch für Fragen offen, die nicht gerade Thema sind.

Berkeley war in vielerlei Hinsicht äußert eindrucksvoll für jemand, der von einer deutschen Universität kam. Schon bald spürte ich, dass mir dort einige überlegen waren, was Intellekt und Effizienz betraf. Unvergessen der Operations Researcher aus Taiwan und die indischen Statistiker – sie spielten in einer anderen Liga. Die Atmosphäre war lernintensiver und kreativer, als ich es gewohnt war. Zugleich war die Ausstattung von einer unglaublichen Großzügigkeit. Solche Bibliotheken, geöffnet teilweise bis zwei Uhr morgens, hatte ich noch nicht gesehen, und es gab ein Stadion mit 70 000 Sitzplätzen, das allein für die Golden California Bears, den Footballclub der University of Berkeley, errichtet worden war. Die Universität war nicht nur reich, sie lebte als Institution. Wer da studierte, dem gab sie das Gefühl: Du bist ein Auserwählter! Es ist etwas ganz Besonderes, dass du solche Professoren hast! Und ich bekam auch noch einen Schlüssel ausgehändigt, der mir zu jeder Zeit Zugang zu dieser Alma Mater gewährte. Ich glaube, ich war nicht der Einzige, der sich mit besonderen Anstrengungen beim Studieren revanchierte.

Es war damals die Endphase des Vietnamkriegs, und Amerika war in Aufruhr. Demonstrationen waren in den USA bis dahin nahezu unbekannt gewesen, aber nun fanden überall im Land Aufmärsche statt. In Kalifornien waren sie, sehr zum Leidwesen des damaligen Gouverneurs Ronald Reagan, besonders heftig. Auch in Berkeley gingen Tausende auf die Straße. Man protestierte nicht nur gegen den Vietnamkrieg, sondern skandierte auch für ein Black College, für Bürgerparks und vieles andere mehr. Es war unglaublich für amerikanische Verhältnisse: Das Establishment und die unruhige Studentenschaft sprachen nicht mehr dieselbe Sprache. Als die Studenten einen Parkplatz der Universität zum »People's Park« ummünzten, hielt ihnen die Hochschulleitung entgegen: »Ihr könnt nicht einfach fremdes Eigentum stehlen!« Aber die Studenten konterten: »Ihr habt das Land selbst gestohlen, von den Indianern!«

Rosemarie und ich wollten ebenfalls gern mitmarschieren, aber in allen Uni-Blättern wurden insbesondere internationale Studenten auf die Gefahr der Verhaftung und Abschiebung bei nicht genehmigten Demonstrationen hingewiesen. So ließen wir davon ab. Als die Polizei im Mai 1969 über 480 Demonstranten festnahm, wurden tatsächlich einige der Ausländer, insbesondere Schweden, registriert und dann des Landes verwiesen. »Verletze niemals das Gesetz«, diese Vorgabe führte uns die Ordnungsmacht vor Augen, und an einer verbotenen Demonstration teilzunehmen galt eben als ein eklatanter Gesetzesbruch.

Es waren nicht nur die Hippiebewegung und die Studentenunruhen, die die Amerikaner verunsicherten. Sie reflektierten auch sehr stark, ob man noch die unbestrittene moralische Instanz in der Welt war, wenn Tausende junger GI's im südvietnamesischen Da Nang fielen, wenn Nordkoreaner ein amerikanisches Schiff kapern und die Besatzung lange gefangen halten konnten, wenn in Europa Demonstranten US-Fahnen verbrannten. Ich kannte Studenten, die nach Vietnam sollten und nun ihre Einberufungsbescheide zerrissen. Wir hatten einen Nachbarn in dem Appartementhaus, der nach Kanada floh, um dem Kriegsdienst zu entgehen. Keiner wollte diesen Krieg noch, aber junge Leute Anfang zwanzig sollten dorthin und ihr Leben riskieren! Zudem war selbst für uns offensichtlich, dass bevorzugt Schwarze geschickt wurden, damit sie ihren Kopf hinhielten.

Als dann schließlich auch noch Richard Nixon im November 1968 zum Präsidenten gewählt wurde, schien alle Hoffnung auf ein baldiges Kriegsende vergebens. Wie sollte ausgerechnet dieser Hitzkopf die USA aus der verworrenen Lage herausführen? Heute wissen wir, dass Henry Kissinger den Krieg auf eine Weise beendete, die schon öfter in der Geschichte angewendet wurde: Er erklärte kurzerhand den Sieg und ließ die Truppen abziehen.

Im Placement Center auf dem Campus von Berkeley warben viele Unternehmen um die künftigen Absolventen. Sie machten per Aushang bekannt, wann ihre Vertreter für Gespräche bereitstehen würden, und interessierte Studenten trugen sich in eine Terminliste ein. Ich las dort General Motors, Arthur Andersen und viele andere Firmen von Weltruf. Aber die Leute von McKinsey waren mir entgangen. Dass sie auch auf dem Campus gewesen waren, erfuhr ich erst später von meinem Kommilitonen Franz Scherer, der hingegangen war, die Bewerbungsprozedur durchlaufen und am Ende ein Angebot erhalten hatte.

Mit einigen Unternehmen hatte auch ich Gespräche geführt. Aber ich strebte ja eine deutsche Universitätskarriere an, und nichts von dem, was mir bisher im Placement Center begegnet war, hätte mich davon abbringen können. Aber was Franz Scherer über McKinsey erzählte – was für eine junge, engagierte Truppe das war und wie angenehm die Atmosphäre, wie interessant die Klienten, wie international das Tätigkeitsfeld – das hatte seinen Reiz. Es bestärkte meinen Eindruck, dass es sich um eine ganz besondere Firma handeln musste. Die wichtigsten Aufsätze zu Managementthemen, mit denen ich mich in Berkeley zu befassen hatte, stammten aus den Federn von McKinsey-Leuten. Wo immer Weltkonzerne strategische Entscheidungen trafen, schienen diese Berater ihre Finger im Spiel zu haben. Und wie man hörte, zahlte McKinsey auch nicht schlecht.

Den Plan einer akademischen Laufbahn gab ich nicht auf, dennoch wollte ich herausfinden, ob diese Firma überhaupt eine Option für mich sein könnte. Also bewarb ich mich beim San Francisco-Büro von McKinsey – und wurde tatsächlich zu Vorstellungsgesprächen eingeladen. Schon die erste Begegnung mit Ted Demosthenes, dem Leiter des Support Staffs, war bemerkenswert. Er kannte meinen Lebenslauf, kannte Berkeley und konnte einem Kandidaten viel Zutrauen entgegenbringen. Man interviewte mich in mehreren Runden, und die letzte dieser Begegnungen fand bei einem Mittagessen mit dem McKinsey-Partner Tim McNamara statt. Ich weiß nicht mehr, worum das Gespräch im Einzelnen sich drehte, aber ich werde nie vergessen, wie es endete. »Lieber Herbert«, sagte Tim zu mir, als wir uns verabschiedeten, »es wäre großartig, wenn Sie zu McKinsey kommen würden. Sie wären ein spannender Kollege.«

Bis heute weiß ich nicht, womit ich meine Gesprächspartner begeistert hatte. Aber plötzlich stand mir die Tür zu einer Firma weit offen, die damals Wirtschaftsleute in aller Welt anzog. Das grandiose Feedback beflügelte mich, und vermutlich fing ich mir dabei jenes McKinsey-Virus ein, das mich nie wieder loslassen sollte. Das Angebot nahm ich nicht an, aber ich wusste nun: Du hast eine exzellente Möglichkeit in der Hinterhand.

In den Wintermonaten setzte ich auch von Berkeley aus meine Skilehrerkarriere fort. Obwohl Rosemarie vorher nie unterrichtet hatte, durfte auch sie Skikurse geben, und so fuhren wir Wochenende für Wochenende in das kalifornische Wintersportparadies Squaw Valley und lehrten dort an Samstagen für acht Dollar jeweils vier Stunden das Skifahren.

Schließlich ging das intensive Jahr in Berkeley zu Ende, und bevor wir nach Hause reisten, wollten wir uns noch einige Länder ansehen. Rosemarie hatte nach einiger Zeit auch ein Stipendium bekommen, für ihre Arbeit über den »Frühen Adel und seine geistigen Interessen«. Dadurch war unser einst knappes Budget gar nicht mehr so knapp. 5000 Dollar hatten wir in diesem Jahr ansparen können – und bereisten damit zwölf Länder.

Mit der japanischen Airline JAL flogen wir über den Pazifik, machten Station in Japan, Taiwan, Hongkong, Indonesien, Malaysia, Singapur, Thailand, Nepal, Indien, Afghanistan und Russland, bis wir im September 1969, nach acht Wochen, wieder in München ankamen. Im November heirateten wir kirchlich. Dazu luden wir alle Freunde ein – es war gleichsam ein Fürbittgebet.

Während der Zeit in Berkeley arbeitete ich an meinem Promotionsthema: »Optimierung der Schichtenbildung bei zufallsgesteuerten Stichproben«. Es ging darum, durch methodische Vorüberlegungen dem Zufall vernünftige Grenzen zu setzen, damit das Ergebnis, beispielsweise einer Umfrage, nicht nur willkürlich die Wirklichkeit widerspiegelt, sondern möglichst sicher und genau. Für den Laien mag dies langweilig klingen, doch wer sich näher damit befasst, erkennt durchaus eine gewisse Relevanz.

Während die Dissertation Gestalt annahm, war ich als wissenschaftlicher Mitarbeiter am Lehrstuhl für Statistik bei Professor Hans Kellerer angestellt und unterrichtete Studenten jüngerer Semester. Die Übungen in Statistik machten mir Freude, und doch keimten während dieser beiden Semester Zweifel in mir, ob ich wirklich Hochschullehrer werden sollte. Sicher, das Studium hatte mir Spaß gemacht, die Atmosphäre an den Universitäten faszinierte mich nach wie vor. Die großen Wissenschaftler bewunderte ich, so etwa Eberhard Schaich. Ich erlebte ihn als einen außergewöhnlich guten Statistiker, aber in meinen Augen war er sichtlich gefangen im Unibetrieb. Das Berufsleben in der Hochschulwelt zu verbringen, war für mich immer eine attraktive Vorstellung gewesen. Aber die Assistentenzeit bot nun den Praxistest, und von Übung zu Übung wurde immer klarer: Die Gesichter wechseln, aber alles andere bleibt gleich, wenn man an der Universität lehrt. Immer dieselben Formeln, immer dieselben Zusammenhänge, immer dieselben Aha-Erlebnisse bei den Studenten – und das bis zur Emeritierung?

Außerdem hatte ich das Gefühl, dass die akademische Welt wenig mit dem praktischen Leben zu tun hatte – das mich wiederum brennend interessierte. Professoren schienen zwar viele Freiheiten und auch viel Freizeit zu haben – doch das reizte mich nicht. Ich wollte die Gesellschaft mitgestalten, etwas bewegen, und wenn ich dafür bis an meine Grenzen gehen musste. Nichts erschien mir schrecklicher, als im Stillstand zu verharren. Wenn man mich mit Freiheiten und Freizeit nicht ködern konnte, dann schon eher mit Geld. Aber das Professorengehalt war nicht gerade am Limit der Verdienstmöglichkeiten. Bald sollte man mir in einem Brief mitteilen, dass das Einstellungsgehalt bei McKinsey in etwa so wäre wie das Endgehalt eines Professors. Das war für mich ein schlagkräftiges Argument.

Doch zuvor, am 9. Februar 1970, wurde ich zum Doktor der Wirtschaftswissenschaften (oec. publ.) promoviert, der erste Schritt für eine Hochschullaufbahn war damit getan. Aber für mich war es der Auftakt zu einer Karriere, die dann doch nicht stattfinden sollte, und zwar aus Furcht vor Langeweile. Ich sondierte Alternativen, etwa bei der Deutschen Shell, wo ich gelernt hatte, bei Siemens und natürlich bei McKinsey. In San Francisco hatte man mir mündlich zugesagt, dass ich jederzeit kommen könnte. Ich müsste natürlich die Bewerbungsprozedur noch einmal durchlaufen, aber das sei kaum mehr als eine Formalie.

Der Abschied von der Hochschulwelt fiel mir aber nicht leicht. Dass ich noch schwankte, wurde mir bewusst, als ich das Angebot aus Nürnberg bekam, Chefassistent bei der Statistikprofessorin Ingeborg Esenwein-Rothe zu werden. Ich wollte es nicht einfach verwerfen, sondern fuhr hin und nahm sogar Rosemarie mit.

Wenig später erhielt ich eine Zusage, doch in der Zwischenzeit hatte ich das konkrete Angebot von McKinsey Deutschland erhalten, das den Ausschlag gab. An einem langen Abend diskutierte ich mit Erhard Kriese, einem Kommilitonen, der inzwischen bei Siemens war, und anderen ehemaligen Studienkollegen, wie man die verschiedenen Optionen wie Uni, Siemens, Shell oder McKinsey zu sehen habe. Die Entscheidung fiel eindeutig pro McKinsey aus. Ich sagte in Nürnberg ab. Dem Brief an Ingeborg Esenwein-Rothe fügte ich die McKinsey-Konditionen bei, mit einem dreifach höheren Gehalt im Vergleich zu jener A 13-Stelle an der Universität. Irgendwie wollte ich bei ihr wohl um Verständnis für meine Absage werben. Sie sollte mit eigenen Augen sehen, wie weit die beiden Jobs auseinanderlagen. Aber das war ein Fehler. Frau Esenwein-Rothe antwortete in bitteren Zeilen, ich hätte mich offenbar dem Mammon verschrieben und verstünde nicht, dass Beruf etwas mit Berufung zu tun hätte.

Einstieg bei McKinsey: Psychotests, der erste Schiffbruch und eine Weiterentwicklung zum Batteriefachmann

»Wir haben erwartet, Sie hätten vorher darüber nachgedacht!«, sagte die Personalleiterin Irene Scott von McKinsey in Düsseldorf leicht indigniert, als ich das Angebot nicht sofort annahm. Alle Interviews hatte ich absolviert, war sogar nach London geflogen, wo ich einen Tag lang von Dr. Cabot, einem Psychologen, getestet wurde. Unendlich viele Fragen hatte ich zu beantworten, darunter auch äußerst abstruse, etwa: »Wie lässt es sich mit dem Bewusstsein leben, gleichsam ein Sohn Hitlers zu sein?« Und als ich schon müde war, weil ich einen Test nach dem anderen über mich hatte ergangen lassen, sagte Dr. Cabot plötzlich: »Stellen Sie sich vor, was passiert, wenn ein Stamm eine Nahrung erfindet, die seine Mitglieder doppelt so groß und doppelt so stark macht wie die Angehörigen von allen anderen Stämmen? Welche Auswirkungen hat das?« Ich erwiderte in meiner Erschöpfung: »Dann brauchen diese Stammesmitglieder auch größere Autos, größere Stühle, neue Kleidung.« Der Psychologe sah mich nach meiner Antwort eindringlich an, dann meinte er: »Ja, aber denken Sie auch an diejenigen, die klein bleiben.« Danach wollte er mich gedanklich in eine Fantasiewelt à la Thomas Morus führen. Aber nach den vielen Stunden mit ihm war ich dazu nicht mehr bereit.

In dem psychologischen Gutachten, das er danach erstellte, hieß es, dass ich eine »höchst sympathische Ausstrahlung« hätte, unter Druck »cool« reagieren würde, jedoch in Grenzsituation sehr oberflächlich geblieben sei, nicht so tief in sie eindringen würde, auch unklar bliebe, welche Karriere ich anstreben würde. Das Fazit von Dr. Cabot war jedoch, dass ich gut zu McKinsey passen würde, letztlich wegen meiner überproportional ausgeprägten sozialen Fähigkeiten. Als ich das Gutachten im Nachhinein las, erstaunte es mich, denn nach dem Tag bei dem Psychologen hatte ich das Gefühl gehabt, dass ich besser doch nicht zu McKinsey gehen sollte. Später erfuhr ich, dass die aggressive Art von Dr. Cabot viele potenzielle McKinsey-Mitarbeiter abschreckte. Man verzichtete dann auch auf die Dienste des Psychologen. Auf das Angebot der Personalchefin sagte ich übrigens: »Danke, ich überlege es mir.«

Das war wirklich ernst gemeint. Zu Hause diskutierten Rosemarie und ich alles mehrfach durch, immerhin hätten wir nach Düsseldorf ziehen müssen. Wir waren erst vor einem Jahr aus Kalifornien zurückgekehrt – sollten wir München schon wieder verlassen, zumal meine Frau mitten im Referendariat steckte? McKinsey Deutschland erschien wenig attraktiv, es gab damals nur diese eine Niederlassung. Das Rheinland erschien uns aber wie ein Exil. Rosemarie und ich fühlten uns in München wohl, wir wollten eigentlich nicht weg. Und sollte ich wirklich in eine Welt der Konkurrenz und des »up or out« wechseln, wie es bei McKinsey heißt? Eine Entscheidung für diese Firma bedeutete, bekanntes Terrain zu verlassen, um unsicheres Neuland zu betreten. Denn was ein Mitarbeiter einer großen Unternehmensberatung genau machte, davon hatte ich letztlich keine konkrete Vorstellung.

Und doch zog es mich mit aller Macht zu McKinsey. Ich hatte ja bereits als Student einige Beraterjobs erfolgreich abgewickelt, und es hatte mir immer große Freude gemacht, Verhältnisse zu analysieren, Maßnahmen zur Verbesserung zu entwickeln und dann zu erleben, wie sie erfolgreich wirkten. Jedenfalls beschlossen wir am Ende doch, das McKinsey-Angebot in Düsseldorf anzunehmen.

Der 1. Juli 1970 war mein erster Arbeitstag. Mit mir fing Peter Schlenzka an, er kam von der Universität Stanford. Zusammen sahen wir uns in der Niederlassung in der Königsallee um und wussten nicht recht, ob wir stolz sein sollten auf unseren neuen Job oder doch eher eingeschüchtert und voller Ehrfurcht ob der großen Namen wie VW, BASF und vielen anderen, die hier Klienten waren und die wir bisher nur als Verbraucher und aus der Zeitung kannten.

Am Nachmittag begann die Arbeit. Es ging um Hans Heinrich (»Baron Heini« – wie er sich nennen ließ) Thyssen-Bornemisza und seine über hundert Unternehmen im In- und Ausland. Zur Vorbereitung gab man mir Material über das, was in diesem Fall bisher geschehen war. So sah also eine McKinsey-Studie aus! Meine neuen Kollegen hatten in ihr empfohlen, einige Firmen zu verkaufen, andere zu fusionieren und bei wieder anderen Beteiligungen einzugehen. Nun sollte ein Managementinformationssystem eingeführt werden, und ich gehörte zu dem Team, das diese Aufgabe zu verantworten hatte.

Nach einer Woche war ich bereits in Holland und anderen Ländern unterwegs, dort, wo Thyssen-Firmen ansässig waren. Henk Harkema, Buie Homan, beide aus dem Amsterdamer Büro, und ich arbeiteten zusammen mit dem Londoner Projektleiter Paul Henderson und mit Max Geldens, dem Verantwortlichen für die Klientenbeziehungen, mit Hochdruck an einem Konzept, wie das Firmengeflecht von Hans Heinrich Thyssen künftig wirksamer gesteuert werden könnte. Aber nach zwei Monaten brach »Baron Heini« das Projekt ab, aus innenpolitischen Gründen, die mit uns nichts zu tun hatten. Damit war mein erster McKinsey-Einsatz zu Ende, und Geldens sagte mir zum Abschied: »Herbert, was immer du tun willst, du kannst es in dieser Firma machen.« In diesem Moment wusste ich: Hier bist du richtig!

Allerdings ging nicht alles immer glatt. Meinen ersten Schiffbruch erlitt ich schon beim zweiten Projekt. Bei dem Pharmaunternehmen Boehringer Ingelheim sollte ich Budgetierung und Langfristplanung organisieren. Ich hatte leider keinerlei Ahnung, durfte es mir aber nicht anmerken lassen. Also beschaffte ich mir einen McKinsey-Guide über PPB, also über »Programming, Planning, Budgeting« und übernahm, was da zu meinem Thema zu lesen war. Dann führte ich gegenüber dem Klienten aus, McKinsey schlage dieses und jenes vor, um dieses und jenes Ziel zu erreichen. Als der Finanzchef Folkert Bellstedt von Boehringer meine Empfehlungen las, sagte er nur: »Und so eine Lehrlingsarbeit sollen wir auch noch teuer bezahlen!«

Das war eine schwere Blamage, aber ich konnte die Scharte rasch wieder auswetzen. Das Projekt lief gut, und ich erlebte zum ersten Mal, wie McKinsey eine »Economic Analysis« eines Unternehmens erstellte. Man nahm die Zahlen, die der Konzern vorlegte, durchleuchtete sie, verglich sie mit den Markt- und Wettbewerbsentwicklungen und brachte sie in eine schlüssige Form. Dann zog man daraus Schlussfolgerungen und kommunizierte sie in einer für McKinsey typischen Weise, nämlich in Schaubildern, in klaren Aussagen und – anders als in der akademischen Tradition – immer mit dem Ergebnis voran: Wir überfielen den Klienten geradezu mit einer dramatischen Quintessenz und schufen so Aufmerksamkeit für die Vorschläge, die dann im Einzelnen folgten.

Boehringer Ingelheim war ein weltweit agierendes Familienunternehmen, das viel in Deutschland produzierte, aber seinen Umsatz überwiegend im Ausland machte. Diese Konstellation bot mir Gelegenheit, viel darüber zu lernen, wie in den verschiedenen »Medical Schools« der Welt die deutschen Präparate positioniert werden mussten, wie die Marketingunterstützung durch die Zentrale beschaffen sein sollte und wie die diversen internationalen Inputs für die heimische Forschung gebündelt werden mussten. Der legendäre Karl Diehl, der Chefcontroller bei Boehringer Ingelheim und die graue Eminenz des Unternehmens, herrschte über das Informationssystem zwischen der Zentrale und den Tochtergesellschaften. Die Zusammenarbeit entwickelte sich schließlich so gut, dass ich hier meinen ersten Versuch des Abwerbens erlebte: Gegen Ende des sechsmonatigen Einsatzes bei Boehringer bot man mir, dem achtundzwanzig Jahre alten Unternehmensberater im ersten Berufsjahr, die Leitung der Tochtergesellschaft in Argentinien an. Ich lehnte trotz der Ehre ab.

Als Nächstes beschäftigte ich mich damit, wie man Batterien sortiert. Herbert Quandt, einer der großen Industriellen im Nachkriegsdeutschland, holte McKinsey erstmals ins Haus, um für seine Unternehmensgruppe (Varta, Byk-Gulden, CEAG-Dominit und einige andere) eine neue Führungsstruktur zu entwickeln. Meine Aufgabe in dem McKinsey-Team war es, ein Konzept für den zur Quandt-Gruppe gehörenden Batteriebereich Varta zu entwickeln. Nach sechs Wochen waren wir so weit, dass wir Ergebnisse unserer Analysen und Vorschläge für die Zukunft vortragen konnten.

Unser Ansprechpartner war Quandts enger Weggefährte Hans Graf von der Goltz, der später dem Aufsichtsrat von BMW vorsaß und Romane schrieb. Aber auch Herbert Quandt selbst war bei unserer Präsentation zugegen, denn das Batteriegeschäft gehörte zu seinen persönlichen Steckenpferden. Er strahlte eine Aufmerksamkeit aus, die in dem Raum geradezu körperlich spürbar war, vermutlich, weil er wegen eines lebenslangen Augenleidens fast völlig erblindet war, vielleicht auch, weil er neugierig war, was diese »amerikanischen« Unternehmensberater ihm wohl bieten würden. Als ich ihm das erste Mal begegnete, sagte ich schüchtern »Grüß Gott«. Augenblick fing Herbert Quandt lauthals zu lachen an, denn nach dem Krieg, so sagte er, nachdem er sich beruhigt hatte, habe er dies in Ellwangen gehört und spontan gesagt, das sei seit Monaten der erste Auftrag – nämlich Gott zu grüßen. Das Eis war gebrochen.

Es war das erste Mal, dass McKinsey und Quandt miteinander zu tun hatten. Nach gründlichen Analysen schlugen wir vor, eine Batterie AG als Holding mit Hauptsitz in Hannover zu bilden und darunter vier Tochtergesellschaften, die jeweils bestimmte Bereiche bearbeiten sollten: Starterbatterien, Trockenbatterien, Industriebatterien und »Overseas« für das internationale Geschäft außerhalb Europas.

Ich war kein Batterie-Fachmann, und deshalb hatte ich intensiv recherchieren müssen, wie man diese Energiespeicher am sinnvollsten sortiert und wo man die einzelnen Tochterunternehmen am besten voneinander abgrenzt. Das Prinzip jedoch hatte McKinsey schon mehrfach erprobt, unter anderem bei BASF und bei dem Industrieunternehmen KraussMaffei, und nannte es Divisionalisierung. Der Hintergrund war die stürmische Entwicklung der Unternehmen in Deutschland. Ihre klassische Gliederung folgte den Funktionen: Es gab Produktion, Einkauf, Entwicklung, Verkauf und jeweils einen Chef. Aber in der Nachkriegszeit wuchsen die Firmen stark, sie erweiterten ihre Aktivitäten und kauften Betriebe hinzu. Auf diese Weise wurden sie eine Art Tausendfüßler, der mit der funktionalen zentralen Struktur nicht mehr optimal zu steuern war.

Darauf zielte McKinseys Konzept des Divisionalisierens. Ein zu groß gewordener Konzern sollte wieder überschaubar, ein Gewinn wieder zurechenbar, ein Verlust lokalisierbar gemacht werden. Dazu teilten wir es, meistens nach Produktbereichen in Einzelunternehmen auf, also in Divisionen, die eine komplett eigene Führungsstruktur erhielten und dazu klare Regeln für das Zusammenspiel mit der Zentrale.

Quandt war für McKinsey eine der letzten großen Divisionalisierungen. Damit ging eine Phase dem Ende entgegen, in der sich die sogenannte Deutschland AG – die kleine Gruppe deutscher Konzerne von Weltgeltung – nach der enormen Expansion der Nachkriegszeit eine neue, besser steuerbare Struktur gab. Ich war froh, dass ich bei Varta Gelegenheit hatte, diesen Vorgang einmal noch mitzuerleben und mitzugestalten. Und geradezu begeistert waren wir, dass Herbert Quandt entschied, alle unsere Vorschläge für Varta zu übernehmen und zu hundert Prozent zu verwirklichen.

Neben der Batterie-Gruppe Varta AG, die wir konzipiert hatten, kamen nach den Plänen unseres Teams die Geschäfte der CEAG Dominit AG (Starkstromtechnik, Elektrohandel) und die Byk Gulden GmbH (Kosmetik, Arzneimittel, Nahrungsmittel) unter das Dach der Quandtschen Holding, die Varta AG genannt wurde. Die Bayerischen Motoren Werke, die Industrie-Werke Karlsruhe-Augsburg (IWKA) und weitere Unternehmen blieben außen vor, weil die familiären Besitzverhältnisse erst noch bereinigt werden mussten. Für mich war der Einsatz bei Quandt mehr als nur eine interessante Aufgabe als junger Unternehmensberater. Es war auch eine spannende Erfahrung, mit einem der eindrucksvollsten Industriellen der alten Bundesrepublik unmittelbar zusammenzuarbeiten. Man spürte zu jeder Zeit den Strategen, der zum Risiko bereit war, aber auch zum langen Atem, wie er es zum Beispiel bei BMW bewiesen hatte. Quandt hatte den Autobauer mit einem riskanten Investment vor dem Untergang gerettet, saniert und zu einem Unternehmen entwickelt, das noch heute floriert.

Wenn Herbert Quandt Visite bei Varta in Hannover machte, führte ihn sein Weg zuerst zum Vorsitzenden der Arbeitnehmervertretung, Alfred Borsum. Dort ließ er sich die Lage schildern, bevor er zur Geschäftsleitung ging und sich die Version des Managements vortragen ließ. Von uns Unternehmensberatern wollte er immer wissen, was unsere Vorschläge jeweils für den Mann am Band bedeuteten. In meinem ganzen Beraterleben habe ich nicht viele Wirtschaftsführer wie Herbert Quandt erlebt, mit einer ungewöhnlichen unternehmerischen Weitsicht, mit einem genauen Blick für seine Führungskräfte und mit einer sicheren Hand für den richtigen Umgang mit Belegschaften.

Die Vorschläge von McKinsey wurden von Quandt eins zu eins umgesetzt. Er selbst zog sich in die Holding nach Bad Homburg zurück, und in Hannover wurde ein Batterie-AG-Vorstand etabliert, der das operative Geschäft in weitgehender Eigenverantwortung führte.

Unternehmensberatung – kein Business, sondern eine Profession

Marvin Bower war als Managing Director schon lange ausgeschieden. Aber der Mann, der einst dem Gründer James O. McKinsey nachgefolgt war und das Unternehmen wie kein anderer prägte, war der Richtige, um uns Neulingen das McKinsey-Selbstverständnis einzuimpfen. Dazu hatte ich einen meiner ersten Einsätze als Unternehmensberater unterbrochen und war nach New York gereist, um mit dreißig anderen McKinsey-Anfängern aus aller Welt ein zweiwöchiges Einführungstraining zu absolvieren. Marvins Abend über Berufsethik war das Highlight dieser zwei Wochen.

Wir bekamen Übungsfälle, die wir im Team zu bearbeiten hatten und deren Lösung wir dann vor erfahrenen McKinsey-Leuten präsentierten, unter hohem Zeitdruck wie im richtigen Leben. Es gab weiterhin Interviewtrainings (schon damals mit Videos) und Kurse über den Umgang mit harten und weichen Informationen. Die harten Infos waren die quantitativ messbaren (Umsatz, Kosten, Marktanteile, Betriebsergebnis, Cash Flow), die weichen die qualitativen Informationen, Fähigkeiten der besonderen Art, Kulturbestandteile und Einstellungen zu neuen Techniken. Der Kern der Veranstaltung aber war, uns die McKinsey-Philosophie nahe zu bringen. »Wir sind eine Profession!«, predigte Bower. So wie Rechtsanwälte ihren Beruf nach festen Regeln ausübten, so hätten auch McKinsey-Berater bestimmte Werte, Vorgehensweisen und handwerkliche Methoden. Es war ein Initiationsritus, der da abgehalten wurde, und er verfehlte seine Wirkung nicht: Wir Teilnehmer hatten das Gefühl, einer einzigartigen Organisation anzugehören.

Nach zwei aufregenden und anregenden Wochen kehrte ich in den Alltag nach Deutschland zurück. Im Normalfall hatte das Leben eines Beraters einen festen Rhythmus. Von Montag bis Donnerstag waren wir beim Klienten. Das Team bestand aus dem verantwortlichen Engagement Manager, einem Seniorberater und zwei »normalen« McKinsey-Associates, wie ich damals einer war. Eine typische Studie begann damit, das Zahlenwerk eines Unternehmens zu verstehen. Der eine analysierte den Vertrieb, der andere die Produktion, der dritte das Controlling, dazu wurden die Führungskräfte umfassend interviewt. So weit verfügbar, benutzten wir externe Informationen über Marktentwicklungen und Wettbewerber.

Anhand eines Leitfadens erfragten wir, was in dem jeweiligen Unternehmensbereich geschieht, was sich verändert hat und verändern wird, welche großen Herausforderungen bevorstehen. Wenn man beispielsweise mit einem Vertriebsleiter eineinhalb Stunden gesprochen hatte, wusste man: Bei dem Produkt gibt es ein Qualitätsproblem, bei jenem stimmt der Preis nicht, hier ist der Wettbewerb besonders scharf, dort ist die Organisation schwierig. Danach hielten wir unsere Erkenntnisse schriftlich fest und gaben sie an die anderen Teammitglieder weiter. Die Tage waren gut gefüllt, häufig arbeitete man bis in den Abend hinein. Dann gingen wir ins Hotel, setzten uns zusammen und tauschten aus, was wir erlebt und erfahren hatten.

An den Reisekosten wurde bei McKinsey damals nicht gespart. Wir flogen zu den Klienten, was damals noch ein Luxus war, wir wohnten meist komfortabel. Zum McKinsey-Leben gehörten die besten Hotels ebenso dazu wie ansehnliche Gehälter. Aber es waren nicht nur die äußeren Umstände, die den Job reizvoll machten. Ich schätzte sehr, dass man in einem kleinen Team von Menschen arbeiten konnte, die gleichgesinnt, überwiegend auch gleichaltrig und in aller Regel gleichermaßen hoch motiviert und engagiert waren.

Der Freitag war unter Unternehmensberatern schon damals traditionell ein Bürotag. Wir trafen uns in Düsseldorf in der Zentrale, um die Woche nachzubereiten, aber auch um Kontakte und Netze zu pflegen. Was geschah intern in der McKinsey-Organisation? Was tat sich bei übergreifenden Projekten, bei Zukunftsthemen, die für unsere Arbeit wichtig waren? Wer waren die Neuen? Wer ging und warum? Und die vielen internen Gespräche fanden ebenfalls an den Freitagen statt, wenn alle regelmäßig im Hause waren.

Zum Beispiel die Beurteilungsgespräche. Normalerweise gab es alle drei Monate für jeden Berater ein sogenanntes Engagement Performance Review (EPR), dabei wurde Folgendes ermittelt: Wie gut waren die Analysen? Wie gut hatte man auf die Ressourcen des Hauses zurückgegriffen? Wie war man beim Klienten angekommen? Was waren die Meinungen der Teamkollegen? Wie nahm der Projektleiter einen wahr? Was musste verbessert werden und wie musste dies realisiert werden? Alle diese Urteile gingen in ein Ranking ein, und nach Ablauf von sechs Monaten wurden die Berater bewertet – danach, wie ihre analytischen und ihre sozialen Fähigkeiten sich entwickelten, wie sie mit dem Klienten kommunizierten und ob sie Einsatzfreude zeigten.

McKinsey bewertete gnadenlos, und ich konnte früh beobachten, was es bedeutete, bei diesen Beurteilungen auf der Stelle zu treten oder gar zurückzufallen: Dann war es vorbei mit der McKinsey-Karriere. Von Beratern, mit denen es nicht mehr aufwärts ging, trennte sich die Organisation in absehbarer Zeit und meistens auch geräuschlos. Üblicherweise reichten dafür zwei Bewertungen, die als »below standard« ausfielen.

Ich selbst brauchte mir zum Glück keine Sorgen zu machen. Von Anfang an lag ich vorn und wurde schon nach kurzer Zeit als »outstanding« eingestuft, als Nachwuchstalent, von dem die Firma noch viel erwartete. Nach sechs Monaten erhielt ich die erste Gehaltserhöhung, von 4200 Mark auf 4800 Mark, und nach weiteren Monaten gab es wieder etwas oben drauf. Im Vergleich zu den Konditionen in normalen deutschen Unternehmen war das Steigerungstempo rasant. Es beruhte vorwiegend auf meinen sehr guten EPR-Ergebnissen.

Zugleich engagierte ich mich aber auch im Innenbereich. Düsseldorf, die deutsche McKinsey-Niederlassung, war ein relativ kleines Büro. Wenn man wollte, gab es viele Möglichkeiten, sich einzusetzen. So arbeitete ich zum Beispiel an unseren Trainingskonzepten mit und gab im zweiten Jahr selbst Kurse in Statistik, in Kostenrechnung und in Controlling zur Weiterbildung der Kollegen. Das alles vermittelte mir das schöne Gefühl: Du bist hier nicht nur Angestellter, sondern du gestaltest dieses Büro, diese Firma mit!

Eine Trennung zwischen Beruf und Familie gab es damals nicht. Im Gegenteil. Marvin Bower sagte wieder und wieder, dass hinter jedem erfolgreichen Partner eine erfolgreiche Partnerin steht. Er war auch der Meinung, dass man ohne eine »strong woman« niemals eine Chefposition erreichen würde – er war eben aus einer anderen Zeit. Doch seiner ersten Feststellung konnte ich nur zustimmen, denn Rosemarie war für mich eine solche »erfolgreiche Partnerin«. In den Anfangsjahren in Düsseldorf gehörte sie zu den wenigen Frauen aller McKinsey-Mitarbeiter, die arbeiteten – sie unterrichtete als Realschullehrerin in Meerbusch-Osterath.

Fast jedes Wochenende feierten wir zusammen, alle Associates einschließlich ihrer Frauen oder Freundinnen; alle kannten sich untereinander. Und bei den Partnerkonferenzen auf den Bahamas, in Monaco, Florida, Arizona oder auf Hawaii war es selbstverständlich, dass die Ehefrauen mit eingeladen waren – in den siebziger Jahren nur die verheirateten Partner, später änderte sich aber auch das. Wenn Rosemarie gerade Ferien hatte, flog sie mit mir. Für die Frauen war das eine wunderbare Sache, und wir Männer konnten dadurch als »Traumprinzen« in Erscheinung treten. Und wenn das nicht so wichtig war, konnte man sich wenigstens sagen, dass McKinsey eine einzige große Familie sei. Und das wurde auch immer wieder demonstriert.

Marvin Bower selbst gilt in der Geschichte von McKinsey als der Gestalter. Gründer James O. McKinsey hatte den Wirtschaftsanwalt 1933 als Partner an seine Seite geholt. Als McKinsey 1937 an einer Lungenentzündung starb, stand Bower fortan allein an der Spitze des Unternehmens, das mit seinem einzigartigen Beratungsansatz rasch wuchs.

Bower prägt McKinsey bis heute. Er formulierte die Grundsätze, die noch immer die Philosophie des Unternehmens ausmachen. Zu seinem Erbe gehört, dass McKinsey als Partnerschaft verfasst ist, also den aktiven Partnern selbst gehört. Daneben gilt das Ziel, die Besten zu gewinnen und am besten zu bezahlen. Von Marvin Bower stammt aber auch die »*obligation to dissent*«, also nichts einfach hinzunehmen, mit Zweifeln nicht hinter dem Berg zu halten, sondern zu widersprechen.

Als ich Bower bei meinem Ersttraining als junger Associate zum ersten Mal erlebte, hatte er schon keine offizielle Funktion mehr inne, aber als Elder Statesman verkörperte er den Geist und die Haltung von McKinsey wie niemand sonst. Er hatte keinen Titel mehr, aber er war allgegenwärtig und wachte streng darüber, dass niemand gegen den McKinsey-Geist verstieß. Das sollte ich später noch mehrfach zu spüren bekommen. Im Jahr 1976 tagte die internationale Partnerkonferenz auf den Bahamas, und obwohl ich gerade erst als Partner aufgestiegen war, sollte ich eine Präsentation über strategische Konzepte halten.

Dafür hatte ich viel über Carl von Clausewitz gelesen, den großen preußischen Kriegstheoretiker und Strategielehrmeister. Die Parallelen zwischen militärischer und unternehmerischer Strategie, die ich dabei entdeckt hatte, verwendete ich in meiner Präsentation. Ich analysierte den Feldzug eines deutschen Konzerns (Siemens) gegen seinen französischen Konkurrenten (Schneider) und beschrieb die verschiedenen strategischen Phasen mit Hilfe der Clausewitzschen Theorie.

Es stellte sich schnell heraus, dass es keine gute Idee von mir war, auf dieser internationalen Veranstaltung mit Clausewitz zu kommen. Der Beifall war mehr als mäßig, in der anschließenden Kaffeepause schnitt man mich, hier und da konnte ich Kommentare aufschnappen wie: »Die Deutschen ändern sich wohl nie.« Auch Marvin Bower, damals Direktor Emeritus, reagierte auf meinen Auftritt, indem er mich schriftlich zurechtwies: Militärisches hätte keinen Platz im Werkzeugkasten eines McKinsey-Beraters, und ich sollte es schleunigst aus dem meinen verbannen. Dieser erste Auftritt vor dem höchsten McKinsey-Gremium – der internationalen Partnerkonferenz – war ein Fiasko.

Achtzehn Jahre später, jetzt selbst als Vorsitzender der Strategiekommission, sollte ich wieder eine Präsentation auf einer Partnerkonferenz halten. Es war im Frühjahr 1994 in Phoenix, Arizona. Ich referierte über unsere Strategie; ich beschrieb, wie wir Talente anwerben, trainieren und fördern, und bezeichnete das als unserer »Business System«. Kaum war dieser Begriff gefallen, da stand ganz hinten im Saal Marvin Bower auf. Er war gut neunzig Jahre alt, hatte aber immer noch seine durchdringende Stimme. Er schrie fast durch den Saal: »Herb, *this is not a business!*« Was wir tun, sei kein Geschäft, sondern eine Profession! Er verfechte dies sein Leben lang und habe es auch mir schon oft gesagt: »*This is not a business!*«

Diese Intervention aus der letzten Reihe machte mich hilflos. Jeder von uns Beratern benutzte den Begriff des Business-Systems jeden Tag bei unseren Klienten. Ich hatte ihn nur rein technisch verwendet, um zu beschreiben, was wir tun, um unsere eigene Leistungsfähigkeit zu gewährleisten. Aber nun stand ich da als ein Häretiker, als einer, der von der rechten Lehre abweicht oder – schlimmer noch – sie nie richtig verstanden hat.

Niemand sprang mir bei. Der große alte Mann von McKinsey hatte mich vor versammelter Mannschaft zurechtgewiesen, und mancher Partner wird gedacht haben: Das hat der

Henzler mal verdient! In der folgenden Pause versuchte ich Bower zu erklären, dass ich wirklich nur einen Terminus verwenden und kein Glaubensbekenntnis hatte abgeben wollen. Aber er wollte nicht mit mir diskutieren.

Vor einiger Zeit hörte ich, damals in Phoenix hätte ich meine Chancen verspielt, ein später Nachfolger Bowers als Chef von McKinsey weltweit zu werden. Ich weiß nicht, ob das stimmt. Aber für möglich halte ich es schon. Allerdings hatte ich selbst keine Ambitionen auf den Job. Ich wollte nicht durch die Welt reisen, um mir in den Länderbüros Sand in die Augen streuen zu lassen nach dem Motto: »Alles ist gut, und was noch nicht gut ist, wird es morgen sein.« Ich wollte lieber bei uns in Deutschland den Aufbau führen und hatte deshalb nie erwogen, meinen Hut in den Ring zu werfen. Ich hielt es wie General William T. Sherman, der im Amerikanischen Bürgerkrieg auf der Seite der Nordstaaten kämpfte: »If nominated I won't run, if elected I won't serve.« So ein Ausspruch, als man ihn zum US-Präsidenten machen wollte.

Nach der Episode in Phoenix normalisierte sich mein Verhältnis zu Marvin Bower allmählich wieder. Meine letzte Begegnung fand im Jahr 2000 statt, ein Jahr vor seinem Tod. Ich besuchte ihn in einer Reha-Klinik in Florida, weil ich seinen Rat suchte. Es war die Zeit der Internet-Hypes und großen Börsengänge, und das hatte auch bei McKinsey-Leuten Begehrlichkeiten geweckt. Viele Partner sahen die Chance, einen Börsengang von McKinsey zu forcieren. Ich war ein entschiedener Gegner dieses Planes und hoffte, von »Mister McKinsey« höchstpersönlich Argumente und Rückendeckung zu bekommen. Marvin hatte bei Gründung der Partnerschaft 1950 von seinen 60 Prozent Anteilen zwei Drittel an die Partner übertragen, und zwar nicht zum Markt-, sondern zum Nominalwert. Nach Schätzungen hätte er damals mindestens 25 Millionen Dollar erlösen können.

Warum nutzte er diese Gelegenheit nicht? Das wollte ich von ihm wissen, und er antwortete mir: »Herb, Geld war niemals meine Motivation. Ich wollte eine Institution erschaffen.« Das war wahrlich gelungen. Dieser Satz wurde auf seiner Trauerfeier im Lincoln Center zitiert. Es blieb dann auch dabei: McKinsey ging nicht an die Börse und gehört weiterhin den inzwischen 1200 Partnern in aller Welt, der großen Familie.

Und weil ich zu ihr gehören wollte, organisierte ich als junger Associate in der »Freizeit« für diese Familie Aktivitäten, vor allem sportliche Events. So führte ich das samstägliche Fußballspiel der McKinsey-Leute auf den Düsseldorfer Rheinwiesen ein. Viele nahmen daran gern teil, denn es ging ihnen wie mir: Wir waren in Düsseldorf zugereist, waren dort nicht sozial verankert, so dass McKinsey für uns auch so etwas wie eine zeitweilige Heimat darstellte.

Einmal organisierte ich ein Fußballspiel zwischen den Mitarbeitern der Düsseldorfer und denen der niederländischen Niederlassung, dann wieder fuhren wir mit dem McKinsey-Leute aus dem Schweizer Büro um die Wette Ski. Aus diesem »Winter-Retreat« wurde übrigens ein regelmäßiges Ereignis. Es fand exakt fünfundzwanzig Jahre lang im Februar/März statt, mit Kindern und in großem Rahmen.

Lob spornte mich besonders an, es war für mich der Antrieb, den ich brauchte, von dem mein Erfolg abhing. Schon in der Schule oder in der Lehre bei Shell hatte mich Wertschätzung stark motiviert. Bei McKinsey funktionierte dieser Mechanismus ebenso: Dass meine Leistungen und mein Engagement honoriert wurden, war ein ständiger Motivationsschub. Da ging es mir wie einem Bastian Schweinsteiger oder Thomas Müller, die auch umso besser spielen, je mehr der Trainer und die Fans sie schätzen und fordern.

Mehr Geld war eine Währung, in der sich die Anerkennung ausdrückte, und das war schön. Vielleicht noch wichtiger aber war eine andere Folge: Das Management brachte einem hervorragend bewerteten Mitarbeiter mehr Vertrauen entgegen, und so bekam man die interessanteren Studien, die reizvolleren Herausforderungen, die größere Verantwortung. McKinsey und ich, das war für mich eine »*marriage in heaven*«, eine glückliche Verbindung.

Ich lernte auch immer mehr, wie die McKinsey-Leute tickten. Gerade drei Monate war ich dabei, als im Oktober 1970 die europäischen Berater zu einer Konferenz nach Rom gerufen wurden. Es ging um das Engagement unserer Firma in Afrika. Bisher hatte McKinsey nur vereinzelt Projekte für die Regierung von Tansania unter dem Präsidenten Julius K. Nyerere übernommen. Nun stellte sich die Frage: Sollte man die afrikanischen Aktivitäten ausweiten und auf dem schwarzen Kontinent einen neuen Markt in Angriff nehmen? Der tansanische Politiker George Kahama saß auf dem Podium des Hilton Hotels, in dem die Konferenz stattfand, und sprach von den großen Herausforderungen für den afrikanischen Kontinent und warnte uns davor, im Südafrika der Apartheid tätig zu werden. (Einige unserer amerikanischen und europäischen Klienten hätten dies gern gesehen.)

Die Konferenzleitung teilte uns in Gruppen zu je zehn Mitgliedern auf, wobei jeweils ein Senior dabei war. Was sollten, was könnten wir in Afrika machen, was war auf diesem Kontinent das Thema? In meiner Gruppe gab es eine wilde Diskussion. Alle redeten durcheinander, niemand hörte dem anderen zu, es wurde auch viel Unsinn zum Besten gegeben. Nach eineinhalb Stunden ergriff Senior Terry Williams das Wort und sagte: »Ich fasse einmal zusammen, was ich hier gehört habe. Es gibt drei Dinge aus unserer Diskussion: Erstens, wir sollten nicht Afrika generell in den Blick nehmen, sondern uns zunächst auf zwei ausgewählte Länder beschränken. Zweitens, wir müssen dazu Leute finden, die gern länger, mindestens zehn Jahre in Afrika leben möchten. Und drittens: Wenn wir das machen, dann warten wir ein oder zwei Jahre ab, wie es läuft, bevor wir endgültig über eine weitergehende Strategie für Afrika entscheiden.«

Die Art, wie Terry Williams unsere chaotische Diskussion zusammenfasste, war für mich in zweifacher Hinsicht lehrreich. Das eine waren die drei Dinge, *the three things* – sie begegneten mir immer wieder bei McKinsey. So brachte man bei uns alles auf den Punkt, so machte man die Ergebnisse unserer Arbeit klar, übersichtlich und vor allem eingängig, wenn die Präsentation beim Klienten größtmögliche Wirkung erzielen sollte. Bei McKinsey lernte ich, schnell auf das Wesentliche zu kommen.

Aber noch interessanter bei Williams' Zusammenfassung war etwas anderes: Sie gab ganz und gar nicht wieder, was in unserer Gruppe diskutiert worden war. Sie beschrieb eine plausible, sinnvolle Position, die wir in unserer Quasselrunde leider nicht erarbeitet hatten. Terry Williams trug sie gleichwohl im Plenum vor und erhielt lebhaften Beifall. Für mich war es ein eindrucksvolles Lehrbeispiel für Führung durch Kommunikation. Wenn die richtige Person im richtigen Moment etwas sagt, dann folgen alle ohne großen Widerstand, sofern da nicht jemand die völlig andere Richtung eingeschlagen hatte.

Um bei McKinsey Erfolg zu haben, brauchte man eine Kombination aus Analytik und Sozialkompetenz. Man musste Sachverhalte schnell erfassen, durchschauen, auswerten können und in kürzester Zeit Schaubilder mit Gehalt und Tiefgang fertigen können. Und dann musste man diese Schaubilder dem Klienten auch noch so präsentieren, dass sie ihn begeisterten.

Viele McKinsey-Leute waren damals eher analytisch ausgerichtet und legten sich Sozialkompetenz nur soweit zu, wie sie diese unbedingt brauchten. Sie wollten mit dem Inhalt ihrer Folien beweisen, dass sie ihr Geld wert waren; aber wie der Draht zum Klienten auf der menschlichen Ebene funktionierte, das war ihnen nicht so wichtig. Das Gegenteil gab es auch, allerdings sehr selten: Leute, die kaum eins und eins zusammenzählen konnten, aber bei jedem Termin in den Unternehmen gut ankamen.

Ich selber rangierte mit meinen Fähigkeiten in der Mitte. Wenn man in einem Koordinatensystem der Anforderungen die Analytik auf der Y-Achse anträgt und die Sozialkompetenz auf der X-Achse, dann war ich auf der Winkelhalbierenden unterwegs, und genau das erwies sich als der Erfolgsstrahl bei McKinsey. Ich galt als ein praxisorientierter, produktiver Berater, der gute Beziehungen zu seinen Klienten aufbaute.

Scharfe Analyse und sozialer Umgang war allerdings noch nicht alles, was McKinsey von seinen jungen Mitarbeitern erwartete. Wer dort eine berufliche Zukunft haben wollte, der musste auch noch diesen Grundsatz beherzigen: »Gib den Klienten immer mehr als sie erwarten!« Es war der Anspruch von McKinsey, durch Mehrleistung zu überraschen. Der Berater, der es verstand, die Erwartung des Klienten zu übertreffen, der passte ins Raster und konnte mit einer zügigen Karriere rechnen. Auch in der Hinsicht durfte ich mich über sehr gute Beurteilungen freuen.

Doch so sehr die Arbeit Spaß machte und Erfolg brachte, so wenig konnten Rosemarie und ich uns an das Leben in Düsseldorf gewöhnen. Vier Jahre im Exil – das war genug. Die Berge waren weit weg; der Baldeneysee war der einzige See weit und breit, so dass er bei schönem Wetter völlig überfüllt war; die Hinsbecker Schweiz war zwar für niederrheinische Verhältnisse hügelig, aber für uns, die wir die Natur und die Bergwelt liebten, war sie ein äußerst schwacher Trost.

München war unser Zuhause, und zu gern hätte ich meinen Arbeitsplatz dorthin mitgenommen. Immer wieder bohrte ich bei meinen Kollegen nach, wir sollten doch ein Büro in München aufmachen. Aber mein Vorschlag fiel nicht auf fruchtbaren Boden. Der Office Manager John G. McDonald, der die deutsche Dependance von McKinsey leitete, entschied: »Wir haben nicht ein einziges Projekt in Bayern. Warum sollten wir dort ein Büro eröffnen!«

Aber ich ließ nicht locker und fiel meinem britischen Chef solange auf die Nerven, bis er seinen Segen für eine Arbeitsgruppe gab, die die München-Idee unvoreingenommen prüfen und eine Empfehlung geben sollte. Als wir damit begannen, war die Haltung in unserem Team völlig unentschieden. Es wurde geleitet von George McIsaac, einem amerikanischen Seniorpartner, dem geografische Vorlieben in Deutschland fern lagen. Die beiden anderen Mitglieder waren konträr eingestellt: Mein Kollege Jürgen Zech stammte selbst vom Niederrhein und war gegen ein Büro in München. Ich war entschieden dafür, denn ich wollte ja dorthin.

Die Arbeitsgruppe tagte, aber ich war derjenige, der wirklich an der Sache arbeitete, während die anderen sich darauf beschränkten, meine Vorlagen zu kommentieren. In diesem Projekt lernte ich, dass man in einer Task Force viel durchsetzen kann, wenn man sich nicht in der Gruppe versteckt, sondern für seine Vorstellungen offensiv kämpft. Jedenfalls empfahlen wir schließlich einhellig, McKinsey möge eine Etage des Düsseldorfer Büros zur Probe und widerruflich nach München verlegen. 1974 bezogen meine Kollegen Helmut Hagemann, Armin Timmermann und ich ein Fünfzimmerbüro in der Königinstraße 28 in Schwabing, ideal gelegen zwischen Universität und Englischem Garten.

Das Münchner Büro sollte sich zu dem weitaus größten Standort der deutschen McKinsey-Niederlassung entwickeln. Der erste Klient war Siemens. Als dieser Konzern McKinsey ins Haus holte, durfte ich als Engagement Manager das Projekt leiten. Der frühere Siemens-Chef Gerd Tacke hatte Unternehmensberater noch für überflüssig gehalten. Er meinte, sie bräuchten sechs Monate, um eine Firma überhaupt kennenzulernen, und dann schlügen sie etwas vor, das einem bei scharfem Nachdenken auch selbst einfiele. Tacke dachte da ähnlich wie meine Mutter, der ich einmal den Beruf des Unternehmensberaters erklärte und die dann feststellte: »Dann macht ihr also das, wofür der Vorstand sein vieles Geld bekommt!«

Wer sechs oder sieben Jahre erfolgreich bei McKinsey arbeitet, der wird von seinem Landesbüro nominiert, Partner zu werden. Eine international zusammengesetzte Kommission tagte regelmäßig in New York und befand über die vorliegenden Vorschläge. Ich hatte die Ehre, bereits in meinem fünften McKinsey-Jahr zum Partner ernannt zu werden. Die finanzielle Seite dieses Status sah vor, dass ein Partner damals 180 000 Mark in die Firma investieren musste. 90 Prozent wurden davon kreditiert, für die anderen 10 Prozent musste ich vieles von dem einsetzen, was ich bis dahin auf die hohe Kante hatte legen können. Dafür stieg das feste Jahresgehalt, und vor allem gab es noch einen Leistungsbonus, den die Firma am Jahresende ausschüttete.

Viel wichtiger war für mich aber die Tatsache, dass ich nun Teilhaber, dass ich Mitunternehmer von McKinsey war. Mit dreiunddreißig Jahren konnte ich nun selbst Klienten haben. Jetzt war ich der Engagement Director, der mit den Klienten die Projekte aushandelte. Ich steuerte die Teams, die diese Projekte abarbeiteten, manchmal zwei oder drei Projekte mit je zwei oder drei Teams gleichzeitig. Ich konnte jetzt schalten und walten, während manche gleichaltrigen Kommilitonen von einst sich mit der Hochschulbürokratie herumschlugen oder irgendwo in Unternehmen noch auf ihre Chance hofften. Für mich war der Weg als Berater leistungsfördernd, ich hatte mich richtig entschieden.

Wem McKinsey besondere Wertschätzung entgegenbringt, der wird in »Firm Committees« berufen. In solchen Arbeitsgruppen ließ das Management Aufgaben des inneren Betriebs regeln. Zusammen mit je einem Kollegen aus San Francisco, Chicago und London wurde ich zum Beispiel früh in ein Committee berufen, das die Lage der Associates untersuchen sollte, der angestellten Berater, die (noch) nicht Partner waren. Wir veranstalteten eine große Umfrage, und das Ergebnis war, dass sich diese jungen Kollegen tendenziell sehr schlecht fühlten. Wir trugen dem Shareholder Council die Missstände ungeschminkt vor und erreichten in mehreren Punkten Abhilfe, etwa indem ein Trainingskonzept für Engagement-Manager eingeführt wurde oder indem in allen McKinsey-Länderorganisationen ein Ombudsmann, eine Art Streitschlichter, bestellt wurde, dem Mitarbeiter ihre Klagen vortragen konnten. Ich war gerade acht Jahre dabei und dreieinhalb Jahre Partner, als ich bei McKinsey zum Direktor gewählt wurde. Danach folgte eine ehrenvolle Berufung in das PCEC, das (Principals, Candidates, Evaluation Committee. Diese Funktion bedeutete nicht nur erheblichen Einfluss, sondern auch tiefen Einblick in die Gesamtorganisation. Als PCEC-Mitglied waren mir vier Büros zugewiesen, deren angehende Partner ich zu evaluieren hatte, die Westcoast Offices, das Büro in Dallas und die Niederlassung in Mexiko. Zweimal im Jahr reiste ich dorthin, für je eine Woche, nahm die Aspiranten gründlich unter die Lupe und verfasste eine Beurteilung.

Das PCEC tagte damals normalerweise zweimal im Jahr in New York. Dort trug jedes Mitglied seine Voten vor, und dann wurde über das Schicksal der Betroffenen abgestimmt. Dabei gab es drei mögliche Ergebnisse: »Elect now« war die direkte Beförderung zum Partner zu diesem Zeitpunkt. Ich schätze, dass fünf von zehn Kandidaten im ersten Anlauf zum Partner gewählt wurden. Die zweite Variante war ein »noch nicht«. Dann hatten die Kandidaten nach Ansicht des Komitees noch nicht genug Leistung gezeigt, etwa bei den Klienten oder bei der Weiterentwicklung von Methoden. Sie konnten innerhalb von sechs bis acht Monaten wieder antreten. Im härtesten Fall lautete das Urteil »niemals« und bedeutete das Ende der Zusammenarbeit innerhalb von sechs Monaten.

Die Arbeit im PCEC bereitete mir viel Freude, auch wenn es schwierig war, sich die Zeit dafür neben dem normalen Projektablauf zu nehmen, auch wenn es keine angenehme Pflicht war, durchgefallenen Kollegen und ihrem Office Manager die schlechte Nachricht zu übermitteln. Aber in diesem Komitee, das weltweit die Partner auswählte, baute man an der Zukunft von McKinsey.

Ich war drei Jahre im PCEC und hatte damals – als pro Halbjahr fünf bis sieben Partner gewählt wurden (heute sind es 35–40) – mitgewirkt an der ersten Wahl einer weiblichen Partnerin Linda Levinson in New York und an der Wahl von Rajat Gupta, dem späteren Weltchef. Weitere zwei Jahre wirkte ich in PRC (principles relations comitee), das Direktoren wählte. Danach fünf Jahre und später noch einmal drei Jahre wirkte ich als DRC-Mitglied. Hier wurden die Direktoren jährlich beurteilt. Und die »total compensation« nach den Beurteilungskategorien festgelegt. Die Unterschiede zwischen der Topkategorie und der niedrigsten Kategorie betrug 3,5 zu 1. Den Kollegen, die länger als zwei Jahre in der niedrigsten Kategorie waren, wurde empfohlen, das Unternehmen zu verlassen. Alle anderen »Standing Committees« bei McKinsey durchlief ich in meiner aktiven Zeit.

Das 7 S-Modell und andere Beratungsinstrumente

Deutschland war ein schwieriges Pflaster für Unternehmensberater. In den fünfziger Jahren hatte Georg S. May, Gründer seiner gleichnamigen Betriebsberatungsfirma, von Chicago aus seine angelernten Berater nach Europa geschickt, wo sie mit großen Erfolgsversprechen insbesondere bei kleineren Unternehmen viel Geld absahnten und schließlich verbrannte Erde hinterließen. In den Großunternehmen herrschten Vorstände, die das Wirtschaftswunder sich selbst zuschrieben, und für Beratung sahen viele keinen Bedarf. McKinseys erster Klient in Europa war der niederländisch-britische Mineralölkonzern Shell, meine Lehrfirma. Er gab bei der Beratungsfirma, die damals noch rein amerikanisch war, eine große Organisationsuntersuchung in Auftrag. McKinsey gründete daraufhin 1961 ein Büro in Genf und siedelte sich von dort aus in Deutschland an. Das erste Büro wurde 1964 in der Düsseldorfer Königsallee eröffnet. Die Klienten standen bei den drei McKinsey-Leuten der ersten Stunde nicht gerade Schlange, aber es gab genügend deutsche Manager, die einmal ausprobieren wollten, was diese Amerikaner zu bieten hätten.

Immerhin war Amerika der wichtigste Verbündete Deutschlands. Immerhin bildeten die Vereinigten Staaten die stärkste Volkswirtschaft der Welt. Sie hatten etliche Weltmarken hervorgebracht wie Coca-Cola, Kleenex oder McDonald's. Von Wirtschaft mussten die Amerikaner also etwas verstehen, immer öfter wollten deutsche Unternehmen genauer wissen, welche Managementphilosophien die Neue Welt zu bieten hatte.

Als ich 1970 zu McKinsey kam, ebbte gerade die Welle der Divisionalisierungen ab, in der wir Unternehmen, die durch Wachstum unübersichtlich und nur noch schwer steuerbar geworden waren, in effiziente Einheiten aufgliederten. In einer nächsten Phase, in den siebziger Jahren, waren Managementinformationssysteme (MIS) das große Thema. McKinsey bot Konzepte an, wie Konzerne wirksam geführt, gesteuert und kontrolliert werden können. Da in Deutschland die kollektive Vorstandsverantwortung herrschte, waren MIS ein unbedingtes Werkzeug für alle Vorstände.

Auf der einen Seite war es eine Herausforderung, die Informationen konzernweit und aktuell zu beschaffen, denn die Datenverarbeitung steckte damals noch in den Kinderschuhen. Auf der anderen Seite musste unser System aus den vielen Hinweisen die wenigen aussagekräftigen Kennziffern herleiten, die eine oberste Führung wirklich gebrauchen konnte. MIS waren gefragt, McKinsey richtete sie in vielen deutschen Konzernen erfolgreich ein.

Ein typisches McKinsey-Produkt der achtziger Jahre war das 7 S-Modell. Tom Peters, Robert H. Waterman und weitere Kollegen hatten sich eine Frage gestellt, auf die es bis dahin noch keine systematische Antwort gab: Warum ist das eine Unternehmen erfolgreich und das andere nicht, obwohl beide die gleiche Struktur haben und eine identische Strategie verfolgen? Was sind die wirklichen Faktoren, von denen Erfolg und Misserfolg abhängen?

Tom Peters saß im McKinsey-Büro in San Francisco, war ungewöhnlich begabt, aber auch ungewöhnlich eigenwillig. Ich fand Gefallen an seinen Gedanken und Vorgehensweisen und lud ihn mehrmals nach Deutschland ein, so etwa zu dem legendären Partnermeeting in Wien 1979 – legendär deshalb, weil es mit einer *Tosca*-Inszenierung in der Wiener Oper, einem Besuch bei den Lipizzanern, bei den Wiener Sängerknaben und einem Galaabend im Palais Schwarzenberg inklusive Feuerwerk verbunden war. Seine Reden waren immer fulminant, aber die Essenz seiner Thesen nicht leicht zu verstehen. Sein Partner Bob war dagegen ein großer Vereinfacher. Er konnte Peters komplizierte Ideen, vermischt mit eigenen, verständlich zu Papier bringen.

Beide studierten nun Unternehmensgeschichten und Managementmethoden, verglichen Fälle aus dem westlichen Kulturkreis mit solchen aus Japan. Insgesamt gaben sie dreiundvierzig Topfirmen das Etikett »exzellent«. Schließlich entwickelten sie auf der Grundlage ihrer Erkenntnisse und den analysierten Gemeinsamkeiten ein Modell aus sieben Elementen, die ihrer Meinung nach für den Erfolg relevant sein sollten. Dabei spielen drei »harte« Faktoren eine Rolle: erstens die Strategie, die einen Wettbewerbsvorteil sichern muss, zweitens die Struktur, die das Unternehmen zu einer funktionierenden Organisation macht, und drittens die Systeme, die den Rahmen für die Unternehmensprozesse schaffen. Die vier »weichen« Faktoren in diesem Modell waren die Spezialfertigkeiten, die ein Konzern auszeichnen, das Stammpersonal, der Stil, der sich in der Unternehmenskultur ausdrückt, und das Selbstverständnis, also die Werte und Visionen, die alle in der Firma teilen.

Tom Peters und Bob Waterman schrieben über das 7S-Modell ein Buch (*In Search of Excellence*, dt.: *Auf der Suche nach Spitzenleistungen*), das 1982 publiziert und anschließend weltweit über sechs Millionen Mal verkauft wurde. Für McKinsey waren die sieben Elemente, die das Modell beinhaltete, sehr nützlich, denn sie benannten die Faktoren, an denen externe Berater in einem Unternehmen ansetzen können, um die Leistung zu erhöhen. Zugleich markierte das Modell einen veränderten Trend in der Managementlehre: Der menschliche Faktor erhielt nun wesentlich mehr Aufmerksamkeit und Gewicht, als es bis dahin üblich war.

7S-Modell wurde es genannt, weil die englischen Ausdrücke für die sieben Kernelemente jeweils mit dem Buchstaben »S« anfingen: 1. *structure*, 2. *strategy*, 3. *systems*, 4. *style of management*, 5. *skills – corporate strengths*, 6. *staff* und 7. *shared values*. Zudem entwickelten sie ein weiteres Modell mit acht Merkmalen, die erfolgreiche Firmen auszeichneten und die sich in dieser Kombination schnell als »Unternehmenskultur« einbürgerten: 1. das Primat des Handelns, 2. die Nähe zum Kunden, 3. der Freiraum für unternehmerisches Handeln auch innerhalb des Unternehmens, 4. die Produktivität der Mitarbeiter, 5. das sichtbar gelebte Wertesystem, 6. die Bindung an das angestammte Geschäft, 7. der einfache und flexible Aufbau und 8. eine straff-lockere Führungsphilosophie. Auf Englisch klang sie besser: »Do it, try it, fix it.« Der erste Punkt wurde zu einer Metapher.

Für McKinsey war das Thema »exzellente, erfolgreiche Firmen« neu, und wir entwarfen jetzt Fragebögen, mit denen wir unsere Klienten nach den 7 S-Modell abfragen konnten, auch testeten wir entlang der acht Basics, ob die Unternehmen tatsächlich nahe am Kunden operierten, nach dem Motto verfuhren: »Schuster bleib bei deinen Leisten.« Insgesamt brachten unsere Umfragen unter Führungskräften viele hilfreiche Ansatzpunkte – wenngleich bei Daimler in der Stuttgarter Zeitung darüber gespottet wurde, dass der Vorstand in einem Anflug von Basisdemokratie wohl den Puls der Unternehmenskultur fühlen wollte.

Wir versuchten auch einige europäische Firmen zum Mitmachen zu gewinnen, aber es klappte nicht. Alle Anläufe scheiterten, vielfach mit dem Hinweis, dass die meisten Unternehmen, die Tom und Bob für ihre Studie herangezogen hätten, amerikanische seien, auch hätte man nur bedingt Kenntnisse über die inneren Mechanismen der Firmen gehabt, sei nicht vor Ort gewesen.

Am meisten interessierte sich noch die Siemens AG dafür, aber über einen zweitägigen Workshop in Rottach-Egern am Tegernsee kamen wir nicht hinaus. Der legendäre Max Günther und sein Unternehmensentwickler Herman Grabherr wollten wissen, was es mit diesem Konzept auf sich hatte. Die Siemensianer wussten nicht so recht, ob sie damals ein solcher »exzellenter Konzern« waren oder nicht. Schließlich zeigte sich auch, dass die erfolgreichen Firmen auf einmal doch nicht so erfolgreich waren. Unter den von Tom und Bob als »exzellent« bewertete Firmen gerieten einige wie Apple, Hewlett-Packard oder Delta Airlines plötzlich in Schwierigkeiten.

Doch das war kein Nachteil für uns. McKinsey hatte das Instrumentarium zur Einschätzung von Firmen erweitert, gegenüber anderen Konkurrenten in der Unternehmensberatung hatten wir einen wesentlich breiteren Ansatz. Es bleibt das unbestrittene Verdienst von Tom Peters und Bob Waterman, dass sie das alte Modell vom rationalen Menschen in der Wirtschaft vom Sockel stießen und zeigten, dass Spitzenleistungen einer Firma eng mit der Unternehmenskultur verknüpft waren. Oft konnten wir mit dem Hinweis, dass die Firma, die wir berieten oder beraten sollten, nicht eine Kultur pflege, die der eines »exzellenten Unternehmens« entsprach, große Betroffenheit auslösen – gerade bei Firmen aus dem Einzelhandelsbereich und im Transportwesen.

Auch wenn Tom und Bob sich später von McKinsey verabschiedeten und andere Wege einschlugen, haben die beiden sowohl McKinsey wie auch McKinsey-Klienten nachhaltig verändert.

Angeregt durch die zwei entwickelten wir die Tools und Konzepte für unsere Klienten weiter. So erfanden wir bei McKinsey das Benchmarking, d. h. wir analysierten, was die Branchenbesten klüger machten als unser Klient: Wer kaufte am günstigsten ein? Wer erzielte die höchsten Verkaufspreise? Was waren die Gründe dafür? Bei Siemens gibt es bis heute einen Benchmark-Kalender, der alle wichtigen Vergleichsdaten der Mitbewerber enthält. Die Folge solcher Analysen war zum Beispiel, dass bestimmte Komponenten künftig zugekauft wurden, statt sie selbst herzustellen, oder wir entwickelten einen umfassenden Aufholprozess, um das Unternehmen in Richtung Spitze voranzubringen.

Weiterhin brachten wir die Gemeinkostenwertanalyse auf den Markt – die Gemeinkosten beinhalten die Kosten der Verwaltung, des Materialeinkaufs, der Lagerverwaltung und der Produktionssteuerung – die für das beratene Unternehmen zu oftmals erheblichen Kostensenkungen führte und McKinsey auch in den Bereichen Strategien und Organisation positionieren half.

Schon in den siebziger Jahren hatten wir Konzepte entwickelt, wie wir ganze Unternehmen so umstellen konnten, dass Marketing in das Zentrum des Denkens und Handelns der Klienten rückte. Westdeutsche Betriebe waren durch die Jahre des Wiederaufbaus vom Erfolg verwöhnt, und ich erlebte oft, dass die Produktion im Vordergrund stand: Man entwickelte und fertigte ein Produkt, und der Vertrieb sollte danach sehen, wie er es verkauft. Aber als der internationale Wettbewerb zunahm, war diese Strategie nicht mehr haltbar.

Die Transformation eines produktorientierten Unternehmens in eine Organisation, die vom Markt her denkt, war jedes Mal ein großes Projekt. Die Programme, die wir dafür konzipierten, liefen über drei bis fünf Jahre. Wir setzten dreißig bis fünfzig Berater ein, der Klient stellte ein Team von Unternehmensmitarbeitern, das noch erheblich größer war. Auf diese Art des Projekteinsatzes bezog sich Antonella Mei-Folter, eine italienische Partnerin der Boston Consulting Group, als sie mir zu meinem Abschied von McKinsey schrieb, ich hätte die Beraterszene revolutioniert.

Doch wie auch immer: Kein Fall ist völlig gleich, kein Problem in einem Unternehmen lässt sich exakt mit der Schablone lösen. Aber wenn man den Einzelfall genau analysiert, dann stößt man doch immer wieder auf ähnliche Fragen, die im Grunde den Kern ausmachen. Deswegen ist es nützlich, ein paar Grundsätze und Orientierungspunkte zu haben, mit der man an die Sache herangeht. Im Laufe meiner Beratungstätigkeit habe ich mir einen Fundus an Lehren und

Gesetzen zugelegt, aus dem ich mich in der praktischen Arbeit bediente wie aus einem Werkzeugkasten. Einen prominenten Platz darin hat Adam Smith mit seiner Theorie vom freien Spiel der Kräfte. Der freie Markt erbringt die besten Ergebnisse – alles was den freien Markt hemmt, schadet der Volkswirtschaft. Wenn der Einzelne seinen Nutzen maximiert, dann maximiert sich auch der Nutzen der Gesamtwirtschaft. Dieses Theorem des schottischen Nationalökonomen ist ein Argument in der Beraterpraxis, um eingefahrene Usancen und nie überprüfte Glaubenssätze zu hinterfragen.

So stieß ich zum Beispiel in vielen Unternehmen auf die schlechte Sitte der Gegengeschäfte. Eine Informationstechnikfirma verkauft eine Softwarelösung an eine Autofirma – und im Gegenzug erwirbt sie dort die Firmenfahrzeuge. Das ist kaum im Sinne von Adam Smith, denn Gegengeschäfte maximieren selten den gegenseitigen Nutzen. Zumindest müsste geprüft werden, ob die Autos woanders billiger zu haben sind.

Typisch auch ein Fall, an den ich mich noch gut erinnere: Das Unternehmen, in dem wir tätig waren, ließ die Werkstoffe und Materialien im eigenen Hause prüfen und verrechnete dafür einen internen Stundensatz von 110 Mark. Wir fragten beim TÜV an, der diese Aufgabe mindestens genauso kompetent erledigen konnte. Aber sein Angebot belief sich auf 50 Mark pro Stunde. Nach Adam Smith wäre es im Interesse aller gewesen, die teure Abteilung im eigenen Betrieb zu schließen und stattdessen den TÜV zu beauftragen. Manche Großunternehmen verstanden schnell, dass sie bestimmte Leistungen nicht in Eigenregie vornehmen sollten. So vergaben die einen – im Zuge des Outsourcing – ihre IT-Leistungen nach außen, weil sie dort billiger und genauso gut zu haben sind, andere ihre Kantinen- und Fahrdienste.

Nach meiner Erfahrung lässt sich Smith auch für die Beziehungen innerhalb einer Firma heranziehen. Denn selbst in diesem Bereich fallen letztlich die Maximierung des persönlichen und des Nutzens des gesamten Unternehmens in eins. Besonders exzellente, besonders erfolgreiche Firmen, die ich kennenlernte, ob Shell, Bertelsmann oder Daimler, hatten eines gemeinsam: Sie bezahlten ihre Mitarbeiter weit über Tarif und gaben ihnen mehr Trainings als andere Konzerne. Das Ergebnis ist, dass die Mitarbeiter sich stärker mit »ihrem Unternehmen« identifizieren und leistungsbereiter sind.

McKinsey verfuhr selbst nach diesem Grundsatz. Die persönliche Entwicklung der Mitarbeiter hatte einen hohen Stellenwert. Wir zahlten signifikant mehr als der nächstbeste Konkurrent. Das brachte uns die besten Leute ein, und die waren dann auch noch um ein vielfaches motivierter. Wer den Status eines Partners erreicht hatte, konnte fast wie ein Selbstständiger agieren – zum eigenen Vorteil wie auch zum Nutzen der Organisation.

Neben Adam Smith habe ich in meinem Werkzeugkasten die Lehre eines anderen großen Ökonomen, die des Briten David Ricardo. Seine Theorie der komparativen Kostenvorteile, die er 1817 zu Papier brachte, liest sich heute wie ein frühes Manifest der Globalisierung: Wenn sich jedes Land auf die Produkte konzentriert, die es – relativ gesehen – billiger produzieren kann, wächst in jedem Staat der Wohlstand. Die Portugiesen etwa sollten gute Weine herstellen, die Engländer gutes Tuch, und dann sollten beide Nationen miteinander Handel treiben – diese von Ricardo propagierte internationale Arbeitsteilung hat heute Ausmaße erreicht, wie er sie sich vermutlich selbst nicht vorstellen konnte. Handelsschranken sind weggefallen, und zugleich sind Kapital, Know-how, Informationen und Waren mobil geworden.

In meiner langen Tätigkeit als Unternehmensberater habe ich viele Fälle erlebt, in denen man besser frühzeitig Ricardo beherzigt hätte. Als wir nach dem Mauerfall 1989 in die DDR kamen, zeigte man uns noch voller Stolz einen Computerchip, den ein Kombinat des Arbeiter- und Bauernstaats gleichsam handgeschnitzt hatte. Er funktionierte nur begrenzt, vor allem aber war er zu einem Vielfachen der Kosten entstanden, zu dem man ihn beispielsweise in Japan hätte kaufen können, ein Land, das auf solche Produkte spezialisiert ist.

Ähnliches erlebten wir, als wir volkswirtschaftliche Studien in Argentinien und Brasilien machten: Auch diese Länder versuchten vielfach den Eigenbau, z. B. von Autoteilen oder Personalcomputern, um wirtschaftlich unabhängiger zu werden. Aber wir mussten ihnen dann vorrechnen, dass es wirtschaftlich eher schwächt, wenn man selbst produziert, was auf dem Weltmarkt zu den halben Kosten zu haben ist.

Produktivitätsvergleiche schätzte ich sehr und setzte sie in meiner Arbeit vielfach ein, weil sich daraus künftige Entwicklungen ableiten lassen. Das McKinsey Global Institute (MGI), eine interne Wirtschaftsforschungseinrichtung, die ich 1990 mitgegründet habe, entwickelte eine Methode, um die Produktivität ganzer Branchen oder Volkswirtschaften international zu vergleichen. So lieferte das MGI Analysen, wie es um die internationale Wettbewerbsfähigkeit der Automobilindustrie oder des Einzelhandels in Deutschland und Frankreich einerseits und den USA andererseits bestellt war. Produktivitätslücken von bis zu 30 Prozent für einzelne europäische Branchen gegenüber den amerikanischen Pendants galt es zu schließen. Zu den wichtigen Stellhebeln gehörten – mit unterschiedlichen Gewichten je nach Branche – die Optimierung des Produktmixes, die schnelle und breitere Implementierung von Innovationen bei Produkten und Prozessen oder auch die staatliche Regulierung.

Die gesamtwirtschaftliche Produktivitätslücke gegenüber den USA war damals mit 15 Prozent für Deutschland und fünf Prozent für Frankreich zwar nicht so groß wie in einigen Schlüsselbranchen. Aber nachdem die Bundesrepublik und Frankreich bis Anfang/Mitte der neunziger Jahre den Rückstand gegenüber den Vereinigten Staaten fast vollständig aufgeholt hatten, zeigte dieser Befund, dass die Europäer wieder Boden verloren hatten und insbesondere Deutschland auch gegenüber Frankreich zurückgefallen war. Später gab es auch große Untersuchungen, wonach die russische Industrie den westlichen Produktivitätsstandard um 70 Prozent hinterherhängt.

Insbesondere für die strategische Beratung von international agierenden Unternehmen sind solche Analysen ein attraktives Instrument. Produktivitätsunterschiede ziehen im Laufe der Zeit unweigerlich Wohlstandsgewinne für alle Handelspartner nach sich. Sie zeigen, wo Kostennachteile abgebaut werden müssen, und sie lassen absehen, von wo nach wo Produktivkräfte wandern werden. Der Zug osteuropäischer Arbeitskräfte nach Deutschland und andere Länder Mittel- und Westeuropas ist ein Beispiel dafür.

Ein wichtiges Tool in meinem Instrumentenkoffer war die Kostenrechnung – mit den Kostenarten- den Kostenstellen- den Kostenträgerrechnungen im Detail. Wir berechneten den Deckungsbeitrag nach Kundengruppen, nach Produktkategorien, nach Werken, nach Landesmärkten und vielen weiteren Kriterien. Diese Methoden spielten in meinen jungen McKinsey-Jahren eine große Rolle. Wenn wir einem Vorstand zeigen konnten, dass der Deckungsbeitrag einzelner Filialen seit Jahren nicht mehr die Fixkosten des Headquarters deckte, wenn eine Sensitivitätsanalyse erwies, dass eine Materialpreissteigerung von fünf Prozent den Deckungsbeitrag in vielen Produktkategorien auf Null brachte, waren dies Informationen, mit denen wir beim Klienten hohe Aufmerksamkeit erzielten.

Wenn wir demonstrieren konnten, dass beim Lebensmitteleinzelhandel zum Beispiel eine nicht umgeschlagene Flasche Whisky in drei Monaten weit weniger bringt als Zahnpasta, die sich alle drei Tage umschlägt, staunten Manager, die von der Deckungsbeitragsrechnung noch nicht viel gehört hatten. Der Gründungserfolg von SAP lag übrigens auch darin, dass erstmals mit einer Standardsoftware die deutsche Kostenrechnung vollzogen werden konnte, was sehr viel schnellere Aussagen zur Lage des Unternehmens ermöglichte. Im internationalen Rahmen ist die deutsche Kostenrechnung oft als zu komplex und zu wenig aussagekräftig bemängelt worden. Schon früh habe ich mich damit auseinandergesetzt, zum Beispiel 1975 im *manager magazin* (»Opas Kostenrechnung ist tot«), mit Unterstützung des legendären Winfried Wilhelm. Aber bei aller berechtigten Kritik an unserer Kostenrechnung, für mich als junger Berater war sie so etwas wie ein Krückstock, mit dessen Hilfe man die Kostenstruktur eines Unternehmens sehr gut erkunden konnte. In Berkeley hatte ich viel über Operations Research (OR) gelernt. Und zusammen mit meinem Kommilitonen Thorlef Spickschen hatte ich sogar das besonders knifflige Plywood-Problem gelöst – dabei sollte man in einem mehrstufigen Fertigungsprozess mit unterschiedlichen Engpässen einen optimalen Produktmix finden. Wir schafften es mit einem linearen Programmierungsansatz (LP). Aber bei McKinsey steckten OR-Anwendungen noch in den Kinderschuhen. Als bei der Dynamit Nobel AG im Trovidur-Betrieb ein Problem des optimalen Produktmixes zu lösen war, bastelten wir unter der Anleitung meines Partners Hasso von Falkenhausen das erste große LP-Projekt: Aus über 3000 Produkten, die über Kalander, Pressen und Schneidemaschinen liefen, wählten wir 2250 Produkte aus und steigerten so den Ertrag um 30 Prozent. Auch später versuchte ich solche Optimierungen unter Beachtung der Minimumsektoren, das heißt, dass man nach knapper Kapazitätsausnützung die Maschinen belegen sollte. Anders ausgedrückt: Dort, wo die Kapazitätsgrenzen erreicht wurden, gab es den höchsten Ertrag. Ich spürte, dass diese neue Form von Management Science völlig neue Erkenntnisse für Unternehmer und Berater eröffnete.

Da ich in Statistik – über die Stichprobentheorie – promoviert hatte, war ich fast so etwas wie der Chefstatistiker in meinem Associate-Jahrgang. Wo immer per Stichproben

Aussagen getroffen werden konnten, da tat ich es: Eine rasche Analyse der Kundenzufriedenheit, eine der zu spät eingegangenen Zahlungen oder der Laborergebnisse – ich hatte dank meiner statistischen Expertise immer genügend Schaubilder zur Hand, um Zusammenhänge, die sehr komplex schienen, zu durchdringen und einfach zu erklären. Stichproben waren meine nie versiegende Geheimwaffe.

Noch heute befasse ich mich gern mit Korrelationsanalysen, mit nichtparametrischen Tests oder mit neuen Theoremen aus der Statistik.

Richard Foster, ehemaliger McKinsey-Direktor, veröffentlichte ein bemerkenswertes Buch über die Vorteile von technologischen Offensiven: *Innovation: The Attackers Advantage.* Darin beschrieb er, wie sich alle Techniken langsam entwickeln, mit ihrem Wachstum große innovative Fortschritte machen, sich dann, mit abnehmendem Innovationsgrad, im Verlaufe der Zeit überleben und schließlich durch neue Techniken abgelöst werden. Er charakterisierte diesen Prozess als eine S-Kurve. Die hohe Kunst des Managements ist es nun, die Wendepunkte in der S-Kurve zu erkennen und rechtzeitig Konsequenzen zu ziehen.

So setzten Nachrichtentechniker jahrelang noch auf die analoge Technik, während die Digitalisierung bereits am Horizont erschienen war. So setzten einige Autohersteller noch auf die traditionellen Bremssysteme, während das neu entwickelte Antiblockiersystem (ABS) bereits Tests erfolgreich bestanden hatte. Die Liste ließe sich beliebig fortsetzen. Der Versuch, die nächste technologische Entwicklung zu antizipieren, ist selbstverständlich nicht leicht, denn bei allen Fakten, die man heranziehen kann, bleibt es eine riskante Vorhersage.

Aber die aktuelle technologische Situation ungeprüft in die Zukunft fortzuschreiben, ist auch gefährlich. Einen klassischen Fall bot der Flughafen Shannon im Westen Irlands, wo einst die Flieger auf dem Weg nach Nordamerika vor der Atlantiküberquerung zum Tanken zwischenlandeten.

Wegen des wachsenden Transatlantikverkehrs wurde Shannon Airport mit hohen Kosten ausgebaut, und als der Riesenflughafen schließlich fertig war, hatten die Ingenieure neue Triebwerke entwickelt, die eine Zwischenlandung auf der Nordatlantikroute überflüssig machten. Der Fall Shannon stand mir immer vor Augen, wenn ich ein Management zu beraten hatte, das auf den Fortbestand des technologischen Status quo vertraute.

Der Kalender eines Unternehmers – oder der Hang zum Eskapismus

Zu den Techniken, die ich bei Klienten immer wieder einsetzte, gehörte auch die einfache Organisationsanalyse. Dabei differenzierte man auf einem detaillierten Organigramm des Klienten die Tiefengliederung. Nicht selten zählten wir vom Vorstand bis zu den operativen Tätigkeiten in der Entwicklung, der Produktion oder dem Verkauf sieben bis zehn Ebenen, wodurch die jeweiligen Botschaften bei den Weitergaben natürlich verfremdet wurden – und es viel Zeit brauchte, bis man das wieder korrigiert hatte. Man konnte sich also gut vorstellen, wie lange die Beobachtungen von ganz unten benötigten, bis sie ganz oben ankamen, und umgekehrt die Entscheidungen von ganz oben nach unten unterwegs waren. Schneite es in Bayern und man gab an den Handschuheinkauf weiter, dass man Fingerlinge brauchte – dann war der Schnee fast schon wieder geschmolzen, wenn der Zentraleinkauf alles gebündelt hatte.

Nach unseren Erkenntnissen bei McKinsey war alles von Übel, was über vier Ebenen hinausging. Die katholische Kirche kommt übrigens mit dieser Gliederung aus. Der Industrielle Herbert Quandt, bei dem ich ja einen meiner ersten Beratereinsätze hatte, war der Meinung, auch bei vier Ebenen sei die Spanne schon zu groß zwischen dem Vorstand und dem Mann, der in der Batterieproduktion das Blei goss.

Wir arbeiteten oft mit dem sogenannten Portfoliomodell, das die einzelnen Geschäfte nach der jeweiligen Marktposition und den künftigen Marktaussichten segmentierte. Hierzu hatte McKinsey eine Neun-Box Klassifizierungsmatrix entwickelt. Dazu führte ich eine Tabelle, in der zu den einzelnen Geschäftsfeldern der Wettbewerbsvorteil des Klienten, sein bester Wettbewerber und der jeweilige Champion unter der Führungsmannschaft aufgelistet waren. So konnte man auf einen Blick erkennen, wo es nicht passte. Dieses Portfoliomodell war besonders hilfreich, um zu prüfen, ob die Mittel für Investitionen, für Forschungsaufwand und für Personal sinnvoll verteilt wurden. Es lieferte einen Maßstab dafür, die Ressourcen nach den Zukunftschancen zuzuweisen, statt es so zu machen, wie es schon immer gemacht wurde. Gerade in Unternehmen mit diversifizierten Geschäftsbereichen ist auf diese Weise manche Fehlentscheidung vermieden worden.

In der Lead-Customer-Analyse untersuchte ich, warum Hauptkunden die Produkte des Klienten kauften, in welcher Höhe und über welchen Zeitraum sie es taten. Diese Analysen waren häufig ein Schlüssel zum besseren Verständnis des Geschäfts. Aber oft war es auch sinnvoll, weichere Analysen anzustellen, etwa im Personalwesen: Wie stellt sich das Verhältnis zwischen Zusagen und Absagen von erstklassigen Bewerbern dar? Wie viele interne Beförderungen gibt es im Vergleich zu Einstellungen von außen? Wo steht das Unternehmen im Ranking der attraktiven Arbeitgeber?

Neben dem Benchmark-Kalender rief ich noch eine weitere Kalenderanalyse ins Leben. So ließ ich die Terminkalender von Führungskräften und Vorstandsmitgliedern auswerten, um Zeitverschwendung und Eskapismustendenzen auf die Spur zu kommen. Dabei stellte sich heraus, dass über 80 Prozent der Termine schon lange im Voraus festgelegt waren. Das bedeutete: Für spontane Kundenbesuche beziehungsweise Reflexionen über Konkurrenzprodukte blieb wenig Zeit, ebenso für ein Feedback an die Mitarbeiter. Umso mehr Zeit waren für Reden und Pressetermine reserviert. Hinzu kam, dass die Termine meist persönliche Assistenten machten. Die Folge: Ein Vorstandsmitglied eines Unternehmens war vielfach ein Getriebener seiner Umgebung. Für die Betroffenen war es oft eine harte Botschaft, wenn wir ihnen sagten, dass derartige Terminkalender kaum Lücken für ein Nachdenken über Innovationen aufzeigen, dass Unternehmen aber von Innovationen leben würden – oder sterben, wenn man den Reflexionen keinen Raum mehr gab. Stellten wir fest, dass ein Vorstand 20 Prozent seiner Zeit dafür aufwendete, um eingehende Post zu bearbeiten und Unterschriften unter Briefe zu setzen, konnte man in diesen Fällen Abhilfe schaffen. Es gab aber auch einige Führungskräfte, die diese Tätigkeit nicht aufgeben, also nicht abgeben wollten. Aber meist war die Bereitschaft zur Verhaltensänderung sehr groß, wenn ich deutlich machen konnte, dass die Zeit eines Vorstands ein kostbares Gut des Unternehmens war.

Weiterhin checkte ich die Basis, um herauszufinden, ob das, was die Unternehmensleitung vorgab, auch wirklich praktiziert wurde. Ein eindrucksvolles Beispiel bot mir Mipolam, die Fußbodenbelagsparte der Dynamit Nobel AG. Mipolam verfolgte das Konzept des exklusiven Vertriebs: Zweiundvierzig Fußbodenverleger durften sich »autorisierter Verleger von Mipolam« nennen, und nur über sie sollte die Ware an den Kunden gebracht werden. Irgendwie hatte ich Zweifel, ob das wirklich funktionierte, und beschloss eines Freitags vor der montäglichen Präsentation den Realitätscheck. Ich wählte nach dem Zufallsprinzip zwölf nicht autorisierte Fußbodenverleger in Düsseldorf aus, rief sie an und fragte, ob sie 2000 Quadratmeter »Mipolam 220« für unser neues Büro liefern könnten. Nicht einer sagte: »Schade, wir sind dazu nicht autorisiert, darf es nicht auch ein anderer Hersteller sein?« Alle der zwölf angefragten, nicht autorisierten Verleger konnten Mipolam liefern.

Für den folgenden Montag stand unsere Präsentation an. Ich fügte ein Schaubild ein mit der Aussage: »Mipolams exklusiver Vertriebsweg scheint gar nicht so exklusiv zu sein!« Die ahnungslose Geschäftsleitung fiel aus allen Wolken. Das Ergebnis des Realitätschecks führte dazu, dass unser Projekt bei Mipolam neu ausgerichtet wurde – und dass mein Office

Manager schwer beeindruckt war von meinem praktischen Ansatz.

Meine Beobachtungen in den Chefetagen deutscher Unternehmen, aber auch in unserem eigenen Büro veranlassten mich schließlich Anfang der achtziger Jahre dazu, ein Memorandum an unsere Partner und Consultants zu richten. Darin warnte ich vor einem Phänomen, das seither eher noch stärker um sich gegriffen hat. Ich nannte es: »Hang zum Eskapismus«: Man hat so viel zu tun, dass man zur eigentlichen Arbeit kaum noch kommt.

Da sind die wichtigen Anrufe, die dutzendfach eingehen, obwohl der Kreis der Personen eigentlich scharf begrenzt ist, die durchgestellt werden dürfen oder die über die Mobiltelefonnummer verfügen. Trotzdem ist im Durchschnitt zwanzig- bis dreißigmal am Tag Wichtiges und Dringendes am Telefon zu besprechen. Jeder Anruf bedeutet einen abrupten Themenwechsel – und meistens die Abkehr von einer Aufgabe im besten Interesse des Unternehmens. Alle neun Minuten müssen sich Topmanager einer anderen Angelegenheit zuwenden – das hat einmal eine Untersuchung des Management-Gurus Henry Mintzbergs ergeben. Es gibt viele wichtige Fragen, die in diesen Takt nicht hineinpassen und dann leicht zu kurz kommen.

Oder die wichtigen Sitzungen. Sie finden auf allen Ebenen statt, und es gibt kein Thema, zu dem nicht gesessen wird. Da muss man dann über die Tagesordnung, über das Protokoll vom letzten Mal und über die Arbeitsverteilung diskutieren, man muss Konflikte vermeiden und sich produzieren. Handfeste Ergebnisse sind selten. Wichtige Sitzungen kommen auch unter dem Titel »Workshop« daher, und wenn sie wirklich ganz wichtig sind, handelt es sich um »Klausurtagungen«. Beratungsergebnisse und deren Verbindlichkeit dabei sind nicht immer unbedingt groß, wohl aber der Zeitaufwand: Die Angehörigen des Managements fehlen im Unternehmen, solange die Tagung dauert.

Eine weitere Variante des Eskapismus sind Reisen. Selten habe ich erlebt, dass Geschäftsführer oder Vorstände Reisen gemieden hätten, selbst wenn das Ziel weit und der Weg beschwerlich war. Oft habe ich aber erlebt, dass diese Visiten bei ausländischen Tochtergesellschaften ablaufen wie Staatsbesuche: Form und Atmosphäre sind freundlich, die Substanz nahe bei Null. Die lokalen Manager streuen ihren Besuchern aus der Zentrale Sand in die Augen, und die lassen es gut sein. Zeit und Energie sind ohnehin knapp, und wer hat nicht gern einen harmonischen Abschied.

Pressetermine halten auch von den eigentlichen Aufgaben des Managements ab. Sie haben in den letzten Jahren überhand genommen. Das hängt damit zusammen, dass das allgemeine Interesse an der Wirtschaft stark gestiegen ist und dass es mehr Medienorgane gibt als je zuvor. Und in einer kritischen Phase des Unternehmens die Kommunikation mit den Medien zu unterlassen, kann höchst gefährlich sein. Aber unabhängig davon gibt es immer mehr Manager, die mit Vorliebe in Presse, Funk und Fernsehen in Erscheinung treten. Sehr häufig habe ich erlebt, dass sie Politikern nacheifern und nach der Sendung ungeniert fragen: »Wie war ich in der Talkshow?« Oder: »Haben Sie meine Äußerungen in der Zeitung schon gelesen?« Moderne Medienarbeit und Zeitverschwendung aus Eitelkeit sind immer noch zwei verschiedene Kategorien.

Konferenzen und Symposien, von Branchenorganisation oder politischen Akteuren veranstaltet, werden von vielen Managern als Pflichtveranstaltungen angesehen, aber auch sie halten von der eigentlichen Arbeit ab. Wesentliche Erkenntnisse für das eigene Unternehmen oder ein nennenswerter Imagegewinn sind selten zu erwarten. Die Bedeutung und Zahl der Teilnehmer ist wichtiger als der Programminhalt.

Verbandsveranstaltungen, Aufsichtsratssitzungen, soziales und kulturelles Engagement – es gibt unzählige Aktivitäten, die notwendig sind, die man aber auch wunderbar nutzen kann, den harten Fragen des Führungsalltags auszuweichen. Natürlich müssen Manager telefonieren, Sitzungen abhalten, reisen; selbstverständlich sollen sie sich sozial, kulturell oder politisch engagieren. Aber die Dosis macht das Gift. Ein guter Manager leitet seine Mitarbeiter intensiv an, beherrscht die technische Basis seines Produkts und betreibt dessen Weiterentwicklung; er kennt die Möglichkeiten seiner Lieferanten ebenso wie die Wünsche seiner Kunden und verfolgt den Wettbewerb. Er setzt sich ständig mit seinen Kollegen und seinen Mitarbeitern auseinander. Alles, was er darüber hinaus tut, muss mit diesen Aufgaben vereinbar sein.

Das Management von heute braucht eigentlich mehr Zeit für strategische Themen. Denn viele Faktoren beschleunigen den Entscheidungsbedarf. Strategische Weichenstellungen währen nicht mehr so lange wie in früheren Zeiten. Aber wer nicht erkennt, wann neu entschieden werden muss, bringt sein Unternehmen unweigerlich in Schwierigkeiten.

Nach meiner Beobachtung lassen sich mehrere Managertypen unterscheiden, im Umgang mit Eskapismus. Am häufigsten kommen jene vor, die solange befördert worden sind, bis sie – nach dem Peter-Prinzip, also nach der Hierarchie der Unfähigen – die Ebene der Inkompetenz erreicht haben. Sie überdecken ihren Mangel durch wichtige Termine, die zumindest nach außen den Anschein von Geschäftigkeit und Bedeutung geben.

Es gibt aber auch den Typus des fähigen Managers, der im Laufe der Zeit so wichtig geworden ist, dass er für alles angefragt wird und auch überall zusagt, weil er selbst glaubt, nirgendwo mehr fehlen zu können. Dieser Eskapisten-Typ übernimmt solche Termine gern, weil sie ihm schmeicheln. Ein Eldorado für Eskapisten bilden schließlich mit der Politik verbundene Organisationen und Unternehmen, etwa aus den Bereichen Verkehr und Energie sowie der verarbeitenden Industrie. Dort wird die Frage gar nicht mehr gestellt, ob ein Termin einen Wert stiftet oder wenigstens mit den wesentlichen Themen des eigenen Betriebs zu tun hat.

Es gibt noch einen dritten Typus: Er entwickelt sich mit seinem Aufgabengebiet sowohl fachlich als auch führungstechnisch weiter, hat meist in kleineren Tochtergesellschaften gelernt, wodurch er in der Lage ist, später große Divisionen zu führen. Zu 90 Prozent konzentriert sich dieser Typus auf seinen ureigensten Job – und verwehrt Eskapismustendenzen.

Wer das Wichtige nicht vernachlässigen und sich im Nebensächlichen nicht verzetteln will, der braucht eine strikte Terminkontrolle. In meinem Memorandum nannte ich ein Maß: Die Kernaufgaben der Unternehmensführung – also Produktentwicklung, Qualitätssicherung, Verkauf, Mitarbeiterführung, Vertretung der Firma nach innen und außen – belegen 90 Prozent der Arbeitszeit und müssen entsprechend eingeplant werden. Die Präsenz außerhalb der eigenen Unternehmensbelange darf höchstens einen halben Tag in der Woche kosten.

Mein dringender Rat lautete daher: Jeder möge sein Termin- und Arbeitsprogramm rigoros überprüfen, ob die wichtigsten Aufgaben auch tatsächlich den angemessenen Stellenwert haben. Er richtete sich an meine Partner und Kollegen, um sie für das Problem zu sensibilisieren, was das eigene Verhalten angeht, aber er zielte durchaus auch auf die Arbeit mit den Klienten. Denn Menschen in exponierten Positionen droht die Gefahr des Eskapismus. Dann fragen sie nicht mehr: »Mache ich das, was wichtig ist?«, sondern sie denken dann: Wenn ich etwas tue, ist es grundsätzlich wichtig!

Bei Hans Lutz Merkle, dem früheren Bosch-Chef, fiel das Papier auf fruchtbaren Boden. Er machte meine Warnung vor dem Hang zum Eskapismus über viele Jahre auf Führungsseminaren zu einem Pflichtthema für Bosch-Manager. Allerdings berichtete er mir, dass die Wirkung bescheiden gewesen sei.

Herbert Hainer, Vorstandsvorsitzender der adidas AG, ist ein guter Missionar dieser Erkenntnisse. Als er einmal den

Chef eines Telekommunikationsunternehmens wieder und wieder in den Medien erlebte – insbesondere in der Regenbogenpresse –, fragte er ihn unverblümt:»Wann machen Sie eigentlich Ihre Arbeit?« Er selbst ist ein klassisches Vorbild gegen den Eskapismus, und so verhalten sich auch die Kollegen aus dem Führungskreis von adidas.

Mein Beraterkoffer füllte sich im Laufe der Jahre immer mehr, die wachsende Erfahrung machte den Umgang mit den Instrumenten immer effizienter. Ein solcher Koffer ist für den Unternehmensberater unverzichtbar.

An die Spitze des deutschen Büros – mit mehr Frauen

Es ging immer weiter hinauf. Inzwischen hatte McKinsey Deutschland achtzig Associates und siebzehn Partner, von denen Friedrich Schiefer und ich als die stärksten galten. Wir gehörten zu dem Kreis von Partnern, die Office Manager John McDonald in Abstimmung mit Ron Daniel für seine Nachfolge in Aussicht genommen hatte. Ich hatte eine sehr gute Arbeitsbeziehung zu ihm. Der Engländer, der das Büro in Düsseldorf – und später auch die Dependance in München – von Anbeginn geleitet hatte, war ein nobler, zurückhaltender Mann und kam mit seiner Art bei deutschen Managern gut an. Er gehörte zu den Ratgebern von Franz Heinrich Ulrich, damaliger Chef der Deutschen Bank, oder von Flick-Manager Dr. Herbert Rohrer.

Nach innen war John McDonald geradezu besessen von Qualität. Er hinterfragte jedes Schaubild, er ließ keine Präsentation durchgehen, die nicht bis zur Perfektion geübt worden war, notfalls bis in den frühen Morgen hinein. Seine hohen Ansprüche an das, was McKinsey seinen Klienten vorlegte oder vortrug, waren für mich eine gute Schule. Das Qualitätsbewusstsein, das er einforderte, prägte mich für mein ganzes Berufsleben.

McDonald hatte mich stets gefördert, etwa indem er mir interessante Projekte zuwies oder im Innenbereich Verantwortung übertrug. Er war durchaus erfolgreich in seiner Rolle, aber Friedrich Schiefer und ich wollten mehr mitbestimmen. Eines Tages schlugen wir beide auf unserem Partnertreffen auf Sylt eine neue Führungsstruktur für das Deutschland-Büro vor: Statt einer einzelnen Person sollte nach unserer Vorstellung ein Exekutivkomitee fortan die Geschicke unserer Firma lenken – der Office Manager, also der Niederlassungsleiter, als »geborenes« Mitglied, dazu zwei Mitglieder, die die Zentrale in New York benennen sollte, und zwei Mitglieder, die die Partner aus dem Kreis der Direktoren zu wählen hätten.

Tatsächlich setzte sich unser Modell durch, obwohl es ein Novum in der Hierarchie von McKinsey darstellte. Die Direktoren Helmut Hagemann und Michael Roever wurden in das Komitee gewählt, Schiefer und ich von New York bestimmt, verbunden mit der Botschaft, dass einer von uns beiden als Office Manager zwei Jahre später nachrücken sollte, wenn der bisherige Chef John McDonald nach zweiundzwanzig Jahren ausscheiden würde.

Als es so weit war, im Oktober 1983, wechselte John McDonald ins UK-Office – und Friedrich Schiefer war kurz zuvor als Finanzvorstand zur Allianz gegangen. Meinem Aufstieg stand nichts mehr im Wege: Mit zweiundvierzig Jahren wurde ich zum Office Manager berufen und damit zum Chef von McKinsey Deutschland. Unter den hilfreichen Ratschlägen ist mir einer noch in Erinnerung: »Treat it like a family father ship.« Das versuchte ich zu beherzigen.

Wir verabschiedeten John McDonald mit einer großen Feier und sangen für ihn »God Save the Queen«. Der Mann, der McKinsey in Deutschland Profil gegeben hatte, zog sich nach London zurück. Im dortigen Büro wollte er die Rolle des aktiven Senior Direktors übernehmen, aber so richtig Fuß fasste er in seinem Heimatland nicht mehr. Rasch trennte er sich wieder. Wahrscheinlich schwärmte er den englischen Kollegen zu oft vor, wie schön es in Deutschland war.

Meine Amtseinführung fand im November 1983 in München statt. Ehrengast war Henry Kissinger. Der große alte Mann der amerikanischen Außenpolitik erklärte zwanzig führenden Managern der deutschen Wirtschaft, die McKinsey geladen hatte, die Welt nach Geschäftsperspektiven:

Südafrika – nicht empfehlenswert, weil es die Apartheid nie überwinden werde; Russland – ein hoffnungsloser Fall; China – der große Markt der Zukunft. Ich genoss es, neben dem Propheten zu sitzen, während die Topmanager jedes Wort von ihm mitschrieben.

Die schöne Münchner Zeit war damit aber erst einmal vorbei, denn ich musste zusätzlich ein Büro in Düsseldorf beziehen. Dort übergab mir mein Vorgänger das Sekretariat mit der Chefsekretärin Gisela Ludorf und all den Unterlagen, die sich in den Schränken und Schubladen des Office Managers gemeinhin ansammeln. Besonders neugierig war ich auf die Personalakten meiner Kollegen, auf Lebenslauf, Einstiegsgehalt, Beurteilungen. Allerdings musste ich feststellen, dass diese Papiere nicht vorhanden waren. Das Einzige, was ich fand, war das psychologische Gutachten, das über mich selbst in London erstellt worden war.

Um Ordnung in das Personalwesen zu bringen, setzte ich bald eine interne Arbeitsgruppe ein, die von einem Partner geleitet wurde. Dieses Modell bewährte sich rasch, deshalb gab es nach und nach weitere Komitees, die unsere internen Angelegenheiten regelten, unter anderem das Training der Mitarbeiter, aber auch die Feste, die unser Betrieb feiern wollte. Die Komitees waren die eine Säule, auf die ich mich als junger Office Manager stützte, die andere war Ina Weber.

Diese Mitarbeiterin, etwa Mitte fünfzig, war schon so lange bei McKinsey tätig, dass sie den Laden in- und auswendig kannte. Dachte ich laut darüber nach, ob die Weihnachtsfeier wirklich in so großem Stil geplant werden musste, sagte Ina Weber:»Lassen Sie bloß die Finger davon! Vor zwei Jahren hat man das schon mal versucht …« Sie gab mir Hinweise, wenn Kollegen zu mir ins Büro kamen, etwa um ein Darlehen für einen Autokauf zu erbitten. Dann warnte sie ebenfalls:»Der nutzt es nur aus, dass Sie neu sind.« Und wenn ich wieder einmal eine der vielen Ansprachen bei internen Anlässen zu halten hatte, gab sie mir die knappe Anweisung:»Sie sind heute nach der Suppe an der

Reihe. Sie haben genau fünf Minuten, und machen Sie nicht wieder den Fehler wie beim letzten Mal, als Sie drei Kollegen namentlich erwähnt haben und die anderen nicht!« Gerade in meinen ersten Jahren an der Spitze des Büros war Ina Weber enorm wertvoll für mich. Sie half mir, nicht unnötig anzuecken, nicht ahnungslos in Fettnäpfchen zu treten, keine vermeidbaren Fehler zu machen.

Fehler habe ich natürlich trotzdem gemacht. Dazu rechne ich heute auch meinen Versuch, das Vergütungssystem für die Mitarbeiter des Support-Staff umzubauen. McKinsey florierte, und ich wollte, dass nicht nur die Berater an dem Erfolg teilhatten, sondern auch die Angestellten in den verschiedenen internen Bereichen. Sie trugen schließlich ebenfalls zu dem Ergebnis bei. Also stellte ich ein Budget zur Verfügung, und wir verabredeten, dass jede Abteilung meldete, wer bei ihnen überdurchschnittlich, wer durchschnittlich und wer unterdurchschnittlich gearbeitet hatte. Nach dieser Einstufung sollte es eine Jahresprämie von 1500, 1000 oder 500 Mark geben.

Es war der Versuch, Einzelfallgerechtigkeit zu schaffen, aber er scheiterte grandios. Kaum war das Geld ausgeschüttet, brach das Desaster los. Wer in der untersten Kategorie rangierte, hatte dafür kein Verständnis; wer zur mittleren Gruppe gehörte, sah nicht ein, dass andere besser eingestuft waren; und die überdurchschnittlich Eingestuften wiederum trauten sich aus Angst vor Missgunst nicht aus der Deckung. Jedenfalls herrschte keine Freude über die Sonderzahlung vor, sondern der Frust darüber, im Vergleich zu anderen Kolleginnen und Kollegen falsch eingruppiert worden zu sein. Und damit war der beabsichtigte Zweck völlig verfehlt. Im nächsten Jahr verständigte ich mich mit den Abteilungsleitern, im Support nur noch 1000 Mark als einheitliche Sonderzahlung auszuschütten, und solange ich Office-Manager war, blieb es auch dabei. Der Betrag stieg zwar mit den Jahren, aber für alle in gleicher Höhe.

Im Zentrum meines Jobs standen natürlich andere Aufgaben, vor allem die Zuteilung der Ressourcen. Das Kapital eines Beratungsunternehmens besteht aus seinen qualifizierten Beratern. Der Office Manager muss dafür sorgen, dass sie optimal eingesetzt werden: Wie verteilt man sie aber am besten über die Projekte? Und was macht man, wenn Aufträge und Kapazität sich nicht die Waage halten, wie es oft der Fall war? Dann musste ich an der einen Stelle einen Associate abziehen, obwohl er dort für eine bestimmte Studie eigentlich unabkömmlich war, denn an einer anderen Stelle wurde er noch dringender gebraucht. Oder ich musste irgendwo in einem Team eine eingearbeitete Spitzenkraft durch einen neuen Kollegen, einen Rookie, ersetzen.

Die Projekte, die wir zu bearbeiten hatten, und die Ressourcen, die zur Verfügung standen, immer wieder auszubalancieren – das war meine Hauptaufgabe als Office Manager, und zwangsläufig führte dies nicht selten zu Auseinandersetzungen. Dazu kamen die Pflichten im Personalwesen, die Beurteilungen der Mitarbeiter und was daraus folgte: So hatte ich die laufenden Beförderungen zu organisieren, aber mein Job war es auch, Mitarbeitern, die die Erwartungen nicht erfüllten und die schlecht bewertet waren, die Trennung nahezulegen und einen Modus für die Zeit nach McKinsey zu finden. Ich erachte es rückblickend als einen Erfolg, dass der in Deutschland so beliebte Gang zum Arbeitsgericht nie erforderlich war.

Das dritte Feld, das ich als Office Manager zu bestellen hatte, war die Repräsentanz und die Mitwirkung in der Gesamtorganisation von McKinsey. In der Zukunft engagierte ich mich stark in New York, war in internationalen Arbeitsgruppe, Task Forces und Commitees tätig. Ich schaffte es sogar in der Rekordzeit von dreiundzwanzig Jahren in den Shareholder Council, dem höchsten Gremium von McKinsey, gewählt zu werden. Nach meiner Einschätzung hatte ich die Gesamtfirma immer stark im Blick. In diesem Sinne war ich für McKinsey eher eine »internationale Ressource« als ein einzelner Ländervertreter.

Als Deutschland-Chef hatte ich viel zu tun, aber die eigenen Klienten gab ich nicht ab, sondern betreute sie weiter, baute die Mandate sogar noch aus. Mehrfach hatte ich erlebt, dass Office Manager, wenn sie aufgehört hatten Klienten zu bedienen, bald von der Bildfläche verschwunden waren. Aber vor allem war die Beratung nun einmal meine Leidenschaft. Das galt insbesondere im Hinblick auf Siemens und Daimler.

Diese beiden Konzerne waren meine Klienten, und deshalb war ich auch ein Großverbraucher von Ressourcen bei McKinsey. Weil ich aber zugleich derjenige war, der die Ressourcen zuteilte, gab es von Anfang an Konflikte in dem Executive Committee, mit dem ich vieles abstimmen musste. Zusammen mit dem Kollegen Schiefer hatte ich dieses Führungsmodell zwar einst selbst in die Welt gesetzt, aber nun fand ich es sehr lästig. Als man mir auch noch den Vorwurf machte, ich bediente mich selbst zuerst an den knappen Kapazitäten, da wandte ich mich nach zehn Monaten an den obersten McKinsey-Chef in New York, Managing Director Ron Daniel, und stellte ihn vor die Wahl: »Entweder ich werde ein richtiger Chef oder du kannst dir einen anderen suchen!« Daniel schaffte das Committee ab, machte mich wieder zu einem Office Manager mit den alten Kompetenzen und beließ mir gleichwohl den »Chairman«-Titel.

Gleich zu Beginn meiner neuen Position hatte ich eine ehrgeizige Devise ausgegeben: Das deutsche Büro sollte innerhalb von McKinsey absolute Spitze werden. Es sollte nicht nur das größte Büro, sondern auch das mit den wichtigsten Klienten werden, den besten Partnern und dem höchsten intellektuellen Anspruch. Mein wichtigster Hebel, McKinsey Deutschland voranzubringen, war das Personal.

Wir waren die ersten, die Lehrlinge und die Naturwissenschaftler einstellten, wir rekrutierten verstärkt Frauen, und wir starteten Praktikantenprogramme, um mehr junge Leute für McKinsey zu interessieren. Zugleich versuchte ich, eine neue Atmosphäre zu schaffen, mehr Offenheit, mehr Kommunikation. Als Erstes führte ich eine Politik der offenen Tür ein. Wann immer es ging, war ich für die Kollegen ad hoc ansprechbar. Aber ich nahm auch an möglichst vielen internen Runden teil, etwa wenn die Associates sich trafen, wenn die Projektleiter ihre Sitzung hatten, wenn Partnerdinners stattfanden oder wenn es darum ging, die neu ankommenden Mitarbeiter willkommen zu heißen. Theo Weimer, aktueller Chef der HypoVereinsbank und zeitweise mein Associate bei McKinsey, sagte mir einmal, wie sehr ihn dieses willkommen heißen einst beeindruckt hätte und dass er es ähnlich versuche. Gleiches gilt für Barbara Kux, Zentraleinkaufschefin bei Siemens, eine der wenigen Frauen im Dax-Vorstand, die sich in ihrer praktischen Menschenführung ebenfalls auf mich beruft.

Nach und nach merkte ich, dass besonders die jüngeren Kollegen es mir nachmachten, so dass die angestrebte hierarchiefreie Kommunikation immer mehr Realität wurde.

Allen Associates gratulierte ich zu ihren Beförderungen mit einem handgeschriebenen Brief. Mit Hilfe der Assignment-Koordinatorin Jutta Weider-Pipping sammelte ich Informationen darüber, an welchen Studien jeder Einzelne gearbeitet hatte; ich merkte mir, was ich über die familiäre Situation und andere persönliche Angelegenheiten wusste. Diesen Stoff verwendete ich in den Gratulationsschreiben, die alle drei Monate fällig waren und an denen ich oft einen halben Tag zu arbeiten hatte.

Auch den Support Staff bezog ich ein. Quartalsweise versammelte ich die Abteilungsleiter um mich, um zu hören, was in den kritischen Supportfunktionen geschah, aber auch um auch ihnen das Gefühl zu geben, tatsächlich Teil einer Familie zu sein.

Nach etwa drei Jahren gründete ich ein Operating Committee, um mich zu entlasten und andere einzubeziehen. Ihm gehörten meine Kollegen Wilhelm Rall, Axel Born, Michael Jung, Thomas von Mitschke, Günter Rommel und später Andreas Biagosch und Jürgen Kluge an. Monatlich berieten wir über die großen Office-Themen: Aufteilung der Ressourcen, Rekrutierungserfahrungen, Vorbereitung unserer verschiedenen Veranstaltungen. Ohne diese Institution, ohne diese engagierten Kollegen wäre das Büro nicht erfolgreich zu führen gewesen. Der Kreis der Klienten wuchs, aber auch die Dimension der Projekte. Um komplette Unternehmen neu aufzustellen, organisierten wir, wie schon erwähnt, umfassende Transformationsprozesse, die auch für McKinsey Neuland waren. Nun waren nicht mehr drei Berater für sechs Monate bei einem Klienten, sondern dreißig Berater drei Jahre lang. Solche Großprogramme konnten wir nur stemmen, indem wir uns personell immer weiter verstärkten. Deshalb begannen wir, uns frühzeitiger als üblich um die Aspiranten für den Partner-Aufstieg zu kümmern. Achtzehn Monate vor dem geplanten Wahltermin nahmen wir sie unter die Lupe, um dann ein individuelles Entwicklungsprogramm zu vereinbaren.

Unter dem Strich erreichten wir mit dieser Strategie, dass das deutsche Büro stark wurde, dass wir die besten Partner heranzogen.

Nach vier Jahren holten wir das größte Office in New York ein, nach acht Jahren waren wir bereits 25 Prozent größer. Deutschland war das Flaggschiff unter den McKinsey-Büros geworden. Bei meinem Abschied sollte der Vorsprung 50 Prozent ausmachen. Wir waren Benchmark in der gesamten Organisation geworden. Es war der Erfolg einer hervorragenden Mannschaft, und ich empfand es als Privileg, ihr Anführer zu sein.

Allerdings stellte mich diese Aufgabe auch immer wieder vor besondere Herausforderungen. So war es auf den jährlichen Partnermeetings Tradition, dass die jungen Partner die aktuelle McKinsey-Strategie hinterfragen durften. Oft gingen die Diskussionen über den richtigen Weg bis tief in die Nacht. Dies wäre einmal fast aus dem Ruder gelaufen, als wir 1995 in Marrakesch tagten.

Gerade war ich erst aus New York zurückgekehrt, wo ich

für unser Büro große Erfolge verbuchen konnte, denn wir hatten sieben neue Direktoren und fünf neue Principals über die Hürden gebracht. Also hatte ich mich auf eine ruhige Tagung in der alten Königsstadt Marokkos eingerichtet und Fred Schmid, einen Psychologen aus der Schweiz, eingeladen, der unser Konfliktmanagement beobachten und analysieren sollte.

Eine recht ungestüme Gruppe um Klaus Droste schlug nun jedoch einige höchst strittigen Punkte vor, unter anderem, dass Partner mit fünfundfünfzig Jahren ihre Klientenbeziehungen auf jüngere Kollegen übertragen und dass mehrmonatige bezahlte Beurlaubungen eingeführt werden sollten. Damit jeder der vierzig Partner zu jedem aufgerufenen Punkt seine Meinung ausdrücken konnte, hatten wir »Consensors« ausgegeben – kleine Abstimmungscomputer. Nun votierten die Partner mit ihren elektronischen Geräten, und unterstützten die strittigen Vorschläge mit jeweils weit über 60 Prozent.

Große Freude bei den jungen, helle Aufregung bei den älteren Partnern – und große Betroffenheit bei mir selbst, denn ich hielt die Vorschläge für nicht realisierbar. Abends saß ich mit Fred Schmid sowie meinen Kollegen Wilhelm Rall und Axel Born zusammen, und wir diskutierten darüber, wie wir die Sache wieder einfangen könnten. Fred Schmid ortete Vorboten einer Revolution, Rall meinte, dass wir es sehr ernst nehmen müssten, und Born schimpfte, es sei eben falsch, jeden gerade gewählten Partner seine Meinung sagen zu lassen.

Unschlüssig ging ich in mein Hotelzimmer. Aber dann setzte ich mich hin und arbeitete bis zum Morgengrauen an einem Zehn-Punkte-Programm, mit dem wir den jungen Partnern entgegenkommen und zugleich fatale Beschlüsse vermeiden könnten. Um sieben Uhr morgens ging ich mit Ina Weber in den Konferenzsaal, sammelte die Abstimmungscomputer ein, verpackte sie und verstaute sie an einem geheimen Ort. Als die Partner eintrafen, erklärte ich ihnen, warum es an diesem letzten Tag des Treffens keine »Consensors«

geben würde, warum ich das Programm umgestellt hätte und dass ich jetzt eine Erklärung abgeben wolle.

Meine zehn Punkte trug ich mit viel Emphase vor. Sie zielten auf pragmatische Veränderungen, die tatsächlich in unserer Macht lagen und die nicht an den Grundsätzen der Organisation rührten. Diese Punkte habe ich bis auf zwei Punkte noch heute gut in Erinnerung: 1. Die Client Service Teams werden durch jüngere Partner in verantwortungsvollen Rollen erweitert. 2. Jeder Partner sollte sich zusätzlich zur Klientenarbeit in einer »Practice Group« involvieren. 3. Wir sollen für eine Beschleunigung der »Ruhestandsregel« sorgen, was bedeutet, nicht mehr bis sechzig arbeiten zu müssen, sondern die Möglichkeit zu haben, schon mit fünfundfünfzig aufzuhören. 4. Jeder Partner soll einen Pro-bono-Klienten übernehmen. 5. Wir werden gezielt in Stammklienten investieren. 6. Wir führen einen Vaterschaftsurlaub und andere Auszeiten ein. 7. Wir sorgen für eine besondere Weiterentwicklung der jungen Mitarbeiter. 8. Wir sorgen für ihren starken »Export«.

Der letzte Punkt führte dazu, dass wir nach Jahresfrist 15 Prozent unserer Partner im Ausland hatten, nur kamen im Gegenzug leider viel zu wenig ausländische Kollegen zu uns nach Deutschland. Immerhin nahmen nach dieser »Revolution« zwölf Berater Vaterschaftsurlaub. Überhaupt war eine neue Energie in den Client Service Teams zu spüren, einige hoben geradezu ab. Und auch die Practice Groups produzierten nach Marokko deutlich mehr Output.

Ich war sehr erleichtert, als ich spürte, dass mein Versuch gelingen würde, aus dem Konflikt herauszukommen. Martin Blessing, heute Chef der Commerzbank, bezeichnete den Aufruhr in Marrakesch als »Zwergenaufstand«. Ich jedenfalls hatte viel aus ihm gelernt.

Die Richtung stimmte nun wieder. Es ermutigte mich in meinem Bemühen, McKinsey weiter »mit Herz« zu führen, so wie auch ein anderes Erlebnis.

Unsere Herbsttagung in Istanbul 1996 stimmte mich sehr

traurig. Unser Partner Martin Niederkofler war schwer erkrankt und sandte uns einen Brief, der verlesen wurde. Wie sehr er uns vermisste, hieß es in ihm, und wie wir ihm die Kraft gäben, seine Krankheit zu besiegen, und dass er nächstes Jahr wieder dabei sein werde.

Am Ostermontag 1997 rief mich sein Bruder Paul an und teilte mir mit, Martin würde es sehr schlecht gehen und er habe gebeten, dass ich ihn noch einmal besuche. Zusammen mit Thomas von Mitschke fuhr ich nach Österreich, ins Landeskrankenhaus nach Hochzirl. Wir saßen auf seinem Bettrand und diskutierten über die schlechten österreichischen Fußballer, über Gerhard Berger und seine Formel-1-Erfolge. Am nächsten Tag starb Martin, und in der folgenden Woche geleiteten wir ihn auf dem Wörgler Friedhof zur letzten Ruhe. Selten ist mir ein Tod so nahe gegangen wie damals. Später besuchte ich seine Mutter, und sie berichtete mir, wie wohl sich ihr Sohn in unserer Gemeinschaft gefühlt hatte.

Das hörte ich gern, denn es bestätigte mich, dass ich so vieles nicht falsch gemacht haben konnte. Wenn mich Leute später als »*people person*« bezeichneten, wenn einige vom »Menschenfänger« sprachen, dann war da durchaus etwas dran. Dazu gehören die Überzeugung, dass der Mensch im Mittelpunkt steht, und ein paar handwerkliche Grundregeln. Der frühere Mannesmann-Chef Egon Overbeck, ein ehemaliger Generalstäbler, hatte mir einmal erzählt, dass er drei Führungsprinzipien hatte:

Erstens: Tadel immer nur unter vier Augen. Zweitens: Bei Lob zusehen, dass möglichst viele zuhören. Drittens: Wenn einer kommt und sich über einen anderen beschwert, so sagt das mehr über ihn selbst aus als über den, den er anschwärzt.

Diese Prinzipien habe ich mir zu eigen gemacht und für mich ein viertes hinzugefügt: »Lass andere glänzen!« So oft es ging, überließ ich anderen das Podest, auch wenn ich selbst zum Erfolg beigetragen hatte. Es hat mir viel gegeben, zu sehen, wie Menschen wachsen, wenn ihre Leistungen herausgehoben und gewürdigt werden.

Das konnte ich auch erfahren, als ich zu einem großen Förderer von weiblichen Associates wurde. Ob Irmgard Nusser bei den co-op-Studien, Barbara Kux bei der Siemens-Studie oder später Clara Streit bei den Projekten mit der Dresdner Bank – ich lernte ihre analytische Brillanz, ihre außergewöhnliche Teamfähigkeit sowie ihre große Akzeptanz beim Klienten schätzen.

Als ich als Office Manager antrat, hatten wir gerade fünf weibliche Mitarbeiter, und es schien kaum möglich, diese Rate signifikant zu erhöhen. Nachdem ich aber gesehen hatte, dass es bei McKinsey in den USA, in Großbritannien und in den skandinavischen Ländern anders aussah, dass in den dortigen Offices 25 bis 30 Prozent der Berater weiblich waren, gab ich das Ziel aus, ebenfalls auf ein solch hohes Niveau kommen zu wollen. Gezielt versuchten wir Frauen anzuheuern, gaben uns eine weniger maskuline Ausstrahlung, ließen unsere wenigen weiblichen Mitarbeiter stärker in der Öffentlichkeit auftreten, sorgten dafür, dass sie von der Presse interviewt wurden. Auch starteten wir in Wirtschaftsmagazinen ganzseitige Anzeigen, auf denen unsere Mitarbeiterin Ulrike Michel und zwei ihrer Kolleginnen zu sehen waren. In dieser Werbekampagne baten wir junge Frauen darum, ihre alten Vorstellungen über Consultants über Bord zu werfen und McKinsey eine faire Chance zu geben. Es wurde auch gesagt, an was für spannende Projekte diese drei Beraterinnen arbeiteten.

Der Erfolg stellte sich jedoch nur langsam ein. Wir hatten, und das wurde auch in einer Untersuchung bestätigt, ein ausgesprochenes Machoimage. Die Boston Consulting Group galt als eine lifestyleorientierte Beratungsfirma, weshalb sie mehr Frauen als Mitarbeiterinnen gewinnen konnte als wir. Dieses Image hatten wir damals nicht.

Und unsere Vorzeigefrauen – das war der Grund Nummer zwei – kamen in den Interviews nicht so rüber, dass sie als weibliche *Role Models* eine große Glaubwürdigkeit ausstrahlten. Sie arbeiteten hart mit den Männern in den jeweiligen Teams, und etwas überspitzt formuliert: Einige unserer Beraterinnen, die wir damals hatten, waren in ihrem Auftreten selbst sehr männlich strukturiert. Wenn ihnen etwas nicht passte, hauten sie auf den Tisch, und ihre Sprache ließ mich manchmal zusammenzucken. Doch für mögliche Mitarbeiterinnen, die nicht so männlich gestrickt waren, wirkte dies abstoßend.

Es gab dafür aber auch noch einen dritten Grund, einen gesellschaftlichen Grund. Unsere Republik war kaum darauf eingestellt, dass Beruf und Familie zusammenpassen. Christine Bortenlänger, Geschäftsführerin der Börse München und Vorstand der Bayerischen Börse AG, erzählte mir einmal, dass sie sich, wo immer sie hinkam, verteidigen musste. Denn ständig wurde sie mit der Frage konfrontiert: »Lieben Sie Ihre Kinder nicht?« Alle hielten sie für eine Rabenmutter, und ich denke, es wird noch einige Jahrzehnte dauern, bis dieses Denken aus den Köpfen der Menschen verschwunden ist und genügend Kitas zur Verfügung stehen. Die Frauen, die aus der ehemaligen DDR kamen, hatten wie Skandinavierinnen oder Französinnen am wenigsten Probleme mit diesem Rabenmutter-Vorwurf.

Es war wirklich schade, dass sich unsere Frauenquote nur so zäh erhöhte, da ich viel und gerne mit Beraterinnen zusammengearbeitet habe. Ich erinnere mich noch daran, wie ich eine Beraterin – Maike Braun war Biologin –, nach Wörth schickte, zu den Lkws von Daimler. Man fragte mich, ob ich mir das genau überlegt hätte, vielleicht sollte man diese Mitarbeiterin nicht besser in einem Verkaufs- oder Marketingprojekt einsetzen, aber im Werk, bei den 16-Tonnern? Doch davon wollte ich nichts wissen, sondern gab bestimmt zur Antwort: »Frau Braun bleibt im Werksteam, nach sechs Wochen könnt ihr mir immer noch sagen, ob sie bleiben soll oder nicht.« Und nach sechs Wochen liebten alle im Werk Maike Braun.

Ähnliche Erfahrungen gab es auch bei den Bauarbeitern, bei Firmen wie Bilfinger und Berger. Im Endeffekt waren Beraterinnen nie ein Problem, zumal wenn sie so positioniert sind, dass sie den Klienten das Gefühl geben können:»Ich will für euch Probleme lösen, ich will mit euch Probleme lösen.« Für mich war es immer sehr wichtig, dass die richtige Sprache gesprochen wurde. Arbeitete man mit Siemens oder im Lkw-Werk von Daimler, mussten sich die Teammitarbeiter, egal ob männlich oder weiblich, mit den jeweiligen Produkten identifizieren, natürlich auch mit der Firma selbst. Noch heute ertappe ich mich dabei, wenn ich von diesem oder jenem Unternehmen rede, dass ich ein»Wir«verwende:»Wir von Siemens ...« Oder:»Wir von Daimler ...«

Und Frauen, diese Erfahrung machte ich, konnten sich oft viel besser in die emotionale Welt des Klienten hineinversetzen als ihre männlichen Teamkollegen. Was hatten wir anfangs unsere Klienten in den Einzelinterviews kritisiert, auf Teufel komm raus:»Ihr habt keine Ahnung vom Markt. Die Wettbewerber sind viel besser. Eure Leute sind Schlafmützen! Verdienen tut ihr eh nichts! Es ist ganz schlimm, und wenn ihr so weitermacht, wird alles nur noch schlimmer.« Gab es eine Frau im Team, die sich unsere ausufernde Kritik anhörte, sagte sie vielfach im Nachhinein:»Wisst ihr eigentlich, wie das bei Klienten ankommt? Wenn ihr so weitermacht, dann verliert ihr ihn noch. Man kann nur eine bestimmte Menge vertragen, wie man niedergemacht wird, danach schaltet man ab.« Und genau in diesem Punkt hatten die Beraterinnen recht.

Nie vergesse ich unsere erste Präsentation vor Werner Bahlsen. Nach Beendigung unserer Analyse sagten wir:»Ihr kauft zu teuer ein, ihr produziert mit zu viel Ausschuss, es gibt andere Kekse, die sind geschmacklich besser, ihr habt keine gute Werbung ...« Nach der Präsentation meinte Werner Bahlsen zu einem Kollegen von mir, er habe sich erbrechen müssen. In eineinhalb Stunden hätten wir sein Lebenswerk zunichte gemacht.« Das war für mich eine wichtige Lektion. Mit einer Frau im Team wäre es sicher nicht so drastisch verlaufen.

Danach achtete ich auch darauf, dass Mitarbeiter der Firma mit präsentierten. Oder überdachte viel genauer, wie ich etwas formulierte. Bei Siemens etwa fand nie eine Präsentation vor weniger als zwanzig Führungskräften statt. Und da sich Führungskräfte untereinander nicht immer grün sind, musste man aufpassen, dass man beispielsweise den Produktionschef nicht vor dem Verkauf kritisierte, sonst wäre er nie wieder von den anderen akzeptiert worden, besonders dann, wenn ihn sowieso keiner mochte. Das Verhältnis zwischen Zentrale und operativer Einheit musste ganz besonders beachtet werden. Damit das verhindert wurde, gab es für Berater auch psychologische Trainings.

Doch zurück zu den Frauen. Wie gesagt: Von einer Quote von 30 Prozent konnte bei uns keine Rede sein. Nach vierzehn Jahren schafften wir »nur« einen Anstieg auf elf Prozent. Heute macht der Anteil von Beraterinnen immerhin in den Deutschland-Büros von McKinsey rund 20 Prozent aus.

»Mission Impossible« – der Anfang bei Siemens

Siemens – das war eine selbstreferentielle Firma. Ein Drittel der besten Elektroingenieure eines jeden Abschlussjahrgangs landete bei ihr. Wer bei Siemens einen Job gefunden hatte, ging dort nicht weg, auch wenn die Konkurrenz mehr Gehalt bot. Doch es herrschte in diesem Konzern ein demokratisches Führungsverständnis – der Werkleiter im Gerätewerk Regensburg konnte ohne Rückfragen beim Vorstand ein Projekt in Millionenhöhe vergeben. Ulrich Glasemann, kaufmännischer Leiter des Insta-Bereichs von Siemens, fasste das übliche funktionale Verständnis des Hauses 1975 so zusammen: »Was wir hier entwickeln und fertigen ist Spitze – der Vertrieb hat die verdammte Pflicht und Schuldigkeit, dies an den Mann zu bringen.«

Dass die Wettbewerber teils formschönere Produkte machten, nahm man nicht zur Kenntnis, dass die Installationsgeräte zunehmend über Baumärkte und andere Do-it-yourself-Kanäle verkauft wurden, ebenfalls nicht. Und so kam ich auch an meinen ersten Auftrag bei Siemens: Ich sollte das Geschäftsfeld Installationsgeräte untersuchen, und zwar im Werk Regenburg, weil es dort gerade Kurzarbeit gab. Es war die Weltmeisterschaft 1974.

Wir hatten uns für diese Studie »Siemens 01« die größte Mühe gegeben, zumal wir wussten, dass es ein Test war. Das Unternehmen betrieb eine Second-Supplier-Politik, denn parallel hatte es die Boston Consulting Group, eine weitere amerikanische Unternehmensberatung, nach Erlangen geschickt. Während BCG es mit Medizintechnik zu tun hatte, waren die Produkte, die wir in Augenschein nehmen sollten,

Schalter, Steckdosen, Automaten. Mit anderen Worten: Es waren nicht gerade die spannendsten Produkte. Aber das durfte keine Rolle spielen.

Innerhalb von sechs Wochen hatten wir eine Aussage zu treffen, wie dieses Geschäft einzuschätzen war und wie es sich weiterentwickeln würde. Doch dies in so kurzer Zeit zu erledigen, war nahezu eine Mission Impossible, und im Nachhinein sagte ich zu Jürgen Knorr, dem dortigen Bereichsleiter: »Wir haben überhaupt keine Fehlerchance gehabt, ich war fast so weit zu sagen, dass ich nie wieder für Siemens arbeiten will.« Wir hatten es mit Managern der zweiten und dritten Ebene zu tun, die bei Siemens große Vollmachten hatten, aber letztlich gar nicht wussten, was sie mit uns anfangen sollten. Auch hatten sie keine Zeit für uns. Und die Controlling-Informationen insbesondere Infos über den Markt waren mehr als dürftig. Dennoch legten wir alles darauf an, dass diese Manager von unserer Arbeit überzeugt waren und es vor allem ihren Kollegen und Vorgesetzten weitersagten, im Sinne von: »Die von McKinsey machen eine tolle Arbeit bei uns, die sollten wir weiter beschäftigen!«

»Siemens 01« wurde trotz aller Schwierigkeiten ein voller Erfolg. So konnten wir den Managern klarmachen, dass man Steckdosen und Schalter zwischenzeitlich im Kauf- oder Versandhaus, in Baumärkten erwerben konnte, nur Siemens sei nicht dabei. Die erste Reaktion war: »Das kann gar nicht sein, man darf doch diese Sachen nicht im Baumarkt verkaufen.« An Siemens war wirklich das Do-it-your-self-Geschäft vollkommen vorbeigegangen, nie hatte man sich die Konkurrenzprodukte einmal näher angeschaut.

Damals hatte der Konzern die Meinung vertreten: »Wir steuern die Entwicklung, wir produzieren selbst, in unseren Werken, nach Siemens-Standard. Dann wird alles in deutschen Zweigniederlassungen verkauft oder in ausländische Siemens Landesgesellschaften.« Dabei hatten sie den unabhängigen Großhandel übersehen, den belieferten sie nämlich nicht. Die Mitarbeiter mussten regelrecht aufgeweckt werden, begreifen, dass sie sich nicht mehr länger nur an sich selbst orientieren konnten.

Nachdem ich Jürgen Knorr meine Meinung gesagt hatte, nahm man uns anscheinend auch anders wahr. Denn gleich danach gab es einen Anschlussauftrag. So folgte ein Projekt nach dem anderen. Wir alle im Team – mal waren wir zu dritt, mal zu viert – kannten uns nicht speziell in diesem Business aus. Aber jeder von uns steuerte sein Wissen bei. Wir gingen interdisziplinär vor, hatten das Motto:»Wir lernen gemeinsam, und wir lernen schneller als die anderen.«

Für Siemens zu arbeiten empfand ich als eine Auszeichnung, für McKinsey und für mich persönlich. Siemens war damals das internationalste Unternehmen in Deutschland, und es stellte erstklassige Produkte her, war am Kundennutzen ausgerichtet, wenn auch mitunter in der Gefahr, technisch überfrachtet zu werden. Der Konzern hatte eben eine Ingenieurkultur, in der Techniker das Sagen und Kaufleute zurückzustehen hatten. Aber Siemens beanspruchte auf über 100 Feldern die technologische Führung weltweit, und das war keine Anmaßung.

Möglich wurde der Erfolg auch durch die hoch qualifizierte Belegschaft und das hervorragende Arbeitsklima. Siemens-Arbeitnehmer bekamen gute Löhne und eine lebenslange Perspektive. Das Unternehmen stand noch in der Tradition des Gründers Werner von Siemens:»Mir würde das verdiente Geld wie glühendes Eisen in der Hand brennen, wenn ich den treuen Gehülfen nicht den erwarteten Antheil gäbe.«

Jürgen Knorr, der Leiter der Installationsgerätesparte, und Karl-Heinz Preising, der kaufmännische Leiter des Unternehmensbereichs, hatten mich an die Hand genommen und mir die Sprache und die Kultur des Unternehmens nahegebracht, so dass ich mich besser und besser in dieser Organisation bewegen konnte. Unsere Projekte waren danach auf immer höheren Ebenen angesiedelt, bis ich schließlich auf

Augenhöhe mit dem Vorstand operierte. Bei einem führenden deutschen Industriekonzern, der externe Unternehmensberatung vor kurzem noch für Geldverschwendung gehalten hatte, war McKinsey ein ständiger Begleiter geworden. Und das bedeutete einen Durchbruch weit über das einzelne Unternehmen hinaus: Wir waren bei der Creme der deutschen Wirtschaft hoffähig geworden.

Im Endeffekt war der Beratereinsatz bei Siemens darauf angelegt, der Firma zu zeigen, dass sich die Markt- und Wettbewerbssituation ständig rascher veränderte und das ursprüngliche Siemens-Konzept – siehe Ulrich Glasemann – immer weniger funktionierte. So reiste ich mit Vorständen und Bereichsleitern wiederholt in die USA, um vor Ort zu sehen, welche Produktinnovationen es dort gab, um mit eigenen Augen zu begutachten, wie General Electric, einer der größten Mischkonzerne der Welt in Fairfield, Connecticut, nicht nur über den eigenen Vertriebsweg (GECSO) verkaufte, sondern auch über den unabhängigen Großhandel. Neben dem Vergleich von Marktaktivitäten ging es auch darum, zu überlegen, ob es Sinn machte, in den Staaten ein Unternehmen zu kaufen.

Die Reisen mit den Klienten – ich machte sie bereits als Projektleiter bei Varta, später mit dem co-op-Vorstand, mit Reinhard Mohn – waren immer ein besonderer Gewinn, gleichsam auch eine Spezialität von mir. Durch das gemeinsame Unterwegssein lösten sich die Konturen zwischen Klient und Berater zunehmend auf – und beide waren auf einmal nichts anderes als Lernende. Zudem konnte ich meine McKinsey-Kollegen in anderen Büros mit meinen Klienten bekannt machen und so das »One Firm Konzept« leben.

Unser Engagement bei Siemens verlief aber gleichwohl nicht immer reibungslos. Als einmal eine große Präsentation bevorstand, stellte ich fest, dass uns nicht alle Daten zur Verfügung gestellt worden waren, die für eine gute Studie nötig gewesen wären. Wieder einmal beschwerte ich mich beim Bereichsleiter Jürgen Knorr, diesmal noch heftiger: »Wir sind keine Schnürsenkelverkäufer! Wir sind keine Wirtschaftsprüfer, die Häkchen machen! Wir sind nicht Leute, die Kästchen auf dem Organigramm verschieben! Wir sind etwas anderes, wir helfen Ihnen bei der Strategie! Aber wenn wir hier keine Bedeutung haben, wenn Siemens keine Aufmerksamkeit für uns hat, bitte! Ich muss mir das nicht antun!« Es war riskant, gegenüber einem Klienten derart auf Konfrontationskurs zu gehen. Siemens war damals schon einer unserer wichtigsten Klienten, und in dieser Sekunde schien alles zur Disposition zu stehen. Aber Jürgen Knorr blieb ruhig und sagte:»Es tut mir leid, wenn wir uns nicht richtig verhalten haben. Und ich bewundere Ihren Mut, mir das so deutlich zu sagen.« Der Eklat war ausgeblieben, die Aufträge liefen weiter, und Jürgen Knorr und ich wurden im Laufe der Zeit enge Freunde.

Eines Tages im Jahr 1978 rief mich Siemens-Vorstand Dieter von Sanden an und bat dringend um unsere Hilfe. Von Sanden hatte ich 1977 kennengelernt, als er noch für die Nachrichtentechnik bei Siemens verantwortlich war, neben der Fernschreib- und der Bauelementesparte der größte der drei Unternehmensbereiche, die sich aus dem alten Siemens & Halske-Unternehmen entwickelt hatten. Nach einem Skiunfall hatte er ein Bein verloren, und er erinnerte mich mit seiner äußeren Erscheinung an den ehemaligen SPD-Chef Kurt Schuhmacher. Ich nahm ihn als einen Mann wahr, der drei für sich genommen seltene Eigenschaften in sich vereinte: Er war ein visionärer Techniker, zugleich ein großer Pragmatiker und zudem auch noch ein ungewöhnlich humorvoller Topmanager.

Als die Informationstechniker der ITT wieder einmal über die hohen Entwicklungskosten jammerten, die ein neues Vermittlungssystem bei der damals auch für Telefonie zuständigen Bundespost verursachen würde, rechnete er ihnen vor: Von den gesamten Entwicklungskosten des neuen Vermittlungssystems 12 würden 30 Prozent auf die Deutsche

Post entfallen, 30 auf die französische, 40 auf die englische und 20 Prozent auf die belgische Post. Dieter von Sanden fragte: »Könnte es sein, dass dabei über 100 Prozent herauskommen?« Er erntete schallendes Gelächter. Siemens, ITT und Philips ließen sich die Entwicklungskosten von der Post bezahlen. Sie waren »Hoflieferanten«.

Damals war »UB N«, wie der Unternehmensbereich Nachrichtentechnik im internen Kürzel hieß, der Umsatz- und Ertragsbringer des Hauses, nach dem Bereich Energietechnik der zweitgrößte Bereich (UB E) von insgesamt sechs. Dieter von Sanden galt im internen Wettbewerb der Vorstände als Kraftwerk, und auch die Nachfolge des damaligen Siemens-Chefs Bernhard Plettner schien in Reichweite zu sein.

Ende der siebziger Jahre arbeiteten wir von McKinsey an einer Geschäftsfeldplanung für den Messgerätebereich in seinem »UB N«. Von Sanden fand Gefallen an unserer analytischen Vorgehensweise, und es entwickelte sich ein persönliches Vertrauensverhältnis zwischen uns.

Und nun, in diesem Gespräch 1978, berichtete er mir, Plettner und er seien bei der Post einbestellt worden, das Unternehmen verlangte ein elektronisches Vermittlungssystem für die Telefonie in Deutschland, da das bisherige, analoge System nicht mehr zeitgemäß sei. Die Gefahr war groß, dass bei der nächsten Postausschreibung für Fernamtsvermittlungen Siemens nicht mehr zum Zuge kommen würde. Konzernchef Plettner war verbittert, denn man hatte ihm immer vorgegaukelt, dass alles in bester Ordnung sei. Nun drohte er von Sanden mit personellen Konsequenzen und ließ sich fortan monatliche Detailberichte übermitteln.

Dieter von Sanden beauftragte McKinsey dabei zu helfen, die Kohlen aus dem Feuer zu holen. Es stimmte: Siemens war eine Größe auf dem Telekommunikationsmarkt, aber den Wandel von der analogen zur digitalen Technik hatte der Konzern rundum verschlafen. Die Deutsche Bundespost drohte im Ausland einzukaufen, sollte Siemens keine digitalen Wählsysteme liefern können. Und jetzt hatte das Unternehmen gerade einmal zwei Jahre Zeit, in die digitale Technik einzusteigen und das elektronische Telefonvermittlungssystem EWSD zu entwickeln, um es – als Referenz für die Post – in Südafrika zu installieren. Wir von McKinsey sollten dieses entscheidende Projekt managen.

Es schien eine Unmöglichkeit zu sein, aber ich nahm die Herausforderung an. Die besten Leute, die ich in Deutschland, England und Amerika bekommen konnte, holte ich zusammen und bildete ein hervorragendes Team mit zeitweise fünfzehn Mitgliedern. Diese begannen das Projekt an vielen Stellen gleichzeitig, sie agierten wie eine Siemens-Abteilung, sie steuerten den Prozess, sie sorgten dafür, dass die richtigen Entscheidungen im richtigen Tempo getroffen wurden, dass die technische Entwicklung vorankam und die Kosten im Rahmen blieben.

Von Sanden ließ sich wöchentlich berichten und gab dem Team entscheidende Hinweise: »Schaut, wie viele Codierungsfehler wir beim Programmieren der neuen Software machen! Schaut, wie viele Programmänderungen kommen und wie sie sich auf die Komplexität auswirken!«

Es war ein enormer Kraftakt, aber dieses Vermittlungssystem wurde dann tatsächlich 1980 in Südafrika eingesetzt und danach nicht nur an die Deutsche Bundespost verkauft, sondern in über vierzig Länder exportiert.

Von Sanden galt wieder als der große Entwickler, und McKinseys Ruf als Berater im Haus war sechs Jahre nach dem allerersten Projekt so stark wie nie zuvor. Wir hatten gezeigt, dass wir in einer brenzligen Lage reagieren konnten, dass wir nicht nur Studien ausbrüten, sondern mit der Siemens-Organisation in einem äußerst schwierigen Prozess unmittelbar zusammenzuarbeiten vermochten, dass unsere Arbeit wirklich einen Wert hatte.

Aber auch mein persönliches Verhältnis zu Dieter von Sanden war in dieser Zeit gewachsen. Als er rotarischer Präsident in München wurde, wurde ich sein Sekretär. Wenn er wichtige volkswirtschaftliche Reden zu halten hatte, ließ er sich von uns unterstützen. Und als ich einen schlimmen Beinbruch hatte, war er einer der ersten, der mich besuchte. Ich traf mich wöchentlich mit ihm, und selten verging ein Wochenende, an dem wir nicht über Gott und die Welt telefonierten.

Es war ein Zeichen seiner technologischen Weitsicht, dass Dieter von Sanden damals schon das Zusammenwachsen der Sprach- und Datennetze vorhersagte. Leider konnte er sich nicht mit seiner Sicht durchsetzen, bei Siemens entsprechende Bauelemente zu entwickeln und zugleich der Fernschreibtechnik, einem starken Ertragsbringer, keine Zukunft mehr zu geben. Man glaubte ihm damals nicht so recht. Wenige Jahre später wurden die beiden Sparten zum Unternehmensbereich Kommunikationstechnik zusammengelegt, und da zeigte sich rasch, dass er recht gehabt hatte.

Kaum ein Jahr war Dieter von Sanden beim UB K (Unternehmensbereich Kommunikation) ausgeschieden, da erlitt er während eines Vortrags in Bonn einen tödlichen Herzschlag. Ich habe einen großen Förderer zu früh verloren. Bei Siemens und bei anderen Hightech-Unternehmen, die unsere Klienten waren, habe ich mich oft gefragt: »Was würde wohl mein Mentor Dieter von Sanden dazu sagen?«

Nach dem Südafrika-Projekt begannen Siemens-Vorstände, ihren Söhnen und Töchtern einen Berufseinstieg bei McKinsey zu empfehlen. Alle mussten das rigide Rekrutierungsprozedere durchlaufen. Wir waren eine erste Adresse geworden, und für mich war das wie ein Ritterschlag.

Umso unerfreulicher war die Tatsache, dass mit unserer Hilfe zwar der Sprung in die digitale Ära bei Siemens in letzter Minute gelungen war, aber die Schlussfolgerungen ausblieben. Damals hatten alle Beteiligten sich geschworen, das Unternehmen dürfe nie wieder eine technische Entwicklung in der Nachrichtentechnik verpassen. Es kam leider anders. Im Bereich der Telekommunikation ist Siemens heute auf den Netzpartner Nokia angewiesen.

In meiner Zeit bei McKinsey betreute ich über 27 Jahre lang Projekte bei der Siemens AG. Aber in die größte Bedrängnis kamen wir ganz ohne mein Zutun. Siemens wollte Plessey, den damals zweitgrößten britischen Elektrokonzern, übernehmen, und die Presse in England beschäftigte sich kritisch mit dem Fall. Ein Journalist der Londoner *Financial Times* rief beim McKinsey-Büro in der britischen Hauptstadt an und fragte den Direktor Bill Pade, was man davon halte, dass Siemens sich Plessey einverleiben wolle. Obwohl Plessey kein Klient war, sagte er: »Plessey kann auch ohne Siemens überleben« (»Plessey does not need Siemens«), und genau so stand es am nächsten Tag auf der Titelseite der *Financial Times*.

In der Münchner Siemens-Zentrale war man darüber nicht amüsiert. Ich wurde zum Vorstandschef Karlheinz Kaske zitiert, und als ich sein Büro betrat, sah ich schon die Zeitung auf dem sonst leeren Schreibtisch liegen. Kaske sagte: »Herr Henzler, morgen auf der Vorstandssitzung haben wir auf der Tagesordnung unter anderem den Punkt, sämtliche Arbeiten von McKinsey bei uns abzubrechen. Das wäre es dann mit unserer Zusammenarbeit.«

Für Siemens arbeitete damals fast jeder sechste Associate. Das Unternehmen war weiterhin unser wichtigster Klient, und Siemens war bestens vernetzt in der deutschen Wirtschaft: Wenn wir hier herausflögen, wüssten es sogleich alle. Und so wie andere Konzerne Siemens gefolgt und McKinsey-Klient geworden waren, hätte sich der Prozess jetzt umkehren können: Wenn Siemens nichts mehr mit uns zu tun haben wollte, würden uns womöglich auch andere meiden.

Noch gar nicht lange war ich in der Rolle des Office Managers, und nun drohte ausgerechnet bei meinem größten Klienten die Katastrophe. Was sollte ich tun? Hilflos wie ich war, sagte ich zu Kaske: »Dieses Zitat stammt von einem Kollegen, der keine Ahnung hat! Ich kann mich nur zutiefst dafür entschuldigen. Leider kann ich es nicht rückgängig machen.« Aber Kaske erwiderte nur kühl: »Es steht auf der Tagesordnung, ich kann nicht viel für Sie tun.«

Nachdem die Unterredung beendet war, rief ich Hermann Franz an und bat ihn um Rat. Er war derjenige im Vorstand, zu dem ich den besten Draht hatte. Franz sagte: »Sie waren nicht beim Militär, deswegen kennen Sie das nicht. In so einer Situation gibt es nur eins: rein in den Schützengraben, Kopf runter und abwarten, bis der Sturm vorbei ist.« Und was würde aus den laufenden Studien?, fragte ich. »Die machen Sie fertig, und in vier oder fünf Monaten sieht die Welt schon wieder ganz anders aus.«

Intern diskutierten wir bei McKinsey, ob wir einen Entschuldigungsbrief an die Siemens AG richten, ob wir uns in der Presse äußern sollten – oder was wir sonst noch machen könnten, um das drohende Unheil abzuwenden. Aber letztlich beschlossen wir, dem Rat von Hermann Franz zu folgen: Kopf einziehen und abwarten. Viel Fantasie brauchte ich nicht, um mir vorzustellen, was geschähe, wenn die Medien den Fall hochspielten, wenn ein interner Konkurrent ihn gegen mich benutzen würde. Oder wenn auf einen Schlag die Projekte für ein Sechstel der Berater wegfallen würde: Meine Karriere bei McKinsey wäre wohl zu Ende gewesen.

Aber nichts von alldem geschah. Ich hatte Glück – und Hermann Franz hatte recht: Es wuchs tatsächlich Gras über die Sache, und wir arbeiteten bei Siemens wie gewohnt.

Gern habe ich bei Siemens gewirkt – es waren ausnahmslos spannende Projekte, die Klienten, mit denen ich zu tun hatte, waren klasse, und wir waren als Berater anerkannt. Bei vielen Jubiläen der Siemens-Führungsriege war ich eingeladen, ich kannte alle Vorstände und viele Führungskräfte auf der zweiten und dritten Ebene persönlich. Und da ich in sämtlichen Bereichen des Konzerns Projekte durchgeführt hatte, begrüßte mich Hermann Franz einmal bei einer privaten Einladung in Erlangen mit folgendem Satz: »Herr Henzler ist der bestinformierte Mann der Siemens AG.«

Noch ein Wort zur Korruptionsaffäre, die zur Folge hatte, dass das US-Justizministerium und die amerikanische Börsenaufsicht SEC mit viel Aufwand gegen vierzig ehemalige Siemens-Verantwortliche ermittelte: Dass bei Infrastrukturanlagen – und Siemens hatte ja hauptsächlich Infrastrukturgeräte für Telefonanlagen, Krankenhäuser, Transportbetriebe und Energieversorgungsunternehmen – »geschmiert« wurde, war immer wieder zu hören. Insbesondere dann, wenn die sogenannten »Dust-and-desert«-Länder die Auftraggeber waren und wenn eine übersichtliche Zahl an Wettbewerber anbot. Dies nahm nach der ersten und zweiten Ölkrise, 1973 und 1979, deutlich zu, denn jetzt traten die Nahoststaaten als Käufer auf den Plan. Da vernahmen wir immer wieder, dass erhebliche »nützliche Abgaben« erforderlich waren, um einen Auftrag zu bekommen. Allerdings, und das würde ich auch heute noch so sehen, war dies keine deutsche Spezialität. Amerikaner, Franzosen und Italiener – alle hatten ihre eigenen Fähigkeiten auf diesem Gebiet entwickelt. Es war sogar so, dass sich der Elektrikkonzern ITT in dieser Hinsicht einen fast legendären Ruf erworben hatte, alle und noch dazu sehr kreativ zu schmieren. Ich glaube nicht, dass es ein Rüstungsunternehmen gab, bei dem nicht im Verlauf der Zeit massive Korruption passierte.

Bei einem Gespräch mit Martin Walser im *manager magazin* ging es auch um die Korruptionsaffäre bei Siemens. Ich führte damals aus, dass Heinrich von Pierer nichts davon wusste und sich auf die Aussagen des Prüfungsausschußes verließ.

Aber letztlich bleibt es Korruption. Die gängige Schlussfolgerung: Entweder man hat an der Spitze davon gewusst, dann hat man die Manager zurecht davongejagt. Oder sie haben es nicht gewusst, dann taugen sie aber auch nicht zur Kontrolle eines solch großen Konzerns wie Siemens. Und die stereotype Frage im Prüfungsausschuss, ob irgendwelche Anzeichen für unregelmäßiges Handeln, für Aktionen, die gegen das Gesetz verstießen, gefunden wurden, beantwortete man stets mit einem Nein. Grundsätzlich könnte man auch fragen, wie ein großes Unternehmen mit über 400 000 Menschen überhaupt geführt und kontrolliert werden kann.

Und auch noch ein Wort zu Heinrich von Pierer: In seinen Anfangsjahren bei Siemens, ungefähr 1991 und 1992, hatte er große Schwierigkeiten, sich in dem Unternehmen zu etablieren. Die internen Kritiker hielten nicht hinter dem Berg mit ihren Meinungen. Als ich einmal an Rhein und Ruhr hörte, dass ein Stahlmanager gefragt worden sei, ob er gegebenenfalls bereit wäre, den Topjob bei Siemens zu übernehmen, hielt ich mich nicht mehr zurück. Ich flog augenblicklich nach München und drängte mich noch am selben Tag in Pierers Kalender. Er hatte Vorstandssitzung – und ich bat ihn dennoch um zehn Minuten. Ich sagte ihm, man sei mit seiner Leistung so unzufrieden, dass man sich schon um einen externen Nachfolger bemühe. Das saß. Heinrich von Pierer erzählt darüber in seinem eigenen Buch »Gipfel-Stürme«.

Er arbeitete ein Zehn-Punkte-Programm aus – und gewann so das Gesetz des Handelns zurück. Heute sagt er halb im Scherz, dass er mir damals den Job verdankte. Später wuchs er immer mehr mit der Aufgabe – man nannte ihn »Mr. Siemens« – und er wurde sogar als möglicher Kandidat für den Bundespräsidenten gehandelt. Über fast zwei Jahrzehnte war er der »Wirtschaftsaußenminister« Deutschlands und viele waren froh, wenn sie sich in seinem Schatten bewegen durften. Dass im Rückblick vorwiegend die Korruptionsaffäre mit ihm verbunden und wenige seiner zahlreichen Erfolge gewürdigt werden, zeigt einmal mehr, wie die Medien das Bild in der Öffentlichkeit prägen.

Als Unternehmensberater liebte ich nicht nur Problemlösungen, ich war auch bereit, ins Innerste des Klienten vorzudringen. Sicher, man musste die Produkte kennen, mit denen man zu tun hat, man musste um die Wettbewerber Bescheid wissen, musste in Erfahrung gebracht haben, wie die Kunden, wie die Zuliefererindustrien beschaffen waren. Und man musste über die technologischen und industriellen Veränderungen genaue Kenntnisse haben, die sich zwischenzeitlich sehr rapide verändern können.

Heute eine technologische Entwicklung zu verschlafen, kann den Untergang der Firma bedeuten. Als Siemens bestimmte Modelle im Handy-Bereich ignorierte, holte es sich Millionen Verluste ein. Keiner kauft mehr ein Mobiltelefon, nur weil Siemens oder Nokia draufsteht. Es gab für den späteren Siemens-Chef Klaus Kleinfeld keinen anderen Weg, als die Handysparte abzugeben. Unternehmen sind vergänglich, und je rascher der technologische Wandel, desto schneller muss eine Firma darauf reagieren. Ich hatte sogar einmal die große Sorge, dass es bei Daimler ähnlich gehen könnte, im Sinne von: Wir machen das Geschäft, das wir kennen, damit haben wir bislang unser Geld verdient. Bei einem solchen Denken kann man sehr schnell Entwicklungen verpassen. Dies zeigte sich an vielen großen Unternehmen, die den Bach heruntergingen: Karstadt, Neckermann, Schießer, Borgward oder Quelle etwa.

Anfang der achtziger Jahre fingen wir unsere Zusammenarbeit mit Karstadt an. Es war ein mühsames Unterfangen, denn die Warenhausmanager waren lange Jahre die Hätschelkinder unter den Managern gewesen: Hoch bezahlt, günstig in der Welt einkaufen, und dann den deutschen Verbrauchern »tausendfach alles unter einem Dach« im Herzen der Innenstädte zu bieten – dieses Modell schien unschlagbar. Walter Deuss, ein Urgestein unter ihnen und wohl auch lange Jahre der einzige promovierte Akademiker in einem Warenhausvorstand – in diesem Fall bei Karstadt –, warnte mich, dass ein Beraterprojekt in seinem Konzern nur Erfolg haben könnte, wenn er mit gutem Beispiel voranging. Und so entwickelten wir ein begrenztes Projekt für seinen eigenen Bereich. Diese Art der »Selbstbezichtigung« funktionierte – als Deuss sich selbst kritisch durchleuchten ließ, gab es auch für die anderen Funktionsbereiche Einkauf, Verkauf etc. keinen Grund mehr, sich nicht selbst auf die Probe zu stellen. Die anderen Vorstände zogen nach.

Wir waren daraufhin entscheidend beteiligt an der Erarbeitung einer differenzierten Strategie für die einzelnen Warenhaustypen des Karstadt-Konzerns. Über ein Jahrzehnt war die differenzierte Strategie der »Glanzlichter« (Weltstadthäuser) bis hin zu den »Spartanern« (Einfachhäuser) erfolgreich. Walter Deuss wurde vom normalen Vorstand zum Chef befördert, und obwohl er damals noch ein vehementer Gegner der verlängerten Öffnungszeiten war, lernte er im Verlauf der Zeit dazu und änderte seine Meinung. Die McKinsey-Verbindung zu Karstadt wurde damals in der Presse als äußerst segensreich kommentiert.

Als Deuss das Unternehmen mit der Quelle AG verschmolz, glaubte man an einen großen strategischen Wurf. Leider war diese Erfolgsstory nicht von Dauer. Das Marktumfeld änderte sich drastisch und zwar zugunsten der Einkaufszentren auf der grünen Wiese, der Discounter und der hochwertigen Fachgeschäfte. Karstadt musste ums Überleben kämpfen.

Diese Krisen, auch die in der Wirtschaft insgesamt, haben mich immer selbst betroffen gemacht. Ich erinnere mich noch an 1973, an den Schock, als sich der Ölpreis um das Vierfache erhöhte. Ein McKinsey-Team kam von BMW zurück und sagte: »Die brauchen uns dort nicht mehr, die müssen bei BMW Kosten sparen.« Diese Aussage ging nicht spurlos an mir vorüber.

Sechs Jahre später, 1979, kam die zweite Ölkrise, eigentlich folgte dann alle drei, vier Jahre eine Schockwelle. Die letzte, die ich bei McKinsey erlebte, war 2001, die durch das Internet ausgelöst wurde. Das war schon sehr dramatisch. Und nicht minder war es dies 2008, ich war damals in London, als ich dort die Finanzkrise miterlebte. Viele Menschen mussten sich einen neuen Job suchen, konnten nicht mehr zum Essen in die schönen und teuren Restaurants gehen. Das war Jammern auf hohem Niveau, aber dennoch hart. Leider steht die nächste Krise schon vor der Tür.

Klient Daimler – keine Fußnote
in der Geschichte

Eines Samstags im Oktober 1983 starb Gerhard Prinz auf seinem Hometrainer, und Daimler-Benz musste einen neuen Vorstandsvorsitzenden bestimmen. Dies oblag traditionell dem Aufsichtsratsvorsitzenden, der aufgrund der Beteiligung von der Deutschen Bank kam. Damals war deren Beteiligung an Daimler mehr wert als die gesamte Deutsche Bank selbst. Der Aufsichtsratsvorsitzende Wilfried Guth entschied sich nach Einzelgesprächen mit den sieben Vorständen und Unterredungen mit Aufsichtsratsmitgliedern für den Ingenieur Werner Breitschwerdt. Breitschwerdt war ein sehr guter Karosserieentwickler und Entwicklungschef – aber im Vergleich dazu war der Vorstandsvorsitz ein Höllenjob. Für viele war es also fraglich, ob er der richtige Mann sein würde. Seine Vorstandskollegen Edzard Reuter (Finanzen) und Werner Niefer (Produktionschef) hielten sich selbst jeweils für die bessere Lösung, mit anderen Worten: Sie fühlten sich übergangen. In der Presse wurde spekuliert, dass Edzard Reuter, der Sohn des legendären Sozialdemokraten Ernst Reuter, das falsche Parteibuch hatte, um an die Spitze berufen zu werden.

Wir waren gerade dabei, im Düsseldorfer Transporterwerk unter größten Schwierigkeiten das erste OGK-Projekt (OGK = Optimierung der Gemeinkosten) zu machen, als mich Breitschwerdt zu sich rief und in seiner direkten Art fragte, ob ich mir auch vorstellen könnte, Daimler-Vorstand zu werden. Ich käme nicht nur von den Fähigkeiten her in Frage, sondern auch vom Alter her, ich wäre dann mit Manfred Gentz der Jüngste im Vorstand. Sicher, ich fühlte mich geehrt, schlug aber vor, erst einmal abzuwarten, bis unsere OGK-Projektarbeiten abgeschlossen seien. Mit Breitschwerdt verband mich eine gute Arbeitsbeziehung, wenngleich er immer wieder forderte, dass seine »Leit« auch selbst mehr schaffen müssten und sich nicht auf die Berater von McKinsey verlassen sollten.

Das Verhältnis zu Niefer und Reuter hatte jedoch eine weitere Perspektive. Beide sahen in mir jemanden, der sie nicht nur im Tagesgeschäft beriet, sondern zu gegebener Zeit auch dabei helfen könnte, das Unternehmen neu zu strukturieren. Angedacht war zum Beispiel eine Verbindung mit dem Nachrichtentechnikunternehmen SEL (Standard Elektrik Lorenz AG). Aber bevor über diese und andere große strategische Würfe wie etwa der Kauf der AEG oder von dem Raumfahrt- und Rüstungskonzern MBB (Messerschmitt-Bölkow-Blohm) nachgedacht werden konnte, tobten einstweilen die Scharmützel zwischen den Konkurrenten an der Spitze – und ich wurde mehr als einmal darin verwickelt.

Als Daimler 1986 ein großes Jubiläum feierte, nämlich »100 Jahre Automobil«, gab es eine Riesenshow in Stuttgart. Die Vertreter sämtlicher Autokonzerne der Welt waren anwesend, in der ersten Reihe saßen neben Breitschwerdt Bundespräsident Richard von Weizsäcker, US-Botschafter Richard Burt und Alfred Herrhausen als Aufsichtsratsvorsitzender. Das Fernsehen übertrug die Veranstaltung zur Hauptsendezeit live. Es fehlte nicht an prominenten Namen: Der Filmemacher Michael Pfleghar führte Regie und rückte seine Frau Wencke Myhre mit einem Lied ins Scheinwerferlicht, Niki Lauda dilettierte mit einem großen Programmabschnitt und viele, viele andere auch.

Sie schienen nicht geprobt zu haben. Nichts passte, alles war zu lang, und vor den Augen der ganzen Republik ging es zu wie auf einer missglückten Abiturfeier: Einer will ein Ständchen bringen und hat die Noten vergessen; der Lehrer soll eine Lobrede auf die Schüler halten, lässt aber kein gutes Haar an ihnen; alles dauert viel zu lange und man möchte nur noch weg. Die *Bild*-Zeitung schrieb am nächsten Tag über die Veranstaltung: »Welch eine Blamage!«

Daimler hatte sich ganz offensichtlich zu wenig gekümmert und die Sache zu sehr den Showleuten überlassen. Für mich war es rätselhaft, wie ein Unternehmenschef so etwas zulassen konnte. Es war praktisch die ganze Welt zu Gast, und er nutzte diese Chance nicht? Am nächsten Tag rief ich Alfred Herrhausen an, um mit ihm über eine längere Agenda zu sprechen. Doch dies interessierte ihn dieses Mal wenig – er war ziemlich wütend über die Jubiläumsfeier und wollte von mir erfahren, was ich davon gewusst und warum ich nicht im Vorfeld eingegriffen hätte. Ich antwortete – sichtlich erbaut über so viel Zutrauen: »Entschuldigen Sie bitte, McKinsey macht ein Daimler-Projekt in Düsseldorf, aber von der 100-Jahr-Feier hatte ich nicht mehr Ahnung als Sie!« Der Reinfall zum Jubiläum war der Anfang vom Ende des Vorstandsvorsitzenden Breitschwerdt. Aber noch war der Aufsichtsrat, der deutlich Unzufriedenheit mit dem neuen Chef zeigte, nicht zu einem Wechsel an der Spitze bereit.

Eines Abends erhielt ich einen Anruf von Herrhausen, der inzwischen alleiniger Chef der Deutschen Bank geworden war und traditionell den Vorsitz des Daimler-Aufsichtsrats übernommen hatte. Er hatte gehört, dass sich bei einer Vorstandsklausur in Rom Ungemach anbahnte: Offenbar hätten Niefer und Reuter beschlossen, eine dreitägige Klausur am Morgen des zweiten Tages bereits wieder zu verlassen. Herrhausen sagte zu mir in seiner typischen Art: »Das Ansehen der Herren wird in meinen Augen keineswegs steigen, wenn sie vorzeitig abreisen, weil sie etwas Wichtigeres zu tun haben, als einer Vorstandsklausur weiter beizuwohnen.«

Herrhausen wollte seinen Ärger nicht für sich behalten und wusste, dass ich den beiden nahe war. Ich beschloß, aktiv zu werden. Am nächsten Morgen um sieben Uhr rief ich Edzard Reuter in seinem Hotelzimmer an. Er war nicht erbaut ob der frühen Störung, aber ich konnte sie ihm erklären: »Herr Reuter, ich muss Ihnen etwas sagen. Fragen Sie mich nicht, woher ich es habe, aber Sie wollen heute abreisen. Wenn Sie die Vorstandsklausur wirklich verlassen, dann ist das ein massiver Affront. Sie werden es büßen müssen.«

Ich bin sicher, Reuter – ein absoluter Gentleman, sehr konservativ für einen Sozialdemokraten, glanzvoll formulierend und sehr belesen und nach meiner Einschätzung auf dem Sprung an die Spitze des Daimler-Konzerns – durchschaute sofort, dass Herrhausen hinter meinem Anruf steckte und dass Breitschwerdt ihn informiert haben musste. Reuter fragte mich: »Was würden Sie tun?« Ich antwortete: »Ich würde bleiben. Sonst schadet es Ihnen sehr!« Er folgte meinem Rat und blieb gemeinsam mit Niefer in Rom bis zum Ende der Tagung. Ich war darüber erleichtert.

Reuter war dann im Juli 1987 als Nachfolger von Breitschwerdt an die Spitze des Vorstands gerückt. Seine Vision war ein integrierter Technologiekonzern, der das Auto der Zukunft entwickeln sollte und das Automobilgeschäft vor allem aber weit darüber hinaus absichern sollte. Denn Reuter sah Fahrzeuge zweifach unter Druck: Zum einen rechnete er mit einer Sättigung der Märkte in der Oberklasse, zum anderen wurde das Auto vonseiten des Umweltschutzes zunehmend verteufelt. Als Finanzvorstand arbeitete er bereits zielstrebig daran, seine Vision von einem globalen Konzern zu verwirklichen, der in wichtigen Technologien Führungsanspruch erhob, technische Synergien nutzte und der von den Konjunkturzyklen weitgehend unbeeinflusst war.

Dass Daimler die Dornier Flugzeugwerke in Friedrichshafen und die restlichen 50 Prozent vom Triebwerkhersteller MTU in Friedrichhafen/München kaufte, fand ich richtig: Es schien mir sinnvoll, die Unternehmensbasis behutsam auszubauen, und zwar in Bereiche hinein, die dem Stammgeschäft von Daimler zumindest technologisch verwandt waren. Die Medizintechniksparte Dorniers stand Daimler gut zu Gesicht, sie verkörperte ein positiv besetztes Technologiefeld. Das Betriebsergebnis von Dornier egalisierte bereits im ersten Jahr den Kaufpreis.

Dann ging die Übernahme der AEG im selben Jahr über die Bühne. Der *Spiegel* schrieb im April 1988: »Das große Fressen bei Daimler-Benz geht weiter. Die Elektro-Firma AEG wird nun voll eingemeindet in den Konzern.« Zuerst dachte ich, dass dies ein Fehler sei – doch warum sollte es nicht auch damit klappen? Konzeptionell gab es an der Verbindung von einem Flugzeug- und Raumfahrtunternehmen mit Elektronik und Software nichts auszusetzen. General Motors (GM) hatten es vorgemacht und mit Hughes Aircraft und Hughes Electronics viel Geld verdient. Dennoch: Aus meiner Beratertätigkeit beim »Mitbewerber« Siemens wusste ich einiges über den Traditionskonzern, und so sah ich genug Gründe, bei Reuter zu intervenieren: Nach meiner Überzeugung war die AEG in einem katastrophalen Zustand. Von den 15 Geschäftsbereichen rangierten nur drei in der technischen Oberliga. Hinzu kam, dass die Umsetzung an der Basis kaum vom Topmanagement überwacht könnte, außerdem würde AEG Vorstandsvorsitzender Heinz Dürr aufpassen, dass Daimler keine zu unliebsamen Fragen stellen würde.

Eines Morgens trug ich Edzard Reuter – ich traf ihn zum stilvollen Frühstück in der »Post« in Stuttgart-Plienigen – meine Gründe vor, warum ich trotz aller Gegenargumente, die Übernahme dieses Unternehmens ex-post für eine Fehlentscheidung hielt. Er hörte sehr aufmerksam zu und meinte, dass eben eine durchgreifende Portfoliobereinigung der AEG nötig sei, dass aber einige Perlen in der Elektronik viel Synergiepotential für das Automobil der Zukunft böten. Ich konnte an dieser Stelle nur warnen und eine konsequente Implementierung des dann sehr viel kleineren AEG-Portfolios anmahnen.

Später wurden die Flugtechnik-Aktivitäten unter dem Dach der Deutschen Aerospace AG gebündelt und um den Flugzeug- und Raumfahrtkonzern MBB-Erno erweitert.

Das überschritt nach meiner Einschätzung das überschaubare Maß, das für Daimler zuträglich gewesen wäre, bei Weitem. Nun verselbstständigte sich auch dieser neue Teil des Konzerns. Plötzlich war es nicht nur die vielversprechenden Wachstumsperspektiven der zivilen Luftfahrt, sondern man war auch davon abhängig, ob irgendwelche Verteidigungsminister einen bestimmten Hubschrauber bauen ließen oder nicht, ob Regierungen eine Raumfähre in Auftrag gaben oder nicht. Da ging es um Geschäfte, die den bewährten Kompetenzen im Konzern überhaupt nicht entsprachen.

Während dieser Eingliederungsphase tauschte ich mich intensiv mit Alfred Herrhausen aus. Ihm war der Ausflug neben der zivilen Luftfahrt ins Militärgeschäft auch nicht geheuer. Er selbst wurde in seinem Vorstand der Deutschen Bank wiederholt gefragt, was diese Gigantonomie im Aerospace-Sektor solle. Ich beriet ihn, so gut ich konnte – er formulierte dann das Ziel, das Flugzeuggeschäft in eine europäische Lösung einzubinden. Diese Linie hatte er mit Edzard Reuter verfolgt, als das entscheidende Treffen stattfand. Dieses Treffen in der Bayerischen Staatskanzlei 1988, bei dem Herrhausen, Reuter und Niefer vorgerechnet wurde – und zwar von Franz Josef Strauß, Gerhard Stoltenberg und Martin Bangemann –, dass dieses Unterfangen eine »Lizenz zum Gelddrucken sei«, dass die Raumfähre »Columbia«, der Panzerabwehrhubschrauber und die nächsten Elektronikausrüstungen für das Militärgeschäft schon sicher seien. So kam es, dass die Flugzeuginteressen in der DASA gebündelt wurden.

Herrhausen und Reuter arbeiteten sehr effektiv zusammen, respektierten sich und tauschten sich stetig aus. Mit Reuter zu arbeiten war stets eine intellektuelle Herausforderung, und ich denke heute noch mit großer Freude an die Gespräche über die Vielzahl der Managementthemen und die darin mögliche Rolle für McKinsey. Dass Reuter mich bat, Götz Friedrich in der Oper in Berlin zu helfen, erachtete ich als Auszeichnung. Als Herrhausen im November 1989 ermordet wurde, rückte Hilmar Kopper in die Position des Aufsichtsratsvorsitzenden.

Anfang der neunziger Jahre hagelte es Kritik an Reuters Kurs. Der Kauf von AEG wurde zunehmend gerügt, auch der von Fokker sowie später der Aufbau des Software-Unternehmens Debis. Und je mehr an Reuter Anstoß genommen wurde, umso mehr geriet ich selbst ins Fadenkreuz der Kritik. Stefan Baron, damals Chefredakteur der *Wirtschafts-Woche*, schrieb 1992: »Wie konnte es sein, dass der beste Manager (Edzard Reuter), beraten vom besten Berater Herbert Henzler (McKinsey) und kontrolliert vom besten Kontrolleur Hilmar Kopper (Deutsche Bank), so viel Marktwert – ausgedrückt durch den Börsenkurs – vernichtete?« Diese Stimmung war auch der allgemeinen Wirtschaftskrise geschuldet.

Reuter war ein brillanter Analytiker – und es war eine große Herausforderung, für ihn zu arbeiten. Ich schätze ihn noch heute sehr. Aber vermutlich war der Weg vom Auto- zum integrierten Technikkonzern zu schnell vonstatten gegangen, vermutlich hat ihm manchmal die operative Verankerung gefehlt. Es waren Autoleute, die das beste Auto produzierten und jetzt helfen sollten, das bereits in den Vergleich gegangene Unternehmen AEG aufzurichten. Es gab einfach zu viele Vorbehalte gegenüber der neuen Firma, es war nicht möglich, vorurteilsfrei mit ihr umzugehen. Hinzu kam, dass der geschickte Heinz Dürr als AEG-Chef sich verbat, wenn die Untertürkheimer Autocontroller in seiner Frankfurter Zentrale auftauchten, »seine Leit am schaffe zu hindern«. Später löste Daimler die AEG auf, und Edzard Reuter räumte später ein, dass die Integration gescheitert war.

Oft berieten wir den Daimler-Vorstand bei Fragen der Konzernstrategie oder Konzernstruktur. Zu Edzard Reuters Zeiten ging es beispielsweise um die Bildung einer Holding, die sich räumlich vom Werk in Untertürkheim trennen und in

Stuttgart-Möhringen etablieren sollte, als Dach für die verschiedenen Unternehmensteile von AEG über Debis bis DASA. Das Papier, welches ich damals für Edzard Reuter entwickelte, musste ich wenige Tage später bei Herrhausen in Frankfurt verteidigen.

Aber wir hatten auch mit Entscheidungen im Daimler-Kerngeschäft, dem Automobilmarkt, zu tun. Die strategische Geschäftsfeldplanung (SGP) wurde durch unser Anraten hin zum Kompass für die langfristige Pkw- und Lkw-Entwicklung, das aufwendige Testen neuer Modelle verbesserte man durch Prüfstände und Computersimulation, auch wurde die Produktionsordnung für Lastkraftwagen neu gestaltet. Bei allem achteten wir darauf, in den Projekten Hunderte von Daimler-Führungskräften in unseren Techniken zu schulen. Pro McKinsey-Berater kamen drei bis fünf Daimler-Führungskräfte in ein Projekt, das ungefähr sechs Monate dauerte. Anfang der achtziger Jahre – auch bedingt durch Einführung der Fleet Tax in den USA, eine Autosteuer – wurde es notwendig, benzinsparende Automodelle in die Produktpalette aufzunehmen. Bei der Einführung des Nachfolgemodells der ersten C-Klasse, des »Baby-Benz«, wie der W 192 bezeichnet wurde, sollten auch wir von McKinsey unsere Meinung dazu abgeben.

Bei Mercedes stritt man heftig über den Preis für dieses kleinste Modell: Sollte er oberhalb von 40 000 Mark angesiedelt werden oder unterhalb? Mercedes-Chef Helmut Werner fragte nach unserer Meinung. Ich vertrat die Ansicht, Daimler sollte nicht den billigen Jakob geben: Das Unternehmen habe es nicht nötig, über den Preis zu verkaufen. Lieber sollte man ihn hoch ansetzen und im Zweifelsfall die Qualität etwas nach oben anpassen. Der Daimler-Spruch: »Das Beste – oder gar nichts« passte zu meiner Philosophie: »Lieber 10 Prozent zusätzliche Qualität und dafür ein 20 Prozent höherer Preis.«

Zu diesem Thema kam unser gesamtes McKinsey-Team zu einer Sitzung zusammen. Einen Tag lang debattierten wir den angemessenen Preispunkt für die Mercedes C-Klasse. Am Ende zeichnete sich ab, dass die meisten meiner Kollegen – unter der Führung von Jürgen Kluge – anderer Meinung waren als ich. Sie fanden, auch Daimler sollte lernen, den Massenmarkt zu bedienen und entsprechend kostengünstig zu produzieren. Ich ging also zu Helmut Werner und überbrachte ihm das Ergebnis: McKinsey empfiehlt einen Preis unter der Schwelle von 40 000 Mark. Für ihn war es ein wesentlicher Input, und so geschah es auch.

Wer in der Geschichte recht behalten hat, bleibt unerforscht. Es gelingt einem Qualitätsanbieter selten, einen niedrigen Preis wieder nach oben zu adjustieren. Der fulminante Erfolg der kleinen Mercedes-Klasse ist wohl aber auch auf den günstigen Preis zurückzuführen. Fest steht, dass es allen Oberklasseherstellern schwer fällt, bei Autos der kleinen Klasse Geld zu verdienen, und dass Daimler damals immer am besten verdient hat, wenn es beträchtliche Lieferfristen gab und man so um die 500 000 Fahrzeuge herstellte. Fakt ist allerdings auch, dass die Japaner, denen man die Fähigkeit absprach, Oberklassefahrzeuge der Luxusklasse zu produzieren, zwischenzeitlich mit Lexus und Infiniti respektable Karosserien auf den Markt gebracht hatten.

Ein anderer Auftrag von Daimler war die Herstellung einer Verbindung zum japanischen Automobilkonzern Mitsubishi. In diese hatte ich einige Erwartungen gesetzt. McKinsey war daran beteiligt, das Konzept für eine strategische Partnerschaft zwischen den beiden Unternehmen zu entwickeln. In den amerikanischen Medien wurde die Allianz polemisch bekämpft, man bezeichnete sie als eine Neuauflage jener Partnerschaft von Zero Fighter und Stuka, also den beiden Kampfflugzeugen aus der Produktion von Mitsubishi und Junkers, mit denen Japan und Deutschland im Zweiten Weltkrieg viel Unglück über Menschen gebracht hatten.

Diese Töne störten Edzard Reuter sehr, aber er setzte das Projekt fort. Vieles sprach dafür, das hörte ich auch von meinen japanischen Kollegen: Mitsubishi hatte außer dem eher nach Gelsenkirchener Barock aussehenden »Galant« kein überzeugendes Oberklassenfahrzeug in seinem Produktsortiment, also hatten wir den idealen Vertriebspartner für die S-Klasse in Japan. Im Gegenzug hätten Dieselaggregate von Mitsubishi in den Transportern von Mercedes Verwendung finden können.

Aber in der Praxis funktionierte die Partnerschaft dann doch nicht, weil die Japaner mauerten. Eine Begegnung im Inselhotel in Konstanz habe ich noch gut in Erinnerung – je fünfzehn Manager von Daimler und Mitsubishi waren zu diesem Termin angerückt, man wollte mögliche Projekte für die strategische Partnerschaft erörtern. Während die Daimler-Leute aus jedem Konzernbereich recht substanzielle Projektvorschläge machten, legten die japanischen Kollegen Geschäftsberichte, Bilanzen und Gewinn- und Verlustrechnungen der japanischen Einzelgesellschaften aus dem Mitsubishi-Bereich auf. Und so hangelte man sich unter schwierigsten Verständigungsbedingungen durch den Vormittag. Während der Mittagspause kamen Gerhard Liener, dem damals für die strategische Partnerschaft zuständigen Vorstand, und ich überein, die Sitzung zu terminieren und die Fortsetzung auf unbestimmte Zeit zu verschieben. Die Erfahrung lehrte mich, dass ein Joint Venture mit den Japanern damals nicht möglich war, jedenfalls keines, bei dem Geben und Nehmen sich die Waage hielten. Eine ähnliche Erfahrung hatte auch Siemens mit Fujii Electric gemacht.

Reuters Auserwählter für die künftige Chefrolle war Jürgen Schrempp, und sicherlich war dieser überhaupt der stärkste Mann im Vorstand, machtbewusst, was er auch verkörperte. Der geeignete Kandidat, um Reuters Nachfolger zu werden. Doch Reuter schienen im letzten Moment Bedenken gekommen zu sein, denn er reagierte sybillinisch, als der erfolgreiche Mercedes-Chef Helmut Werner von außen ins Spiel gebracht wurde. Piëch, der neue Chef bei VW in dieser

Zeit, wollte sogar eine Wette eingehen, dass Werner als erfolgreicher Autochef an die Spitze Daimlers rücken würde. Denn plötzlich war Reuter auf »Du« mit Werner, und Pressespekulationen, dass der Mercedes-Chef auch Daimler-Chef werden könnte, blieben nicht aus – sie wurden auch nicht korrigiert.

Im Mai 1995 wurde Jürgen Schrempp schließlich doch Daimler-Chef. Edzard Reuter aber nicht, wie ursprünglich ausgedacht – und fest versprochen –, Aufsichtsratschef. Wie die Geschäfte bei einem Tandem Reuter/Schrempp gelaufen wären, bleibt Spekulation. Mit Hilmar Kopper im Aufsichtsrat verband Schrempp jedenfalls bald eine enge Beziehung.

Schrempp kannte ich gut von Bergtouren, ich hatte ihn zu unseren alljährlichen Treffen der Similauner eingeladen, unseres Klubs bergsteigender Wirtschaftsgrößen. Bei den ersten beiden Malen – da war Schrempp noch nicht Daimler-Chef –, merkte er selbst, dass diese Runde für ihn eine Herausforderung war.

Ich hatte ihn dazu aufgefordert mitzusteigen, denn er hatte gesagt, dass er joggen würde, und aus diesem Grund war ich auf die Idee gekommen, dass er vielleicht Lust hätte, mit in die Berge zu gehen. Er war auch begeistert dabei und beteiligte sich intensiv an den Diskussionen. Zu dieser Zeit hatte er beschlossen, den Smart zu bauen. Wolfgang Reitzle, damals Forschungschef bei BMW und mit von der Partie, hatte ihm abgeraten: »Lass die Finger davon. Du verdienst mit dem Sonnendach in der S-Klasse mehr als mit dem Smart.« Schrempp argumentierte dagegen: »Man muss auch kleine Autos bauen können. In der Zukunft wird die Urbanität zunehmen, die Städte werden so voller Autos sein, da kann man in ihnen nur noch mit einem Smart fahren, allein um einen Parkplatz zu finden.« Natürlich äußerten auch alle anderen aus der Bergsteigertruppe ihre Meinung dazu. Reitzle sollte auf jeden Fall bis heute recht behalten. Einmal diskutierten wir heftig über Vorstandsgehälter, und die Meinungen gingen weit auseinander. Ich erzähle sicher keine Geheimnisse, wenn die Bandbreite zwischen dem Basiswert 100 und 500 (idealerweise) lag.

Schrempp war immer eine Bereicherung der Runde, und ich empfinde es als schade, dass er in den letzten Jahren nicht mehr mit von der Partie war.

Aber weil wir uns als Freunde bezeichneten, war ich darüber enttäuscht, dass er, nun Daimler-Chef, über den größten Coup seines Lebens kein Sterbenswörtchen sagte. Als die Fusion Daimler-Chrysler publik geworden war, rechtfertigte er sein Schweigen: Er habe mit absolut niemandem darüber sprechen können, denn die Angelegenheit habe er als Verschlusssache behandeln müssen. Schrempp hatte all die Unternehmen, die nicht zu Daimler passten, wieder abgestoßen – »*Back to the roots*« hieß die Strategie jetzt. Daimler war wieder ein Autokonzern, aber nun sollte es einer sein, der die ganze Welt umspannte. So hatte es zu diesem Ziel auch geheime Gespräche über eine Verbindung von Daimler mit Ford gegeben, die aber ergebnislos verliefen waren.

Nun, da die »Hochzeit im Himmel« entschieden war, fragte er mich »en passent« nach meiner Meinung, und ich sagte sie ihm auch: »Erstens, Chrysler ist in den letzten fünfundzwanzig Jahren zweimal pleite gegangen. Das kann nicht immer nur die schlechte Autokonjunktur gewesen sein, das muss viele innere Gründe in der Entwicklung, in der Produktion, in der ganzen Wertschöpfungskette haben. Zweitens, Mercedes gibt fünf Prozent des Umsatzes für die Entwicklung neuer Autos aus, Chrysler aber nur ein Prozent. Was soll man unter diesen Umständen an Innovationen erwarten?« Chryslers Autos waren tatsächlich Blechkisten, die sie immer wieder aufhübschten, und bei dem geringen Entwicklungsaufwand würde es auch in Zukunft so bleiben.

Die Zahlen schienen mich zunächst zu widerlegen. Die Synergien im Einkauf wurden zunehmend realisiert, viele

Stuttgarter Entwickler halfen bei Chrysler in Auburn Hills mit. Zwei Jahre nach der Fusion wies Chrysler einen Gewinn von 5,5 Milliarden Dollar aus, mehr als Mercedes vorzuweisen hatte. Beim Weltwirtschaftsforum in Davos erlebte ich, wie Bob Eaton von Chrysler und Jürgen Schrempp ihre Story von der »Welt AG« darboten. Die 1200 wichtigsten Manager des Globus erhoben sich und klatschten Beifall. Schrempp konnte sich als Inkarnation des Weltunternehmers fühlen. Sein Beispiel führte dazu, dass andere große deutsche Firmen überlegten, sich mit einem amerikanischen Konzern zu verbinden. So wurde damals spekuliert, dass sich Siemens mit Motorola zusammentun könnte, oder dass E.ON der ideale Partner für den US-Energiekonzern Enron wäre.

Wie das Amt seinen Menschen ändert, so hat der Daimler Chefposten auch Jürgen Schrempp verändert. Aus dem Kameraden der frühen Tage, der mit seinem Diktiergerät nach Kitzbühel kam und pausenlos neue Ideen und Anregungen aufnahm, wurde der Chef eines Weltkonzerns, der viele Helfer um sich scharte und der immer weniger zu reflektieren schien. Er bewegte sich im Kreis der großen CEO's sprach mit ihnen über seine Organisation, gab seinen Rat zum Mannesmann Verkauf an Vodafone und pflegte deutlich sichtbar seinen unabhängigen Managementstil. Wie sehr er überrascht war, als ihm der Vorstand die Gefolgschaft zur Weiterentwicklung seiner Strategie verweigerte, zeigt die Tatsache, dass er den Personalausschuss des Aufsichtsrats um ein Gespräch über die Auflösung seines Vertrages bat. Unsere persönliche Beziehung war weiterhin kameradschaftlich. Er half mir mit einer fulminanten Präsentation im McKinsey Senior Partnermeeting in Barcelona im Jahr 2001 und ich half ihm bei einer Präsentation seiner ersten Biografie in Frankfurt, doch wirkte er immer mehr entrückt und wenig zugänglich für externen Rat.

Und so kam es, dass er, der früher von der Presse sehr pfleglich behandelt worden war, von der Business Week als einer der 20 »worst global managers« bezeichnet wurde und im Jahre vor seiner Pensionierung hinschmiss. Der Daimler Kurs machte daraufhin einen Kurssprung von einigen Prozent. Eine böse Abrechnung für den Mr. Shareholder Value.

Schrempps Nachfolger Dieter Zetsche – er wurde Anfang 1996 Daimler-Chef – löste Jahre später die Verschmelzung mit Chrysler wieder auf. Er selbst hatte Chrysler geleitet und wusste daher am besten, warum auf der Welt-Ehe kein Segen ruhte. Die Trennung wurde meines Erachtens jedoch dadurch begünstigt, dass Schrempp dem Daimler-Aufsichtsrat nicht vorsaß. Man muss ihm großen Respekt zollen, dass er den ihm angebotenen Aufsichtsratsvorsitz nicht annahm. Er wollte Zetsche freie Bahn lassen und nicht warten, bis eine Corporate-Governance-Kommission ihm dieses Verhalten nahelegte. Er hätte die Auflösung wohl zu verhindern versucht, solange das noch in seiner Macht stand. Zu sehr war er selbst Teil dieses Systems, das er ja geschaffen hatte. Wenn ich ihn heute auf DaimlerChrysler ansprechen würde, dann würde er vermutlich sagen, die Sache sei nicht richtig gemanagt worden, die verantwortlichen Leute hätten die großen Chancen des Projektes nicht erkannt.

Daimler ist nach den beiden strategischen Großprojekten »integrierter Technikerkonzern« und »Auto Welt AG« heute meines Erachtens wieder das beste Automobilunternehmen der Welt. Die hervorragendsten Entwickler, die zuverlässige Produktion durch die Kultur der Werkmeister, der Verkauf durch selbstbewusste, aber kundenorientierte Verkäufer ist im In- und Ausland einmalig. Es ist und bleibt ein Synonym für »Made in Germany«. Ich kenne Dieter Zetsche seit unseren frühen Projektarbeiten im Hause und seit Besuchen in Brasilien und Auburn Hills. Er bestach mich in all unseren Begegnungen durch seine konzentrierte Form des Zuhörens. Dass er heute noch den Inhalt unseres Gesprächs während eines gemeinsamen dreistündigen Fluges von Marrakesch

nach Stuttgart nach einer Daimler Veranstaltung aus dem
Jahre 1993 wiedergibt, spricht für seine Aufnahmefähigkeit
und sein absolut gutes Gedächtnis.

Expansion ins Land von Pelé
und ins globale Davos

Seit etwa eineinhalb Jahren stand ich an der Spitze des deutschen Büros von McKinsey, als ich eine neue Herausforderung suchte. Heute würde ich sagen: Mich stach der Hafer! Ich wollte ein Büro in Brasilien gründen und fragte in der New Yorker Zentrale nach, ob etwas im Wege stünde. Die Antwort von Chairman Ron Daniel war klar: »Herb«, sagte er, »du bist ein junger Office Manager, du hast genug mit deinem Office zu tun. Konzentriere dich auf Deutschland!«

An seiner Stelle hätte ich wohl ähnlich reagiert, wenn mir ein Landeschef von dreiundvierzig Jahren erklärt hätte, er wolle nach Brasilien gehen, Deutschland sei ihm zu klein. Daniels Ansage war praktisch ein Verbot, in Brasilien aktiv zu werden. Aber Verbote fordern meinen sportlichen Ehrgeiz heraus – und ich entwickelte eine erhebliche Kreativität, um vorzuführen, dass es doch geht.

In Stuttgart, bei Daimler, lernte ich Werner Lechner kennen. Er leitete in Brasilien Mercedes-Benz do Brazil, die größte Auslandstochter des Konzerns, und konnte unsere Hilfe gut gebrauchen. Aber das war nicht der einzige Grund. Brasilien war seit meiner Kindheit das Land des Kickers Pelé. Schon 1966 während eines Besuchs hat mich dieses Land fasziniert. Später war ich 1976 mit Rosemarie in McKinsey-Diensten für eine Siemensstudie hier unterwegs gewesen. Die Fröhlichkeit der Menschen hatte uns fasziniert, ihr Optimismus uns eingefangen. Bei dem österreichischen Schriftsteller Stefan Zweig, der nach der Machtergreifung der Nationalsozialisten nach Südamerika flüchtete, las ich einmal in *Brasi-*

lien, in dieses Land zu reisen, sei eine Kur für die Seele. Und das wollte ich nun verwirklichen.

Also stellte ich rasch ein Team aus drei engagierten Leuten zusammen, einer davon Thilo Mannhardt, er sprach Portugiesisch, ebenso Stefan Matzinger, der mit einer Spanierin verheiratet war, sowie Heinz-Peter Elstrodt, der im Schnellkurs die Landessprache lernte. Später wurde das Team um Roger Bell und Wolfram Nolte verstärkt.

Unter dem Dach von Mercedes-Benz do Brazil richteten wir – dank der großartigen Unterstützung von Werner Lechner, dem dortigen Landeschef – praktisch in São Paulo eine Dependance des deutschen McKinsey-Büros ein und teilten uns das Sekretariat. Vom ersten Tag an waren wir erfolgreich, ein Novum für eine Neugründung, aber mit dem Klienten Mercedes konnte auch nicht viel schief gehen. Nach einem Jahr konnte das Trio eigene Räume im Zentrum von Brasiliens größter Stadt beziehen.

Nichts ist erfolgreicher als der Erfolg: Ich lud natürlich unsere Obersten aus New York Ron Daniel, Fred Gluck und Don Waite ein, um ihnen zu zeigen, was für ein grandioses Land Brasilien ist und welch ein hervorragendes Team ich für McKinsey dort im Einsatz hatte. Ich hatte sein Verbot umgangen, aber so, wie es eingefädelt war und so, wie es lief, konnte er einfach nichts mehr einwenden.

Zu unseren Klienten zählten neben Mercedes weitere Töchter deutscher Industriekonzerne wie Volkswagen oder Siemens. Aber auch brasilianische Unternehmen ließen sich von uns beraten, darunter die brasilianische Privatbank Itaú, die Companhia Vale do Rio Doce (CVRD) eines der größten Bergbauunternehmen der Welt, Verlage, Versicherungen, große Baufirmen und Einzelhandelsunternehmen.

Uns kam zugute, dass wir in ein Vakuum gestoßen waren: Alle Beratungsfirmen, auch McKinsey, hatten das Land Anfang der achtziger Jahre verlassen, weil eine Hyperinflation herrschte und die wirtschaftlichen Aussichten mehr als ungewiss erschienen. Doch nun waren wir wieder da – und hatten fortan einen Vorsprung. Nach zehn Jahren wurde das Büro in São Paulo von McKinsey Deutschland abgekoppelt und zum eigenen Brazilian Office hochgestuft. Das Büro hat heute über 300 Berater. Vor drei Jahren durfte ich mit ihnen als Gründer ein großartiges Jubiläum feiern.

Mein erfolgreiches Abenteuer in Südamerika – neben meinen Bürogründungen in Stuttgart, Berlin, Köln und Wien – ermutigte mich zu weiteren Expansionsplänen im Ausland. Dabei ging ich immer nach dem bewährten Muster vor: Man nehme Toptalente aus unserem Büro und entsende sie in ein Land, wo der Consulting-Markt noch unterentwickelt ist. Man gebe diesen besonders fähigen Leuten einen gehörigen Spielraum, man helfe ihnen, wo es nötig ist, lasse sie möglichst ungestört arbeiten und schütze sie insbesondere vor bürokratischen Eingriffen der Zentrale in New York.

Mit dieser Methode habe ich nicht eine Enttäuschung erlebt. Sie funktionierte in Istanbul, in Moskau, in Warschau, in Prag und zuletzt in Budapest. Überall starteten wir mit einem Kernteam, das wir um einen deutschen Partner herum bildeten und mit Beratern verstärkten, die die Landessprache beherrschten. Üblicherweise hatten wir zu Beginn einen namhaften Klienten, der als Referenzbasis diente und dazu beitrug, dass wir Toptalente in dem jeweiligen Land anwerben konnten.

Auf diese Weise entstanden erfolgreiche Büros. Ihre Mitarbeiter verinnerlichten schnell die McKinsey-Kultur, sie galten bald als äußerst attraktive Arbeitgeber, so dass sich auch hier wieder die besten Leute bei uns bewarben. Sie erarbeiteten sich rasch eine angesehene Rolle in der Gesellschaft, wozu mitunter auch gemeinnützige Aktivitäten beitrugen.

Pro-bono-Projekte haben Tradition bei McKinsey. In Amerika gehen sie auf Marvin Bower zurück, der sich sogar mit den besonderen Anforderungen an das Management gemeinnütziger Organisation beschäftigt hatte. Als das deutsche Büro sich nach einer Anlaufphase etabliert hatte, nahm es diese Tradition auf und erarbeitete im Laufe der Jahre zahlreiche Studien unentgeltlich: eine Standortbestimmung für die evangelische Kirche in Bayern und einen Plan für die Olympischen Spiele im geteilten Berlin, ein Merchandising-Konzept für den FC Bayern München oder für die Bundesregierung eine Untersuchung der Kosten der deutschen Einheit, dazu Unterstützung für viele kulturelle Einrichtungen und anderes mehr.

Immer ging es darum, komplexe Sachverhalte zu durchleuchten und die Ergebnisse so einfach darzustellen, dass Schlussfolgerungen gezogen werden konnten. So halfen wir nicht-kommerziellen Akteuren, richtige Entscheidungen zu treffen. Wir lernten dabei aber auch Entscheidungsträger kennen, die uns sonst nicht unbedingt begegneten, und unsere Berater erweiterten ihren Horizont, indem sie sich auf unbekanntem Terrain bewegten. In Moskau beispielsweise förderte das neu gegründete Büro sein Ansehen, indem es wertvolle Studien für die Emeritage in St. Petersburg und für das Bolschoi-Ballett in der russischen Hauptstadt kostenlos zur Verfügung stellte.

Die deutsche Variante innerhalb von McKinsey wurde immer dominanter, und ich ertrug es gern, dass man damals bei McKinsey von »Herb, the founder« sprach.

In meiner Zeit an der Spitze von McKinsey Deutschland versechsfachte sich die Zahl der Berater und verachtfachte sich das Honorar, wie das *manager magazin* einst ausrechnete. 1998 waren wir das unbestrittene Flaggschiff innerhalb von McKinsey, jeder fünfte Berater arbeitete in einem deutschen Büro. Das lag auch daran, dass die deutschen Exporte in der ganzen Welt begehrt waren.

Innovationen waren, wenn ich das im Nachhinein betrachte, eine Lieblingsbeschäftigung von mir bei McKinsey. Nicht nur habe ich das erste Auslandsbüro eines deutschen Büros gegründet, sondern lange vorher das erste deutsche Büro außerhalb von Düsseldorf. Und ich war einer der Ersten in der DDR und gründete die osteuropäischen Büros. Vielleicht kann ich das meiner Agilität zugute halten – vielleicht war es auch einfach die Zeit. Meine Jahre bei McKinsey waren einfach Gründerjahre, Jahre des Aufbruchs und der Veränderung.

Und dazu gehörte auch unsere Anwesenheit in Davos.

Alljährlich Ende Januar findet das Weltwirtschaftsforum (WEF) in der Schweiz statt. Der Ökonom und Manager Klaus Schwab hatte es 1971 gegründet, um im neu errichteten und nicht ausgelasteten Konferenzzentrum von Davos europäischen Managernachwuchs auszubilden. Drei Jahre später machte Schwab daraus erstmals das World Economic Forum, das Wirtschaftsführern eine Plattform bieten wollte, um sich mit aktuellen Themen der globalen Entwicklung auseinanderzusetzen und Kontakte zu Kollegen zu knüpfen und zu pflegen.

Als dann erstmals 1982 Staats- und Regierungschefs dazukamen, erhielt das WEF allmählich sein heutiges Format. Manager, Politiker, aber auch Gewerkschaftsführer und Vorsitzende großer Nichtregierungsorganisationen (NGO) geben sich in dem kleinen Wintersportort ein riesiges Stelldichein. Fünf Tage lang geht es um Sehen und Gesehen werden, um offizielle Programme und inoffizielle Treffen, um Kontakte und Geschäfte.

Aber der Reiz von Davos brauchte seine Zeit, um sich zu entfalten. In den achtziger Jahren schickten Schweizer Unternehmer höchstens einen Prokuristen nach Graubünden, für den Fall, dass da ein Kunde anzutreffen war. Viele hielten es mit Fritz Gerber, damals Chef des Chemie- und Pharmakonzerns Hoffmann-La Roche, der einmal sagte: »Wer nach Davos zum Skifahren will, kann das selbst bezahlen.«

Ähnlich dachten wir auch bei McKinsey. Wir blieben dem Zirkus von Davos fern, weil es wenig gab, das wir dort für unsere Klienten hätten mitnehmen können. Als Klaus Schwab dann Anfang der neunziger Jahre seine Fühler ausstreckte und Möglichkeiten einer Zusammenarbeit ausloten wollte, wurde dies bei McKinsey kontrovers diskutiert. Richard Burt, ehemaliger US-Botschafter in Deutschland, war bei uns Partner, und er machte sich für eine Zusammenarbeit mit dem WEF stark. In unserem Strategy Committee überwog aber ein weiteres Mal das Gefühl, das wir mehr geben als nehmen konnten, und so sagten wir ab.

Wir beobachteten jedoch mit Interesse, dass unser Klient Siemens in Davos stark vertreten war, dass Michael Gorbatschow dort eine große Rede hielt. So entsandten wir schließlich Horchposten nach Davos, analysierten die Inhalte und die Teilnehmer. In der Folge verhandelten wir mit Klaus Schwab über eine Diagnoseprojektarbeit über das WEF – und erhielten den Auftrag.

In der von Ted Hall geleiteten McKinsey-Studie kamen wir zu sehr kritischen Ergebnissen: ein ausuferndes Programm, ein teils fragwürdiger intellektueller Anspruch, eine in Zweifel zu ziehende Besetzung der Podien, eine dünne interne Managementdecke. Klaus Schwab, der die Studie vor Verantwortlichen des WEF vortragen ließ, war enttäuscht. Wir hätten das Programm allzu kritisch beurteilt, meinte er, und vor allem den »Geist von Davos« nicht verstanden. Trotzdem holte er den Inder Rajat Gupta – zwischenzeitlich Managing Partner von McKinsey weltweit – in seine Gremien, beauftragte McKinsey mit einer Durchleuchtung der inneren WEF-Organisation in Genf und stellte wenig später den ehemaligen McKinsey-Partner Mickey Obermayer als Geschäftsführer ein.

Von nun an waren McKinsey-Mitarbeiter alljährlich in Davos vertreten, stellten die neuen Beratungskonzepte vor, berichteten über die neuen Erkenntnisse des McKinsey Global Institutes und präsentierten ausgewählte Erkenntnisse etwa zur Automobil-, Pharma- oder Logistikbranche. Diese Meetings erfreuten sich großen Zuspruchs, und heute noch locken die McKinsey- Veranstaltungen zur »CO_2 cost curve« oder über die langfristige Zinsentwicklung Scharen interessierter Manager und Journalisten in die viel zu kleinen Konferenzräume des Hotels Belvédère.

Besonders schätzte ich die politischen Diskussionen in Davos. Bill Clinton war einer der Ersten, der dort alljährlich seine Ansichten zur Weltpolitik vortrug. Er nutzte Davos immer für Fundraising, etwa für die Aidshilfe, und war darin wohl sehr erfolgreich. Ich hörte zu, wie der damalige amerikanische Vizepräsident Dick Cheney den Zuhörern zu vermitteln suchte, dass der Irak Massenvernichtungswaffen besäße oder gerade entwickle und dass deshalb die Alliierten angreifen müssten. Oder der einstige pakistanische Staatschef Pervez Musharraf, der uns im kleinen Kreis erklärte, dass man genau wisse, wo Bin Laden sich verstecke, und dass es nicht mehr lange dauere, bis man seiner habhaft würde. Vor zwei Jahren erlebte ich, wie ein wütender Recep Tayyip Erdoğan das Podium verließ: Der türkische Ministerpräsident fühlte sich vom israelischen Präsidenten Shimon Peres herausgefordert.

Unvergesslich auch eine frühe Morgensitzung, als das Thema »An Islamic Renaissance?« auf dem Programm stand. Etwa tausend Zuhörer, meist Manager und Journalisten aus islamischen Ländern, füllten den Saal. Zunächst gab es eine beeindruckende Rückblende auf die große Zeit des Islams, auf die tragende Rolle, die er für die Übersetzung der griechischen und persischen Philosophen spielte, auf die grandiosen Moscheen in Spanien und andere Zeugnisse aus der islamischen Vergangenheit. Dann wurde die Frage gestellt: »Was verhindert eine Renaissance des Islams?« Das Plenum sollte unter verschiedenen Antworten wählen. Als Gründe wurden der Analphabetismus, der hohe Ressourcenverbrauch, die historischen Hypotheken der Kolonialzeit, die ungenügende politische Führung und schließlich, fünftens, die Existenz Israels, angeführt. Als das Ergebnis bekannt gegeben wurde – 72 Prozent hatten für den fünften Punkt votiert, also die bloße Existenz Israels –, da herrschte fast so etwas wie Euphorie im Saal: Man hatte eine gemeinsame Basis gefunden. Zusammen mit einem griechischen Freund verließ ich die Veranstaltung mit einem beklommenen Gefühl.

Wenn schon die Elite in den arabischen Ländern darauf fixiert war, dass die alleinige Existenz Israels sie davon abhält (wieder) groß zu werden, dann war das doch ein deutliches Zeichen, dass eine Selbstreflexion gar nicht stattgefunden hatte. Warum, so überlegte ich, haben denn viele arabische Staaten trotz Ölreichtums noch so viele Analphabeten beziehungsweise so wenig Rechte für Frauen, solch einen beklemmenden »Rekord« an nicht vorhandenen Menschenrechten? Die Vertreter der arabischen Staaten gaben sich meist als »*good global citizen*« in Davos, wenn man allerdings fragte, warum Frauen in Saudi-Arabien nicht Auto fahren dürften, erhielt man keine befriedigende Antwort. Irgendwie versuchte man es diffus mit der Geschichte zu begründen. Ansonsten wurden von den arabischen Potentaten, ja, auch von der bildhübschen Königin Rania von Jordanien, nur Fensterreden gehalten.

2010 Jahr war ein großes Aufgebot an Chinesen in Davos, und als sie wiederholt hörten, dass sie endlich ihre Währung aufwerten, weniger sparen und mehr konsumieren sollten, entgegnete der Ministerpräsident Li Keqiang, dass sie die volkswirtschaftlichen Lektionen des Westens gut gelernt hätten, danach sei es gut, wenn man tüchtig sei, viel lerne und arbeite. Und wenn das Ausland die eigenen Produkte kaufe, dann würden eben Exporterfolge erzielt, die einen reicher machten. Außerdem sei Sparen für die (unsichere) Zukunft doch besser, als hier und heute zu konsumieren. Chinas Schuldenstand läge bei 12 Prozent, das sei doch ein gutes Zeichen. Und man habe auch gelernt, dass man an der Währungsschraube nicht so schnell drehen sollte, da dies die Handelsbeziehungen belaste. Li Keqiangs Äußerungen stimmten insbesondere die amerikanischen Zuhörer nachdenklich.

Inzwischen bin ich wohl fünfzehnmal in Davos gewesen. Meine Frau Fabienne war oft mit von der Partie und bezeichnete den Event als jährliche intellektuelle Auffrischung. Sie war von frühmorgens bis spät in Sessions und genoss die internationale Atmosphäre sichtlich.

Normalerweise beginnt es für mich am Mittwochabend beim norddeutschen Treffen von Jürgen und Dagmar Großmann, hier versammeln sich traditionell alle deutschen Teilnehmer. Der Abend endet üblicherweise mit der »*Focus*-Night*«, wo einst US-Schauspielerin Sharon Stone so begeistert von Verleger Hubert Burda war, dass sie fortlaufend Fotos von ihm schoss.

Für die folgenden Tage stehen nicht selten vierzig oder fünfzig Verabredungen in meinem Kalender, denn in Davos kann man in fünf Tagen so viele hochrangige Manager treffen, wie sonst vielleicht im halben Jahr nicht. Zu den Höhepunkten gehören auch politische Begegnungen, etwa mit Gerhard Schröder, der sich im Januar 1999 mit der neuen Rolle als Kanzler noch sichtlich schwer tat, mit Angela Merkel, mit der ich 2005, Jahr ihrer Kanzlerwahl, ein Gespräch führte, oder 2010 mit Ursula von der Leyen. Sie stritt heftig für eine Frauenquote bei Managern, doch keiner wollte ihr zustimmen – allerdings waren die Zahlen auf ihrer Seite, in den letzten zehn Jahren hatte sich da nichts getan. In der Diskussion vermochte ich ihr aufzuzeigen, dass sie in der CDU noch viel Basisarbeit leisten müsse, bevor diese Idee greifen könnte. Sie gab dies auch zu.

Das offizielle Programm des Weltwirtschaftsforums endet jeweils am Sonnabend, und dann kommt der Sonntag mit dem inoffiziellen Höhepunkt für mich: dem Riesenslalom, den der »Weißfluhjoch-Skiclub« veranstaltet. Dabei handelt es sich um eine lose Verbindung um den Stahlunternehmer und RWE-Chef Jürgen Großmann, den Verleger Hubert Burda, den Unternehmer Jürgen Zech von der Kölner Rück, den ehemaligen Hochtief-Chef und jetzigen BDI-Präsidenten Hans-Peter Keitel, Lanxess-Chef Axel Heitmann, Klaus Zumwinkel (ehemals Deutsche Post), Heinrich von Pierer (ehemals Siemens) und meine Person. Dieses beliebte Sportereignis ist immer wieder eine einzigartige Gaudi. Jahrelang hatte ich den ersten Platz abonniert, inzwischen fährt mein früherer McKinsey-Kollege und heutige Finanzmanager Alexander Dibelius den Sieg in Serie ein. Da er mich als einen Mentor bezeichnet, gönne ich es ihm von Herzen.

Was ist das Weltwirtschaftsforum heute? Ich ordne es irgendwo ein zwischen der größten Cocktailparty der Welt und dem größten Networking Event, das es auf dieser höchsten Ebene gibt. Noch kann ich nicht absehen, wann mein letztes Davos sein wird.

»One winged birds cannot fly«

McKinsey ist ohne Zweifel eine Firma, in der sehr hart gearbeitet wird, und zwangsläufig heißt das auch: Es wird lange gearbeitet. Dabei spielen viele verschiedene Faktoren eine Rolle. Klienten wollen schnelle Resultate und möglichst geringe Kosten, junge Berater sind noch unsicher und wollen ihre Sache besonders gut machen. Daraus entsteht ein enormer Zeitdruck.

Der Druck steigt noch, weil man im entscheidenden Moment nicht die Information erhält, die einen den erhofften Schritt weiterbringt, weil der Manager des Klienten-Unternehmens immer noch keine Zeit für das Interview fand, weil der Projektleiter die Schlußfolgerungen verwarf, mit denen man in die Präsentation gehen wollte. Und wenn das Team bis in den Abend hinein arbeitet, ist es schwer für den Einzelnen, sich ins Theater oder in das Fitnessstudio abzumelden.

Es bleibt nicht aus, dass auch einmal das freie Wochenende mit genutzt werden muss, um die dringendsten Arbeiten rechtzeitig zu schaffen. Das gilt erst recht, wenn man in den firmeninternen Arbeitsgruppen mitwirken möchte. McKinsey hat sie zu einzelnen Branchen wie Chemie oder Automobilbau und zu bestimmten Funktionsbereichen von Unternehmen wie Marketing, Technologie oder Operations eingerichtet, um das Know-how zu bündeln und weiterzuentwickeln. Wer da mitmacht, gewinnt an Renommee; aber er muss auch eigene Leistung beisteuern, sonst wird er rasch aussortiert. Auch solche Beiträge müssen erarbeitet werden und erfordern Zeit und Energie.

Als ich zum Partner gewählt worden war, änderte sich die Art meiner Arbeitsbelastung. Nun standen nicht mehr nur die Klienten im Focus, es kamen Aufgaben innerhalb der internationalen Organisation von McKinsey hinzu, etwa die Komitees für Trainings- und für Strategiefragen.

Für die Transatlantikflüge starteten die Maschinen in Deutschland normalerweise am späten Vormittag. In den ersten Jahren saß ich in der Economy Class und hatte mir immer Arbeit zurechtgelegt, die ich trotz der beengten Verhältnisse an Bord erledigen konnte. Einmal sagte mir ein Mitreisender, ich hätte genau sechs Stunden beim Hinflug gearbeitet, er hätte die Zeit gestoppt. Das Flugzeug landete regulär am frühen Nachmittag in New York. Danach kam der typische Ablauf: Fahrt in die Park Avenue in das McKinsey-Hauptquartier, Arbeit im Büro, Teilnahme an Sitzungen; um 20 Uhr Dinner mit Kollegen. Die innere Uhr stand dann schon auf zwei Uhr nachts. Deshalb kam es öfter vor, dass ich mich schon nach der Vorspeise verabschiedete, weil ich zu müde war. Ich schlief bis vier Uhr morgens, ab fünf Uhr kümmerte ich mich um dringende Angelegenheiten in der Heimat, telefonierte mit Klienten und Kollegen. Danach ging ich joggen im Central Park, und um 8 Uhr 30 begann der Bürotag mit Gesprächen und Sitzungen.

Der typische Rückflug startete am Abend New Yorker Zeit und erreichte sein Ziel in Deutschland gegen sieben Uhr morgens oder auch früher, wenn wir Rückenwind hatten. Ich fuhr nach Hause, duschte und war um 8 Uhr 30 zurück in meinem Büro. Als das Überschallflugzeug »Concorde« noch zwischen Paris beziehungsweise London und New York im Einsatz war, kam es vor, dass ich zu einem Meeting nach Manhattan flog und noch am selben Tag nach Hause zurückkehrte. Ich erinnere mich noch gut, wie ich staunte, als der Chefeinkäufer eines großen Unternehmens berichtete, dass er nach einem Transatlantikflug einen Tag frei bekäme, um sich vom Jetlag zu erholen.

Bei McKinsey gab es so etwas nicht. Es wären auch viele freie Tage geworden: Innerhalb eines Jahres flog ich etwa zehnmal über den Nordatlantik und zurück, etwa dreimal besuchte ich Brasilien, um das dortige Büro zu betreuen, dann gab es noch einige inneramerikanische »Red-eyes«-Flüge, etwa ab San Francisco um Mitternacht, Ankunft in New York am nächsten Morgen um halb sechs Uhr. Als Partner und als Office Manager verbrachte ich schätzungsweise 30 Prozent meiner Arbeitszeit mit solchen Reisen und Zeiteinsätzen in den Büros, die übrigens spürbar bequemer wurden, als ich Business beziehungsweise First Class fliegen durfte.

Es war harte Arbeit, aber es gab auch Ausgleich: Ich hatte sechs Wochen Urlaub, in denen ich, wie es bei McKinsey üblich ist, selten vom Büro gestört wurde. Vor allem fand ich Zeit für meinen Sport, der von klein auf bis heute ein wichtiger Teil meines Lebens ist.

Ich war immer sportlich aktiv, auch als ich im Jahr 1970 bei McKinsey angefangen hatte. Hans Widmer und ich wollten wissen, wer der bessere Skiläufer war, und so gründeten wir ein Jahr später die legendären Winter-Retreats in Lenzerheide in Graubünden. Von Mal zu Mal nahmen mehr McKinsey-Leute aus Deutschland und der Schweiz teil, 1977 waren es schon über achtzig. Ich war in meinem Element: Morgens transportierte ich mit Kollegen die Slalomstangen den Berg hinauf und steckte den Parcours ab. Danach fuhr ich ihn hinunter und verpasste den Sieg um eine hundertstel Sekunde. Anschließend folgte die Arbeitssitzung, auf der ich unsere jüngsten Projektarbeiten präsentierte, abends gab ich den Mitunterhalter bei Gesang und Tanz. Einmal, 1978, feierten auch Rosi Mittermaier und Christian Neureuther als Gäste mit. Ab 1978 fand auch ein Langlaufwettbewerb statt, bei dem alle Mitarbeiter teilnahmen.

Den Schweizer Kollegen Hans Widmer hatte ich bei meinem zweiten Einsatz für McKinsey kennengelernt. Unser

Team wurde von einem amerikanischen Direktor geführt, das Projekt leitete der Norweger Gunnar Hauge. Das Pharmaunternehmen Boehringer Ingelheim hatte uns beauftragt, eine neue Organisationsstruktur zu entwickeln. Sie sollte die 125 Länderniederlassungen, die der Konzern in aller Welt unterhielt, an die Zentrale binden. Wir waren fasziniert von Boehringer, da er in vielen Indikationsgebieten absoluter Weltmeister war.

Wir Neulinge fühlten uns, als könnten wir Bäume ausreißen. Hätte man von uns verlangt, mit ein paar Forschern innerhalb von sechs Monaten ein Krebsheilmittel zu entwickeln, wir hätten wahrscheinlich gesagt: »Ja, kein Problem, das schaffen wir.«

Hans fand, dass niemand viel länger als zehn Stunden am Tag sinnvoll arbeiten kann. Er sorgte dafür, dass wir normalerweise um 19 Uhr Feierabend machten, nicht immer zur Freude der Teamleitung. Einmal wollte er sogar an einem Mittwoch bereits um 17 Uhr gehen, weil er sich mit Freunden in Zürich zum Handballspiel verabredet hatte. Wir waren alle sprachlos.

Der amerikanische Direktor fragte ihn, ob er so gut organisiert sei, dass er an einem Mittwoch schon so früh gehen könne. Hans zögerte nicht einen Moment und erwiderte: »Zum Treffen um neun Uhr morgens war ich sehr gut organisiert, aber Sie sind erst um 16 Uhr erschienen – und nun muss ich gehen.« Abends rief ich ihn an, um mit ihm über sein Verhalten zu reden, er sagte: »Herbert, ich lasse mir von denen nicht das Kreuz verbiegen.« Mir gefiel diese unbeugsame, mutige Art. Sie hatte keine Konsequenzen – auch bei anderen Gelegenheiten nicht. Kein internes Training verging, ohne dass er vehemente Kritik vorbrachte. Mal ging es um die fehlenden Karrierechancen, wenn man zu viel für öffentliche Auftraggeber gearbeitet hatte, mal um Klienten, die sich über unseren »Overhead« beschwerten. Man ließ ihn jedoch gewähren, weil er hervorragende Leistungen brachte.

Hans und ich liebten den Sport und nutzten jede Gelegenheit, uns sportlich zu betätigen. Als wir einmal zusammen an einem Winter-Retreat in Arosa 1974 teilnahmen, schwänzten wir ein Pflichtmeeting am Vormittag und fuhren stattdessen zwei Stunden Ski. Zur Mittagspause kehrten wir zurück. Ich fragte Hans: »Was machen wir, wenn die uns jetzt rauswerfen?« Er hatte eine einfache Antwort: »Dann gehen wir einfach nicht.«

Hans stieg erfolgreich zum Direktor im schweizerischen McKinsey-Büro auf, dann warb ihn der Schweizer Chemiekonzern Sandoz ab. Sandoz-Präsident Marc Moret stellte ihn dem Management vor und sagte, es sei ein historischer Tag, denn er habe seinen Nachfolger gefunden. Daraus wurde nichts. Hans Widmer wurde Opfer interner Rankünen und wurde zur Wander AG abgeschoben, einem damals zu Sandoz gehörenden Nahrungsmittelhersteller. Aber seine Managerkarriere war noch lange nicht zu Ende. 1991 wurde er Präsident der Oerlikon-Bührle, einem erfolgreichen Werkzeugmaschinenhersteller, und in dieser Rolle zweimal zum Schweizer Manager des Jahres gewählt.

Das Schweizer Wirtschaftsmagazin *Bilanz* zitierte ihn einmal mit der Bemerkung, er wäre gern Papst geworden, »um den geistigen Turnaround der katholischen Kirche zu versuchen«. Da war er wieder, dieser McKinsey-Impuls, sich fast alles zuzutrauen.

In diesem Geist gründeten wir die Winter-Retreats in Lenzerheide. Als wir diese Veranstaltung 1997 zum letzten Mal in Kitzbühel ausrichteten, waren wir 680 Consultants, ebenso viele Lebenspartner und achtzig Kinder, was meinem Kollegen Thomas von Mitschke eine organisatorische Meisterleistung abverlangte. Mein letztes »Baby« waren die European Olympics – ein Wettbewerb für alle europäischen McKinsey-Büros in Volleyball, Fußball und Leichtathletik. Bei unseren Spielen in Cannes 1989 hatten wir sogar Franz Beckenbauer als Coach dabei. Heute erzählt er, nicht ganz im Ernst, wir wären eine Mannschaft von Halb-, wenn nicht gar Vollblinden gewesen, besonders in einem Spiel gegen die spanische McKinsey-Elf. Die Spanier bezeichnete Beckenbauer denn auch als »ordentliche Kicker«. Wir im deutschen Block standen alle im Strafraum und duselten so vor uns hin. Egal wie, aber dank seines umsichtigen Coachings spielten wir dennoch so gut oder so schlecht, dass es bei einem 0:0 blieb und wir aufgrund eines Elfmeterschießens in das Finale vorrücken konnten. Laut Franz Beckenbauer war dies für ihn ein größerer Erfolg als die Vizeweltmeisterschaft in Mexiko.

Noch in der ersten Halbzeit hatte ich mich einmal Beckenbauers Anweisungen widersetzt und rannte nach vorn und entblößte so die Deckung. Er wurde richtig wütend, schrie und gestikulierte, bis er mir dann bei einem eigenen Eckball sagte, dass er mich wegen ungebührlichen Benehmens auswechseln würde. Danach fügte ich mich! Im Finale verloren wir übrigens gegen die McKinsey-Mannschaft aus Skandinavien, ebenfalls im Elfmeterschießen.

»*One winged bird cannot fly* – ein Vogel mit nur einem Flügel kann nicht fliegen« – ich weiß nicht mehr, woher ich diesen Spruch habe, aber ich habe ihn oft benutzt, um meine Überzeugung auszudrücken, dass man nicht zu einseitig leben sollte. Viele junge Menschen habe ich bei McKinsey erlebt, die mit vielseitigen Interessen bei uns ankamen, aber nach acht bis zehn Monaten alles andere abgelegt hatten und sich nur noch auf die Arbeit konzentrierten. Ich versuchte den Associates nahe zu bringen, dass sie einen »zweiten Flügel« bräuchten und dass es dafür viele Möglichkeiten gäbe: Man kann seine Laufschuhe überall mit hinnehmen und auch bei auswärtigen Einsätzen regelmäßig joggen; es gibt die berühmten »5BX«, jene Fitnessübungen der Canadian Royal Air Force, für die man elf Minuten braucht und die man in jeder Umgebung, auch im kleinsten Hotelzimmer, anwenden kann.

Aber zum Ausgleich gehört noch mehr. So ermunterte ich die jungen Mitarbeiter auch, sich außerhalb des Jobs für eine gute Sache zu engagieren: ein privates Theater unterstützen, ein Ehrenamt in der Schule oder im Verein annehmen, Fundraising für ein Museum betreiben – die Möglichkeiten sind unbegrenzt. Mitarbeiter von McKinsey, so war meine Vorstellung, sollten als Citoyen leben, als Bürger, die aktiv und verantwortlich am Gemeinwesen teilnehmen – zum Wohle der Gesellschaft und zum eigenen inneren Ausgleich.

Ohne sportliche Betätigung und ohne Aktivitäten jenseits der unmittelbaren Jobs wäre meine »Work-Life-Balance« sicher nicht geglückt und hätte es mir im Beruf an Kraft gefehlt. Trotz der Arbeitsbelastung versuchte ich in der Familie immer – so gut es ging –, bei wichtigen Ereignissen wie Elternsprechtagen oder Kindergeburtstagen dabei zu sein. Sicher beeinträchtigte meine Arbeit das Familienleben. Es störte, wenn während des Abendessens Anrufe von der amerikanischen Westküste erfolgten oder wenn ich dringende Bürodinge mit ins Wochenende nahm. Auf der anderen Seite gab es auch Vorteile. Dazu gehört, dass es aufgrund meines Berufs recht international bei uns zu Hause zuging. Wir bekamen viel Besuch aus dem Ausland, vor allem aus den USA und aus Japan. Wenn in Hawaii eine Partnerkonferenz stattfand, verbanden wir das mit einem Familienurlaub. Dabei lernten wir eine amerikanische Familie kennen, die meinen Sohn Oliver erst einen Sommer lang und dann noch einmal für ein ganzes Jahr zu sich nach Seattle einluden, so wie auch meine Tochter Nicole einige Zeit bei einem McKinsey-Partner in England verbringen durfte. Damals ist das Fundament dafür gelegt worden, dass die beiden so etwas wie Weltbürger geworden sind.

Nicole kam am 13. Dezember 1971 zur Welt. An diesem Montag hatte ich morgens Rosemarie ins evangelische Krankenhaus nach Mettmann gebracht, eine Kreisstadt nahe Düsseldorf. Natürlich gab es auf den Zubringerstraßen Staus. Gegen zehn Uhr kamen wir dort an, und um 21.55 Uhr war es so weit. Die Erstgeborene unserer kleinen Familie war gesund – und wir waren überglücklich. An diesem Abend fand noch die McKinsey-Christmas-Party statt, und nachdem Mutter und Kind wohlauf und versorgt waren, strebte ich noch nach Mitternacht dorthin. John McDonald verkündete per Lautsprecher, dass ein gesundes »*baby-girl*« geboren worden sei. Ein unvergesslicher Tag.

Zweieinviertel Jahr später wurde an einem Samstag Oliver geboren. Unsere Tochter Nicole war bei den Großeltern in Bochum, dort feierten wir am Abend den neuen Erdenbürger – nachdem wir noch zuvor das Länderspiel Spanien gegen Deutschland angeschaut hatten (es endete mit einem 1:0 für Spanien). Es war der 16. Februar 1974. Rosemarie hatte bis zur Geburt von Oliver gearbeitet, und als wir bald nach München zogen, begann sie ein Studium der Geschichte und Germanistik.

Nicole lebt jetzt in Seattle, im Bundesstaat Washington, und hält als Professorin sehr anspruchsvolle Vorlesungen im Fachbereich Philosophie, zuletzt über die Rolle des Traumes. Ihr Bruder Oliver wohnt mit seiner amerikanischen Frau in New York, er ist wie Nicole nicht in die Wirtschaft gegangen, sondern Schauspieler geworden. Oliver und seine beiden Kinder sehe ich häufiger, weil ich öfter in New York zu tun habe, Seattle liegt weit entfernt von der Metropole an der Ostküste, so dass ich meine Tochter, die gleichfalls einen Jungen und ein Mädchen geboren hat, seltener zu Gesicht bekomme.

Meine drei Kinder aus zweiter Ehe Eliora, Ilan und Yoran – dreisprachig erzogen – sind alle begeisterte Sportler. Sowohl beim Slalom als auch beim Tennis schlagen sie ihren Vater. Meine Kinder sind mein Ein und Alles, zu allen habe ich eine sehr intensive Beziehung. Sie haben immer dafür gesorgt, dass ich nie die Balance zu mir selbst verlor.

Aber nicht nur durch die Kinder berührten und vermischten sich die geschäftliche und die private Sphäre, Business und Freizeit. Das galt auch für das gesellschaftliche Leben. Wir verkehrten mit den Chefs deutscher Großunternehmen, die unsere Klienten waren, auch privat auf Augenhöhe. Wir luden ein und wurden eingeladen, so dass meine Frau und ich an den Wochenenden oft irgendwo in Deutschland unterwegs waren, um solche gesellschaftlichen Termine wahrzunehmen.

Wer im Beruf unter großem Leistungsdruck steht, findet die Balance nur, wenn er auch in der knappen Freizeit intensiv lebt, und für mich war das immer das richtige Konzept. »One winged birds« haben keine Zukunft, und doch habe ich so viele gesehen, die genau dies wurden. Sie waren unsicher und arbeiteten wie die Wahninnigen, in der Hoffnung, auf gute und kreative Einfälle zu kommen. Aber die kommen erst, wenn der Geist frei ist, wenn man einen zweiten Flügel hat. Dann ist auch die Energie da, um auf neue Ideen zu verfallen.

Diese neuen Ideen bekomme ich auch durch Literatur. In den vielen Vorstellungsgesprächen, die ich mit jungen Bewerbern für McKinsey führte, habe ich gelegentlich gefragt, welches Buch oder Theaterstück sie am meisten beeindruckt habe. Die deutschen Kandidaten nannten meistens den *Faust*. Ob es die tiefsinnigen Lebensfragen waren, die darin erörtert werden, oder das hohe Renommee des Dramas – jedenfalls glaubten, meiner gefühlten Statistik zufolge, bestimmt 70 Prozent, dass der Klassiker die angemessene Antwort auf meine Frage wäre.

Vielleicht haben sie ihn aber auch wirklich alle so gern gelesen wie ich. Als Mittelschüler hat mich die Lektüre begeistert, ich fand es wirklich spannend, dass da jemand unbedingt wissen wollte, »was die Welt im Innersten zusammenhält«, dass einer so konsequent nach der Wahrheit suchte, dass er dafür sogar einen Pakt mit dem Teufel schloss – und dass auch dieser Teufel eine überaus differenzierte und spannende Figur war. Als Unternehmensberater fühlte ich mich oft selbst zwischen Himmel und Hölle. Man war berauscht von bestimmten Ergebnissen, dann wachte man irgendwann auf und merkte, dass sich alle Konturen verändert hatten, alles nur noch negativ war. In meinem Job gab es keine Pla-

Familienporträt
zusammen mit seinen
Eltern und seinem
jüngeren Bruder Siegfried,
Weihnachten 1943.

Herbert Henzler
erkrankte als Kind
an Tuberkulose.
Hier ist er in einem
Sanatorium in
Schwäbisch Gmünd.

Als Skilehrer in Österreich (Westendorf, Tirol) verdiente sich Herbert Henzler etwas Geld für sein Studium.

Herbert Henzler in seinem Element. Skifahren gehört seit seiner Kindheit zu seiner großen Leidenschaft.

Bestsellerautor und Unternehmensberater Kenichi Ohmae umringt von Fred Gluck und Herbert Henzler.

Herbert Henzler im Gespräch mit Alfred Herrhausen und Hans-Olaf Henkel.
Kurze Zeit später wurde der Vorstandssprecher der Deutschen Bank von
RAF-Terroristen ermordet.

Ein konzentrierter Zuhörer

Mit Marvin Bower,
dem Chef von McKinsey,
der das noch heute gültige
Unternehmensleitbild
von McKinsey prägte

Herbert Henzler im
Gespräch mit Vera Niefer
und Wolfgang Reitzle

Im Disput mit Edzard Reuter

Zur Gründung des Similaun-Kreises überreicht der Verleger Hubert Burda ein Geschenk an Herbert Henzler.

Der Deutschlandchef von McKinsey mit seinem Nachfolger Jürgen Kluge

little wing productions

Revidieren Sie
Ihr Bild vom
Top-Management-Berater.

Dieser Mann hat eine Berufsentscheidung getroffen, die noch immer als unerklärlich gilt:

Er ist Chairman und Förderer der Geisteswissenschaften bei McKinsey, dem international führenden Beratungsunternehmen.

Er hat sich für diesen Weg entschieden, weil ihn die Spitzenstellung in einer hierarchiefreien Gesellschaft und die Aussicht auf eine Hochschulprofessur mehr faszinierten als das entbehrungsreiche Los eines Kitzbüheler Skilehrers oder schwäbischen Bänkelsängers.

Im Projektteam und im internationalen Netz der 46 McKinsey-Büros arbeitet dieser Berater für eines der interessantesten Unternehmen in Stuttgart.

Wir fragen uns ernsthaft:

Will er Anziehungspunkt und Vorbild sein für neue Kolleginnen, die wir mit dieser Anzeige suchen?

Wenn Sie sich wirklich angesprochen fühlen, bereit sind, die berühmte Extra-Meile zu gehen (ohne ihn beim Skifahren zu überholen), und einen belastbaren Sinn für Humor haben, sollten Sie alsbald Kontakt aufnehmen.

Bitte wenden Sie sich an: McKinsey & Company, Inc., z. Hd. Herrn Herbert A. (Anonymous) Henzler, Ottostr. 5, 8000 München 2, Tel.: 089/55 94-200.

McKinsey & Company, Inc.

Eine ungewöhnliche McKinsey-Anzeige zur Nachwuchsrekrutierung

Wolfgang Schäuble und Herbert Henzler

von links: Herbert Henzler, Jürgen Rüttgers, John McDonald, Frank Mattern,
Jürgen Kluge, Jürgen Schröder, Axel Born

Mark Wössner, ehemaliger Vorstandsvorsitzender von Bertelsmann und früherer Klient von Herbert Henzler. Noch heute verbindet die beiden eine enge Freundschaft.

Im intensiven Austausch mit Henry Kissinger, dem früheren Außenminister der USA

Gemeinsam mit Reinhold Messner auf dem 3599 Meter hohen Similaun. Nach diesem Berg wurde die von Herbert Henzler und Reinhold Messner gegründete Bergsteigergruppe bestehend aus führenden Managern der deutschen Wirtschaft benannt.

Michael Albus, Reinhold Messner und Herbert Henzler auf Humboldts Spuren zum Chimborazo.

Die Alpine University – das McKinsey Trainingszentrum – ins Leben gerufen von Herbert Henzler. Heute gibt es dort eine »Herb Henzler Hall«.

Franz Beckenbauer zu Gast in der Alpine University

Im Zuge des Bildungsprogramms für Nationalspieler teilte Herbert Henzler sein Wissen mit der deutschen Fußballnationalmannschaft.

![Foto Verwaltungsrat FC Bayern]

Als Mitglied des Verwaltungsrats des FC Bayern gemeinsam mit Uli Hoeneß, Karl Heinz Rummenigge, Karl Hopfner und Franz Beckenbauer

Martin Walser und Herbert Henzler bei einem gemeinsamen Interview mit dem *manager magazin*. Thema: Kultur trifft Kommerz

Gemeinsam mit Lothar Späth bei der Buchpräsentation ihres Werkes »Jenseits von Brüssel«

Herbert Henzler erhält für besondere Verdienste das Verdienstkreuz 1. Klasse der Bundesrepublik Deutschland von Horst Seehofer.

Bereits während seiner Zeit als Minister des Bundeslandes Bayern schätzte Edmund Stoiber die Analysen von Herbert Henzler. Noch heute stehen sie in regem Austausch, wenn es um die Entbürokratisierungsoffensive der EU geht.

Die Similauner auf Tour, hier zusammen mit Jürgen Weber.

Herbert Henzler wird bei McKinsey heute noch scherzhaft als »living legend« bezeichnet.

nungssicherheit, nur in hohem Maße Unsicherheit. Auch das hatte immer etwas am Limit Liegendes an sich.

Jean-Claude Trichet, Präsident der Europäischen Zentralbank, hat einmal gesagt, die Gedichte der Jugend seien nicht weniger wert als monetäre Reichtümer, und das stimmt: In vielen schwierigen Situationen meines Lebens haben mir die Metaphern der Dichter einen anderen Weg eröffnet, hat mir die Poesie eine Empfindung beschrieben, die ich nicht hätte ausdrücken können, hat mir die Literatur geholfen, die Relativität meiner Probleme zu erkennen. Um das an das Limit-Gehen auszuhalten, hielt ich mich an Friedrich Hölderlin, wenn es um enge Freundschaften ging oder wenn die Not wuchs und das Rettende auch, oder las Rainer Maria Rilke: »Du musst das Leben nicht verstehen, dann wird es werden wie ein Fest.« Oder ich zitierte Teile aus Friedrich Schillers Gedicht »Das Lied von der Glocke«: »Soll das Werk den Meiser loben! Doch der Segen kommt von oben.« Allerdings habe ich es während der Bewerbungsgespräche doch vermieden, die Kandidaten in Diskussionen zu verwickeln, dabei hätten sich herrliche Anlässe im *Faust* gefunden. Immerhin war Goethe praktisch Wirtschafts- und Finanzminister am Weimarer Hof gewesen, er verstand etwas von Ökonomie. Vor diesem Hintergrund ist es schon interessant, dass er die Erfindung des Papiergelds praktisch als eine Fortsetzung der Alchemie darstellte.

Gern las ich die Zeitchronisten unter den Erzählern, so Wilhelm Raabe, ein Realist aus dem 18. Jahrhundert. Den Autor hatte ich durch Rosemarie kennenlernte, die über ihn ihre Dissertation schrieb. Raabe war mit dem Herzen immer auf der Seite der Hungerleider, dabei humorvoll und oft wunderbar ironisch. Schon die Titel seiner Werke wirken heute wie aus der Zeit gefallen: *Der Hungerpastor* oder *Der Stopfkuchen*.

Ein interessantester Chronist war für mich Martin Walser, der Bodensee-Balzac. In *Ehen in Philippsburg*, veröffentlicht 1957, hatte er einen sehr kritischen Blick auf die junge Bundesrepublik, auf die neue Wirtschaftsordnung, geworfen. In seinem Buch beurteilen sich alle nach ihrem Erfolg und ihren Frauen. Später habe ich mit großem Interesse die Diskussion um seine Dankesrede in der Frankfurter Paulskirche zur Verleihung des Friedenspreises des Deutschen Buchhandels im Oktober 1998 verfolgt. Er hatte von der Instrumentalisierung des Holocaust gesprochen, davon, dass Auschwitz nicht als »Moralkeule« benutzt werden soll. Danach gab es heftige Beschimpfungen. Ob eine solche Debatte heute sachlicher verlaufen würde? Auf jeden Fall war Walser immer ein unangepasster und eigenwilliger Mann, ein Schriftsteller mit Standpunkt, daran ist überhaupt nichts auszusetzen. Im Gegenteil. Schriftsteller sollen uns helfen zu deuten, was um uns herum passiert. Als das *manager magazin* mich einmal zu einem gemeinsamen Interview mit Martin Walser bat und wir unter anderem über Korruption in der Wirtschaft sprachen, hat er auch kein Blatt vor den Mund genommen.

Ein anderer von mir favorisierter Autor ist Martin Suter. Seine Kolumnen aus der Business Class, erschienen im Magazin des Zürcher *Tages-Anzeigers*, nahmen den Lebensstil und die Unverfrorenheit, auch die menschliche Hilflosigkeit einer Schicht aufs Korn, mit der ich viel zu tun hatte – mit umso mehr Freude habe ich die Texte gelesen.

Ganz zufällig lernte ich Christoph Ransmayr kennen. Zusammen mit Reinhold Messner wanderten wir zusammen in den Geiseler Spitzen und in den Kitzbüheler Bergen. Und unterwegs bekam ich ein Gefühl dafür, wie sich die Gedanken beim Sprechen verfertigen können. Es waren Gespräche, die ich sonst nicht führte, Abstecher in eine andere Welt. Dann begann ich, seine Bücher zu lesen, und so wie er in ihnen mit den Zeitebenen spielte, begann ich mich selbst zu verwandeln.

»Wir werden Sie umbringen«: Terror und Trittbrettfahrer

Das Telefon klingelte. Nachts. Verschlafen schaute ich auf den Wecker, es war gegen halb zwei Uhr. Was konnte so wichtig sein, dass man mich um diese Zeit sprechen wollte? Mir fiel nichts ein. Außer: Hoffentlich war niemandem aus der Familie etwas passiert. Meine Frau, die neben mir lag und ebenfalls durch das penetrante Läuten wach geworden war, nahm den Hörer in die Hand. Das Telefon stand an ihrer Seite des Bettes. Sie meldete sich mit ihrem Namen.

»Wir möchten Monsieur Henzler sprechen. Es ist sehr dringend.« Die männliche Stimme mit dem französischen Akzent, war so laut, dass auch ich sie hören konnte. Wortlos überreichte mir meine Frau den Hörer.

»Ja, hier Henzler«, sagte ich, immer noch halb verschlafen. Der Ton des Mannes am anderen Ende der Leitung wurde nun scharf. »Herr Henzler, hören Sie genau zu. Ich rufe Sie an von der ›Action directe‹. Wir haben Sie auf unserer Liste.« In diesem Moment war ich hellwach. Ich wusste, die »Action directe« war eine linksradikale Terrororganisation, die die Ermordung von General René Audran und den Renault-Chef Georges Besse zu verantworten hatte. »Sie können sich denken, warum Sie auf unserer Liste sind. Am 23. Juli haben Sie eine Feier. Das ist der späteste Termin, wo wir Sie erwischen und umbringen werden. Vielleicht auch schon früher. Sagen Sie von diesem Gespräch nichts der Polizei.« Danach legte der Anrufer den Hörer auf, ich konnte kein Wort mehr sagen, ihn nichts mehr fragen.

Einen solchen Anruf nachts um halb zwei zu bekommen, ließ mir das Blut in den Adern gefrieren. Zitternd saß ich auf meinem Bett im Schlafzimmer meines Hauses in Grünwald bei München, tausend Gedanken wirbelten durch meinen Kopf. Ein Unbekannter hatte mir mitgeteilt, ich stünde auf der Liste der Anschlagsziele, und ich könne davon ausgehen, dass man mich erwischen werde. Spätestens am 23. Juli 1985. Das war der Tag, an dem die Familie in unserem neuen Haus Einweihung feiern wollte. Schließlich hatte mich der Anrufer noch davor gewarnt, die Polizei zu verständigen.

»Du bist ja kreidebleich geworden. Was hat der Mann von dir gewollt?«, fragte Rosemarie.

Mit stockender Stimme berichtete ich ihr von der Drohung. Bevor ich länger überlegte, was zu tun sei, sagte ich: »Ich muss die Polizei anrufen, ganz egal, was der Anrufer verlangte.« Meine Frau stimmte mir zu, und sofort meldete ich mich bei der Polizei und schilderte einem Beamten, was ich eben erlebt hatte.

Eine halbe Stunde später standen zwei Polizisten vor unserer Haustür und versuchten uns zu beruhigen. Immerhin hätte der Anrufer in der Zwischenzeit schon in unseren Garten vordringen können. Die beiden Beamten forderten Verstärkung an und ließen einen VW-Bus mit Polizisten vor unserem Haus in der Adalbert-Stifter-Straße postieren. Zum Schluss gaben die beiden Männer Rosemarie und mir noch Instruktionen, insbesondere sollten wir die Kinder nur vage informieren, sie aber zur Vorsicht anhalten. Wir klärten sie aber vollkommen auf, denn meine Frau und ich fanden, dass sie als schwächste Glieder in einer solchen Situation besonders wachsam sein sollten. Eine Regel war zum Beispiel, dass sie niemals auf einen Anruf in der Schule hin vorzeitig nach Hause gehen sollten. Die Schule informierten wir natürlich auch über die Gefahr.

Nach dem Anruf des Mannes wurde mir bewusst, dass ich mit einem solchen gerechnet hatte. Erst vor einigen Monaten, im Februar 1985, war Ernst Zimmermann, Vorstandsvorsitzender der Motoren- und Turbinen-Union (MTU) morgens gegen sieben Uhr vor den Augen seiner Frau in seinem Haus in München-Gauting von Terroristen der »Roten Armee Fraktion« (RAF) hingerichtet worden. Mit mehreren Schüssen in den Hinterkopf. Beide waren gefesselt. Das war so grausam, es ist kein Wunder, dass die Frau das nie verkraftete. Ernst Zimmermann kannte ich.

Ich musste daran denken: Zwei Kaufhausbrände im Jahre 1968 in Frankfurt am Main waren der Beginn für über zwei Jahrzehnte politischen Terrors in Deutschland. 1970 hatten sich Ulrike Meinhof, Andreas Baader, Gudrun Ensslin und andere zur RAF zusammengetan. Sie kamen aus der 68er-Bewegung, die ich selbst an den Universitäten miterlebt und die ja letztlich auch etwas Positives bedeutet hatte, nämlich ein Hinterfragen, was die Menschen, die zu Wohlstand gekommen waren, im Krieg eigentlich gemacht hatten. Das hatte man gern verdeckt.

An der Universität in München lehrte etwa ein Verwaltungsrichter, der unter den Nationalsozialisten den Eigentumsbegriff so verändert hatte, dass am Ende dabei herauskam, dass die Juden gar kein Recht auf Eigentum hätten. Oder es wurden beschlagnahmte Dinge durch gesetzliche Verdrehungen in gerechtfertigtes Eigentum umgewandelt. Und die Wirtschaftsführer der Bundesrepublik hatten zur dieser Zeit nicht verstanden, dass es auf diesem Gebiet einen großen Erklärungsbedarf gab, noch hatte man nicht richtig kommuniziert, dass mit Wirtschaft auch etwas Sinnvolles gemacht werden könne. Ökonomen und Unternehmer wollten nichts mit Journalisten zu tun haben, wollten von ihnen in Ruhe gelassen werden. Ludwig Erhardt behauptete noch Mitte der sechziger Jahre, dass die schreibende Zunft nichts anderes sei als Pinscher.

Alfred Herrhausen war da anders, er wollte kommunizieren, einen neuen Weg einschlagen. Er sagte: »Wir müssen unser Tun immer wieder erklären. Wir müssen sagen, was wir denken, und wir müssen tun, was wir sagen. Wieder und wieder.« Deswegen wurde er auch heftig kritisiert.

Meine Überlegungen gingen weiter. 1971 verübte die RAF ihren ersten Mord an einem Polizisten. In den Jahren danach mussten wir registrieren, dass die internationalen Terroristen zunehmend Manager ins Visier nahmen. Das galt für die »Roten Brigaden« in Italien, die »Action directe« in Frankreich und eben auch für die RAF bei uns in Deutschland.

Das erste Terroropfer aus der Wirtschaft war Jürgen Ponto. Weitere Mordanschläge richteten sich im selben Jahr gegen Generalbundesanwalt Siegfried Buback und Arbeitgeberpräsident Hanns Martin Schleyer. Siemens-Vorstand Karl-Heinz Beckurts wurde ein Jahr nach Zimmermann ermordet.

Als ich meine Drohung erhielt, Mitte der achtziger Jahre, waren viele meiner Klienten weiterhin stark verunsichert. Sie benutzten gepanzerte Limousinen, wurden Tag und Nacht von Personenschützern begleitet und führten ein sehr eingeschränktes Privatleben. In der Öffentlichkeit konnten sie nur nach Abstimmung mit der Polizei und unter erheblichen Sicherheitsvorkehrungen auftreten. Mir war unbegreiflich, wie es möglich war, dass die Terroristen über so viele Unterstützer verfügten. Wie konnten sie immer wieder Unterschlupf finden und weitgehend unbemerkt operieren? Ein übler »Witz« der damaligen Zeit ging so: Was ist der Unterschied zwischen der RAF und McKinsey? Die RAF hat Sympathisanten. Das war grausam.

Es war bekannt, dass McKinsey auf der Liste stand, und nach meinem nächtlichen Anruf reagierte die Firma vorbildlich und schickte mit Warren Cannon, den Chef unserer Operations aus New York, um die Situation zu prüfen. Danach bekam ich einen Fahrer, musste aus Sicherheitsgründen einige Bäume im Garten fällen lassen und wurde für zwei Monate rund um die Uhr von Personenschützern bewacht. Man schlug mir auch vor, einen Hund zu kaufen. Sehr hilfreich in dieser Phase war der Sicherheitsdienst von Daimler, der mir auf Weisung von Werner Niefer mit Rat und Tat zur Seite stand. Erst kürzlich hatte ich nochmals das mitgegebene Merkblatt »*How to react when you are captured*« in den Händen.

Es war ein umfassender Eingriff in das Leben aller, die auf der »Liste« standen. Ich spüre immer noch Beklemmung, wenn ich an diese Monate zurückdenke. Nachts lag ich wach im Bett, und die Gedanken kreisten immerzu um dieses Thema: Warum sollte es mich nicht treffen? Sie hatten schon so viele umgelegt. Ich überlegte auch, wie ich wohl im Falle einer Gefangennahme reagieren würde? Was würde aus der Familie, wenn sie mich umbrächten?

In derselben Nacht nach dem Anruf erhielt die Münchner Polizei ihrerseits den eines Unbekannten, der sich als Polizist aus Frankfurt vorstellte und berichtete, dass auf Dr. Henzler von McKinsey ein Anschlag verübt worden sei. Die Münchner Beamten waren misstrauisch, zumal der »Polizist« eine fragwürdige Telefonnummer angab. Sie verwickelten ihn in ein längeres Gespräch und schnitten es mit.

Bei der Analyse vermuteten Mitarbeiter der Sicherheitsbehörden, dass die RAF nicht so vorgehen würde. Der Münchener Kripo-Chef gab mir zu verstehen: »Herr Henzler, es ist ungewöhnlich, dass sich die RAF vorher meldet. Meist bringen sie jemanden um, danach folgt ein Bekennerschreiben.« Die Beamten nahmen schließlich an, dass es sich in meinem Fall nicht um politischen Terror, sondern um eine gewöhnliche kriminelle Handlung ging. Sie vermuteten eine Beziehungstat.

»Eine Beziehungstat?«, fragte ich erstaunt nach.

»Kennen Sie jemanden, der sich an Ihnen rächen will?«, wurde ich gefragt.

Ich schüttelte den Kopf. Wer konnte der Täter sein? Mir fiel kein bewusster Feind ein.

»Eine Beziehungstat verübt auch ein Mensch, der im Büro eine schlechte Meinung über Sie haben kann.«, half man mir auf die Sprünge.

Sollte der Anrufer tatsächlich aus meinem beruflichen

Umfeld stammen? Ich konnte es kaum glauben. Dennoch musste dieser Möglichkeit nachgegangen werden. Meinem damaligen Operationschef Kurt Steglich ist es hoch anzurechnen, dass er alle Mitarbeiter McKinseys in Gruppen zu zehn Leuten zusammenholte und ihnen das polizeiliche Tonband des Anrufs in Frankfurt vorspielen ließ. Nach der fünften Gruppensitzung – inzwischen waren sechs Wochen vergangen – kamen einige Mitarbeiter zu ihm und sagten, dass sie die Stimme erkannt hätten: Es war ein Mitarbeiter aus unserer Druckerei. Er hatte die Einladungskarten zu unserer Hauseinweihung für mich gemacht. Deshalb wusste er auch das genaue Datum der Feier, den 23. Juli. Das Motiv war Neid, denn er selbst war zu dieser nicht geladen. Zuvor hatte er auch eine Beziehung zu einer ranghöheren Sekretärin gehabt. Da diese unglücklich endete, zeigte er sich missgünstig gegenüber allen Personen, die höher gestellt waren als er selbst. Der Mann kam vor Gericht und wurde zu einer Gefängnisstrafe verurteilt.

Es war furchtbar, zu sehen, dass ein Mensch so viel Neid in sich trug. Seitdem bin ich vorsichtiger geworden.

Der Terror in Deutschland ging unterdessen weiter. Nach dem Selbstmord von Baader, Meinhof und Ensslin im Gefängnis von Stuttgart-Stammheim 1977 war die Bewegung keineswegs vorbei, sondern eine neue Generation von Tätern führte sie fort. Im November 1989 sprengten sie Alfred Herrhausen, den Chef der Deutschen Bank, in die Luft, sechzehn Monate später erschossen sie Detlev Karsten Rohwedder, den Ruhrmanager, der sich in den Dienst der Treuhand gestellt hatte.

Herrhausen hatte ich fünf Tage zuvor gesehen, bei einem Treffen mit dem damaligen Wirtschaftsminister Helmut Haussmann und Hubert Burda. Ich war völlig schockiert, als ich die Nachricht hörte, konnte es anfangs kaum glauben, da ich wusste, dass er stark beschützt wurde. Immer fuhr ein Sicherheitsauto vor seinem Wagen, nie wurde dieselbe Wegroute gewählt. Ich dachte: Wenn die RAF unserem kapitalistischen System den Krieg erklärt hat, dann ist das wohl ein richtiger Krieg.

Eine Woche später unterbrach ich meine Arbeitswoche in New York, um an der Trauerfeier für Alfred Herrhausen teilzunehmen. Vor ihm verneigte sich die Republik, und die Gesellschaft schwor sich, dem Terrorismus keine Chance zu lassen. Bundeskanzler Helmut Kohl sagte sinngemäß: »Wenn diese Terroristen uns den Krieg erklären und einen unserer Besten umbringen, dann sollen sie wissen, von diesem Kaliber haben wir noch Tausende.« Als ich das hörte, dachte ich: Das kann doch nicht wahr sein. Es gibt nur einen Herrhausen.

Nach den Reden stellten sie seinen Sarg in einen Seitengang, ich saß nun direkt daneben. Auf dem Sarg stand »Bruder Alfred«. In diesem Moment wurde ich sehr traurig und nachdenklich. Alfred Herrhausen lag in einem Sarg, weil Terroristen ihn in ihrem Hass umgebracht hatten – das ist nun also das, was von einem Menschen übrig bleibt, der so viel in der Welt bewegt hat. Ich spürte die Verwundbarkeit von ihm, von mir, von allen. Ganz schnell konnte es mit einem aus sein. Es war all das nicht wirklich nachzuvollziehen und zu erklären, aber man war so ungemein verletzlich.

Der Kurs der Regierung, etwa im Fall von Hanns Martin Schleyer nicht nachzugeben, hatte ich immer für richtig gehalten. Nachdem Beamte der GSG 9 die Lufthansa-Maschine *Landshut* in Mogadischu stürmten und die RAF sich mit der Ermordung Schleyers rächte, bekundete ich im Nachhinein dem damaligen Kanzler Helmut Schmidt zu seiner Haltung Respekt, war auch der Ansicht, dass der Staat sich nicht erpressen lassen dürfe. Denn würde er auf die Bedingungen eingehen, die die Terroristen stellten, und das hatte man bei der Entführung von CDU-Spitzenpolitiker Peter Lorenz 1975 gesehen, würden sie den Nächsten freipressen.

Natürlich war es verständlich, dass Schleyer in seiner Situation sagte: »Bitte, tut alles, um mich hier herauszuholen.« Auch Peter Lorenz hatte sich das gewünscht.

Als Susanne Albrecht, die Tochter eines Studienfreundes von Jürgen Ponto, Vorstandsvorsitzender der Dresdner Bank, sich durch ihre Eltern bei der Familie Ponto im Juli 1977 zu einem Besuch anmeldete, hieß man sie willkommen. Man wusste nicht, dass sie Kontakte zur RAF hatte. Als Albrecht ihrem Patenonkel auf der Terrasse der Ponto-Villa mitteilte, man würde ihn entführen, er solle sich in ihren Gewahrsam begeben, dann würde ihm nichts passieren, wehrte sich Ponto. Für ihn, der ein großer Furcht einflößender Mann war, kam das nicht in Frage. Er wurde von Christian Klar und Brigitte Mohnhaupt, die Albrecht begleitet hatten, erschossen.

Wie man reagieren wird, kann man nicht vorher sagen. Ich hatte mir auch überlegt, was ich tun würde. Ich glaube, dass ich eher sehr klein geworden wäre. Man hängt an seinem Leben.

Nach dem Herrhausen-Attentat hatte die Polizei neben weiteren vierzig Personen auch meinen Namen auf der »Zielliste« gefunden, darunter, so weit ich mich erinnern kann, unter H auch Hans-Olaf Henkel und Gertrud Höhler. Wieder wurde ich einbestellt und zu extrem vorsichtigen Verhalten gemahnt. Nach etwa einem Jahr gab es dann Entwarnung. Tatsächlich endete der Terror nun nach über zwei Jahrzehnten grausamer Aktionen.

Die Mitbestimmung –
ein deutscher Sonderweg

Als die Regierung von Bundeskanzler Willy Brandt 1972 die paritätische Mitbestimmung einführen wollte, kam ich schlagartig mit der Politik in Berührung. Über die Konrad-Adenauer-Stiftung hatte ich mir zwei Karten für eine Veranstaltung besorgt, auf der das Für und Wider der neuen Unternehmensverfassung erörtert werden sollte. Zusammen mit meinem Office Manager John McDonald fuhr ich nach Bonn. Auf der einen Seite saß die Deutschland AG – die Chefs der großen deutschen Konzerne –, und ihnen gegenüber hatten die Gewerkschaftsführer unseres Landes gemeinsam mit dem Krupp-Manager Ernst Wolf Mommsen Platz genommen. In eisiger Atmosphäre prallten die Positionen aufeinander.

Dann gab es eine Pause, und ich dachte, naiv wie ich war: Jetzt werden sie gleich auf dich zukommen, die großen Führer der deutschen Wirtschaft; sie werden sagen: »Junger Mann, du bist mit deinem Office Manager hier, uns interessiert, wie ihr bei McKinsey über die Mitbestimmungsdebatte denkt. Ist das eine Sache, die Deutschland im Vergleich zum Ausland voranbringen wird?«

Aber es trat keiner außer Alfred Herrhausen für eine kurze Stippvisite auf uns zu. McDonald und ich standen allein am Bistrotisch und tranken unseren Kaffee. Wir waren veritable Nobodys! Die Regeln, nach denen Unternehmen geführt werden, sollten derart gravierend verändert werden, und niemand wollte wissen, was McKinsey davon hielt? Ich wollte bei einer Firma arbeiten, die gefragt war, die mitredete, deren Meinung etwas galt. Ich wollte nicht zu einer

Firma McKinsey gehören, für die sich niemand interessierte. In diesem Moment stand für mich fest: Entweder die Verhältnisse ändern sich bald, man interessiert sich für das Urteil von McKinsey in wichtigen Fragen, oder ich wechsle das Lager, weg von der Beratung und hin zu denen, die selbst die Entscheidungen treffen.

Nach diesem Schock nahm ich es selbst in die Hand, für McKinsey öffentlich Position zu beziehen. Ich schrieb im Frühjahr 1972 einen Artikel, den das *manager magazin* veröffentlichte – ermuntert von dem dortigen Redakteur Winfried Wilhelm. Darin setzte ich mich mit der erweiterten Mitbestimmung im Aufsichtsrat kritisch auseinander, schlug aber konkrete Schritte vor, wie das Management sich darauf vorbereiten sollte. Nach meiner Überzeugung war es ein Irrweg, 50 Prozent der Sitze den Arbeitnehmervertretern im Aufsichtsrat zu geben, doch man sollte sich auf die neue Entwicklung vorbereiten. Es war ein deutscher Sonderweg, denn kein anderes Land auf der ganzen Welt erwog auch nur, die Unternehmensführung derart zu erschweren.

Dabei war und bin ich keineswegs ein Gegner der Mitbestimmung. Für die Sphäre des Arbeitsplatzes ist sie unverzichtbar, aber da galt sie längst nach dem Betriebsverfassungsgesetz. Auch war der Wirtschaftsausschuss in Unternehmen ein wichtiges Organ für den Betriebsrat und die Geschäftsleitung. Aber im Aufsichtsrat ist zu entscheiden, ob ein Unternehmen gekauft, ob eine Tochtergesellschaft in China gegründet, ob Meyer oder Müller Vorstandsmitglied werden soll.

Darüber sollten primär die Vertreter der Eigentümer entscheiden. Ein Drittel der Sitze im Aufsichtsrat waren ja schon für die Arbeitnehmer reserviert. Ich fürchtete, dass die Mitbestimmung in diesen Fragen zu einem großen Geschacher führen würde nach der Methode: Wir stimmen der Berufung von Schulze in den Vorstand zu, wenn ihr dafür Lehmann zum Werksleiter macht! Wir unterstützen die Auslandsstrategie, wenn in den Inlandswerken zwischen Weihnachten und Neujahr endlich Überstunden gefahren werden! Die erweiterte Mitbestimmung würde dem Pferdehandel an der Unternehmensspitze Tür und Tor öffnen, warnte ich im *manager magazin*. Das Gesetz der damaligen sozialliberalen Koalition verhinderte ich mit meinem publizistischen Beitrag natürlich nicht, aber ich hatte für McKinsey Flagge gezeigt.

Dabei profitierte McKinsey vielleicht sogar von der neuen Regelung. Hans-Olaf Henkel, damals Deutschland-Chef der IBM jedenfalls meinte, etwas Besseres als das neue Mitbestimmungsgesetz hätte uns bei McKinsey gar nicht passieren können. Denn nun würden wohl Vorstände immer öfter Gutachten von Beratern einholen, um ihren Vorschlägen im komplizierter gewordenen Aufsichtsrat zusätzlichen Nachdruck zu verleihen: »Seht her, McKinsey hat die Frage untersucht und ist eindeutig zu dem Ergebnis gekommen, dass es keine vernünftige Alternative gibt.« Natürlich habe ich diese These immer bestritten.

Werner Niefer, der Daimler-Manager, brachte mich dann mit verschiedenen Politikern zusammen, so auch Mitte der achtziger Jahre mit Lothar Späth, dem damaligen Ministerpräsidenten von Baden-Württemberg. Unser erstes Treffen fand eines Samstags frühmorgens in der Villa Reitzenstein statt, der baden-württembergischen Staatskanzlei. Wir beschnupperten uns und fanden Gefallen aneinander. Jedenfalls hatte ich fortan Zutritt zu ihm und gab ihm Rat, wenn er mich danach fragte.

So war ich auch an dem »Stuttgarter Gipfel« beteiligt, den Lothar Späth zusammen mit Alfred Herrhausen im April 1989 ins Leben rief: Etwa fünfzehn Spitzenmanager aus allen europäischen Ländern versammelten sich in Späths Landeshauptstadt, im Neuen Schloss, und diskutierten, was Wirtschaft und Politik tun müssten, um besser aufeinander abgestimmt zu sein. Die Medien werteten es als Ausdruck von Späths Gewicht, dass es ihm gelungen war, Unternehmensführer wie Peter Wallenberg aus Schweden, Helmut Maucher (Nestlé) aus der Schweiz, Carlo De Benedetti (Olivetti) aus Italien und Maurice Greenberg (American International Group, AIG) aus New York alle Jahre nach Stuttgart zu holen.

Lothar Späth war der einzige Spitzenpolitiker in der Christlich-Demokratischen Union, der damals dem Parteivorsitzenden Helmut Kohl hätte Paroli bieten können. 1989 – die Wiedervereinigung war noch nicht in Sicht – machte sich Unruhe in der CDU breit, weil die Umfragen katastrophal schlecht waren. Die Außenparlamentarier hatten immer wieder kleine Demonstrationen organisiert. »Kohl muss weg!«, wurde skandiert. Späth erzählte mir bei einem Frühstückstreffen im Stuttgarter Hotel Inter Continental, dass immer mehr CDU-Politiker ihn aufforderten, gegen Kohl anzutreten. Gelegenheit dazu hätte der bevorstehende Bundesparteitag in Bremen geboten. Dort stand die Wahl der Parteispitze turnusmäßig an, und Helmut Kohl wollte erneut kandidieren.

Der Drahtzieher des Bremen-Putsches war Heiner Geißler. Die Konflikte zwischen Kohl und Geißler hatten sich im Umfeld des Parteitags verstärkt – Geißler musste dann auch sein Amt als CDU-Generalsekretär abgeben –, und nun hatte Kohls innerparteilicher Widersacher beschlossen, dieses »Übel« in die Wüste zu schicken. Entweder Späth oder Rita Süssmuth sollten die Partei seiner Meinung nach führen.

Späth schien noch nicht endgültig entschlossen, Kohl herauszufordern. Aber er äußerte, wahrscheinlich könne er sich nicht entziehen, wenn starke Parteikreise ihn dazu aufforderten. Dann sagte er zu mir: »Wenn es so kommt und wenn ich das mache, dann brauche ich Sie in Bonn.« Ich wehrte das Ansinnen ab, schließlich sei ich Chef von McKinsey Deutschland und könne das nicht einfach aufgeben. Aber Lothar Späth erwiderte: »Wenn es so kommt, dann zwinge ich Sie ins Obligo!« In dem Moment war klar: Wenn Späth tatsächlich Bundeskanzler würde, dann würde er mich als Minister in seinem Kabinett sehen wollen. Ich telefonierte mit Fred Gluck und erläuterte ihm die schwierige Situation. Der Gedanke, dass er für mich eventuell einen Nachfolger suchen sollte, gefiel ihm nicht.

Kurz vor dem Parteitag in Bremen beriet sich Späth noch einmal mit einigen Vertrauten. Er wollte die Mitglieder des Parteipräsidiums anrufen und ihnen die Gretchenfrage stellen: »Wie hältst du es mit Helmut Kohl?« Mit diesem Meinungsbild sollte Späth in eine Präsidiumssitzung vor Beginn des Parteitags gehen und dort erklären: »Mit Kohl geht es nicht so weiter, wir stimmen jetzt über ihn ab.« Doch es stellte sich heraus: Das Unbehagen über Kohl war groß, aber nur wenige wollten ihn wirklich stürzen. Am nächsten Tag begann der Parteitag, und ein gesundheitlich angeschlagener Kohl setzte sich als Weltstaatsmann in Szene, so erzählte es mir im Nachhinein Helmut Linssen, CDU-Politiker und späterer Freund: Mit Gorbatschow habe er telefoniert, Frau Thatcher habe ihn soeben ihrer Unterstützung versichert, und Mitterand aus Frankreich habe ihm gesagt: »Stehen Sie das durch, wir alle haben schon mal dunkle Zeiten erlebt.« Und dann ging Kohl seine Gegner frontal an: Es gebe in der CDU Leute, die das Messer im Gewand trügen, die den Parteiführer stürzen wollten, statt ihn in einer schweren Situation zu unterstützen. Kohl sprach von Untreue, und jeder im Saal wusste, wen er meinte.

Der alte Kämpfer hatte den Putsch im Keim erstickt. Lothar Späth wurde nicht einmal mehr in das Präsidium gewählt. Er sei als Adler nach Bremen gekommen und als Suppenhuhn wieder abgereist, lästerten die Kohl-Freunde über das Fiasko des Herausforderers. Dann kam die ostdeutsche Revolution, Helmut Kohl ergriff den Mantel der Geschichte und wurde zum Helden der Wiedervereinigung. Lothar Späth hingegen verlor rasch das Wohlwollen der Medien. Der Spiegel, der ihn als Hoffnungsträger im konservativen Lager unterstützt hatte, schrieb nun nur noch negativ über ihn. Es dauerte kaum einige Monate, dann verlor er auch das Regierungsamt, und zwar aus lächerlichem Grund: Angeblich hatte er sich von einem Freund einladen lassen. Lothar Späth war regelrecht zur Strecke gebracht worden.

Mit Lothar Späth verband mich auch danach noch eine enge Partnerschaft. Wir schrieben gemeinsam fünf Bücher, entwickelten ein Zehn-Punkte-Programm für den Wiederaufbau in den neuen Bundesländern, und ich trat wiederholt in seiner n-tv-Talksendung *Späth am Abend* auf.

Mit Genugtuung beobachtete ich, wie Späth der mit Abstand erfolgreichste Chef eines ostdeutschen Unternehmens (Jenoptik), trotz der milliardenschweren Unterstützung durch die Treuhand, wie er danach erfolgreicher Investmentbanker bei Merrill Lynch wurde (und wir gelegentlich Doppelpass spielen konnten), wie er als Mitglied des Stoiber-Teams zur Bundestagswahl 2002 rasch wieder zum Hoffnungsträger der CDU avancierte: Innerhalb von zwei Monaten wurde er der populärste Politiker. Noch im Herbst 2010 erlebte ich, wie bei einem gemeinsamen Gaststättenbesuch in Stuttgart Passanten zu ihm kamen und ihn inständig baten, doch wieder zu kandidieren. Ich bin jedenfalls sicher: Den Machtwechsel in Stuttgart hätte es mit Lothar Späth an der Spitze nicht gegeben.

Als der baden-württembergische FDP-Politiker Helmut Haussmann 1988 Bundeswirtschaftsminister wurde, suchte er ebenfalls Rat von außerhalb der Politik. Er bildete einen kleinen Beraterkreis, das »Spätzle-Quartett«. Die vier Mitglieder waren Uwe Holy, damals Boss-Manager und heute immer noch Modeunternehmer (Strellson), Wolfgang Reitzle, damals BMW-Entwicklungsvorstand, Willem van Aghtmael, damals Chef von dem Stuttgarter Einzelhandels- und Warenhausunternehmen Breuninger und ich. Alle sechs Wochen traf sich das Quartett und erörterte mit Haussmann aktuelle Fragen aus seinem Ressort.

Bei einer dieser abendlichen Sitzungen in seinem Ministerzimmer in Bonn ging es um die Steinkohleförderung, um die gewaltigen Subventionen, die die öffentliche Hand dafür aufbrachte, und um die Möglichkeiten, damit Schluss zu machen. Am nächsten Tag, so war es angekündigt, sollte Haussmann seine Haltung zur Zukunft der Zechen an Ruhr und Saar auf einer Pressekonferenz öffentlich verkünden. Wir Berater hatten das Thema gründlich aufgearbeitet. Wir trugen ihm Zahlen, Argumente und Vergleiche vor, um ihn davon zu überzeugen, dass ein kräftiger Schnitt angebracht war. Unser Vorschlag lautete, die öffentlichen Hilfen zunächst auf die Hälfte zu kappen – und der liberale Minister legte sich tatsächlich darauf fest.

Morgens um acht Uhr war das Wirtschaftsministerium bereits von schwarz angemalten Bergarbeitern umlagert. Sie blockierten den Zugang und ließen auch den Minister nicht durch, bis er zusagte, eine Delegation der Demonstranten zu empfangen. Eine Stunde später fand das Gespräch statt, und um zehn Uhr trat Helmut Haussmann vor die Presse und erklärte, dass er völlig neue Erkenntnisse gewonnen habe und dass bei der Kohleförderung am besten alles so bliebe, wie es war. Haussmann war durchaus ein Politiker mit liberalem Ehrgeiz und mit ordnungspolitischem Anspruch, aber der Druck war offenbar zu groß für ihn.

Wie der Vorschlag zur Kohlepolitik, so verschwand auch mancher Rat, den ich teils allein, teils mit anderen zur Wiedervereinigung ab 1989 entwickelte, sang- und klanglos in der Versenkung. Ich musste lernen, dass wirtschaftliche Argumente damals keine Rolle spielten. Der Einigungsprozess wurde unter politischen Gesichtspunkten gestaltet. Ich konnte nur die ökonomischen Aspekte beurteilen, und so betrachtet war es eine einzige Katastrophe. Gab es schon für das Begrüßungsgeld, das sich die Ostdeutschen im Westen abholen konnten, keine vernünftige Begründung, so wurde das Währungsumtauschverhältnis von DDR-Mark zu D-Mark wider besseres Wissen auf eins zu eins festgesetzt.

Aber es waren nicht nur Politiker, die damals die Augen vor den Fakten schlossen. Detlef Karsten Rohwedder, dem ersten Treuhandchef, trug ich, wie später auch in der »Elefantenrunde«, die ersten McKinsey-Erkenntnisse vor, dass die DDR-Wirtschaft bei der Produktivität nicht, wie gemeinhin angenommen, 20 Prozent hinter der alten Bundesrepublik zurückliege, sondern eher 60 oder sogar 80 Prozent. Meine Schlussfolgerung lautete: »«Es kann nicht gut gehen, denn die Wirtschaft Ost ist nicht wettbewerbsfähig.«

Dieser Realismus fand keinen Beifall. Jens Odewald, damals Kaufhof-Chef und Vorsitzender des Verwaltungsrates der Treuhand, bügelte mich geradezu nieder. Er bestritt die Analyse auf das Heftigste und warf mir vor, ich hätte keine nationalen Gefühle. Warnungen wurden damals nicht gern gehört, niemand trat mir zur Seite. Enttäuscht war ich auch von einigen Klienten, die uns ausdrücklich ermutigt hatten, dass McKinsey eine Analyse vorlegen sollte, um der Kritik am wirtschaftlichen Einigungsprozess mehr Gewicht zu geben. Nun aber, da dieser Beitrag zu mehr Realismus den nationalen Gefühlen geopfert wurde, klopften sie uns auf die Schulter und trösteten uns, dass das »Timing« für die realistische Analyse nicht passend gewesen sei.

Annäherung an das Energiekombinat »Schwarze Pumpe« und Vorschläge für Kohls Elefantenrunde

Als am 9. November 1989 die Mauer fiel, war ich in Düsseldorf. Ich dachte: Es hätte nur am 9. November geschehen können, nicht einen Tag vorher, nicht einen Tag später. Der 9. November war historisch bedeutsam, denn an einem 9. November wurde von Friedrich Ebert die »deutsche Republik« ausgerufen, es gab an diesem Tag den Hitler-Ludendorff-Putsch, die Reichspogromnacht. An diesem 9. November 1989 war Helmut Kohl mit Alfred Herrhausen in Polen, und ich erinnere mich noch daran, wie sie plötzlich zurückflogen, wie der Kanzler in Ostberlin auftrat und ausgepfiffen wurde, wie die Menschen applaudierten, als Willy Brandt kam. Es war eine unglaubliche Euphorie zu spüren, es war ein grandioser Moment.

Seit meiner Studentenzeit hatte ich mit der DDR beschäftigt. Wer sich in den sechziger Jahren für Politik interessierte, der interessierte sich auch für die Deutsche Demokratische Republik. Sie war nach dem Zweiten Weltkrieg im sowjetisch besetzten Teil Deutschlands als sozialistischer Staat errichtet worden. Die deutsche Teilung und, mit ihr als Ausdruck, die Spaltung der Welt in Ost und West war das alles überragende politische Thema der damaligen Zeit, auch für uns Studenten.

Als politischer Referent des Verbandes der Studierenden an Höheren Wirtschaftsfachschulen (VSW) hatte ich die deutsch-deutsche Teilung auf unsere Agenda gesetzt und organisierte ein Seminar zur Frage der Wiedervereinigung. Praktisch konnte man als West-Bürger die DDR kaum wirklich erkunden, es sei denn in ihrer Hauptstadt. Denn dank des besonderen Status von Gesamtberlin konnte die SED zwar ihre Bürgerinnen und Bürger einmauern, aber den Zugang von Westberlin aus durfte sie nicht unterbinden.

Diese Möglichkeit nutzte ich oft. Wenn ich mich in Berlin aufhielt, meistens gemeinsam mit Kommilitonen, besuchten wir den Ostteil der Stadt und sahen uns dort um. Einmal lernten wir in der Nähe des Alexanderplatzes drei ostdeutsche Studentinnen kennen. Zu einer von ihnen, Gaby Schwarz, habe ich noch immer Kontakt. Ich besuchte sie von Westberlin aus mit einer Flasche Whisky im Rucksack, und kurz vor Mitternacht trennten wir uns wieder. Denn vor Ablauf des Tages mussten die West-Bürger Ostberlin wieder verlassen. Wie Tausende andere auch, kehrte ich über den Tränenpalast zurück – der Bahnhof Friedrichsstraße war damals die zentrale Grenzübergangsstelle der DDR und für viele Menschen eine Stätte erzwungener Abschiede.

Später, als ich McKinsey Deutschland leitete, versuchte ich mehrfach über offizielle Kanäle Kontakte zum Außenhandelsministerium der DDR herzustellen. Aber meine Anfragen blieben ohne Antwort. Eines Tages kam es jedoch zu einem Kontakt: Ich begleitete einen Manager des Krupp-Konzerns nach Ostberlin in das Hotel Metropol zu einem Treffen mit Gerhard Beil, der von 1986 bis 1990 als Chef des Außenhandelsressorts der DDR-Regierung angehörte. Es war meine erste Begegnung mit einem hochrangigen Vertreter des SED-Regimes, und ich war erschrocken, wie dieser Mann sich aufführte: Das Metropol sei »sein Hotel«, sagte er, man zeichne alles auf, was in den Zimmern gesprochen würde, so könnte man den Staatsfeinden den Garaus machen. Der Kontakt zu Beil hatte nichts gebracht. Im Gegenteil: Mit dem Krupp-Manager hatte ich hinterher eine harte Diskussion, darüber, wie man überhaupt mit solchen Leuten Geschäfte machen könne.

Im September 1987 erhielten Rosemarie und ich über Kurt Biedenkopf eine Einladung zu einem wissenschaftlich-technischen Meinungsaustausch in Leipzig. Daran nahmen alle namhaften Ökonomieprofessoren der DDR teil, darunter Jürgen Nötzold von der Karl-Marx-Universität Leipzig. Wir debattierten über den ökonomisch-technischen Wandel, aber wir verstanden uns nicht. Wir waren viel zu weit von einem gemeinsamen Verständnis von Wirtschaft entfernt. Die technisch-ökonomischen Anpassungsprozesse hießen bei Nötzold und seinen Kollegen »Anpassungen im Fünfjahresplan«.

Die Wirtschaftsexperten, die wie Gerhard Beil zumeist an der »Hochschule für Planökonomie«, der Hochschule für Ökonomie in Berlin, studiert hatten, waren die reinen »Tonnen-Ideologen«. Sie rühmten sich der Exporterfolge gegenüber dem Comecon, der Wirtschaftsgemeinschaft des Ostblocks; aber gerechnet wurde in Tonnen und nicht in einer realistischen Werteinheit. Zugleich versuchte die DDR harte Devisen im Westen zu erlösen, egal mit welchem Geschäft: Im Schattenreich des Alexander Schalck-Golodkowski, der »Kommerziellen Koordination«, wurden Waffen gehandelt, Kulturgüter verscherbelt, Blutplasma exportiert, Giftmüllimporte organisiert, und nicht zuletzt erlöste man Millionen, indem die Bundesregierung politische Häftlinge aus der DDR mit Kopfgeld freikaufte.

Auch bei Begegnungen wie unserer Konferenz in Leipzig zwei Jahre vor dem Fall der Mauer beteten die Wirtschaftsvertreter die offiziellen Erfolgsmeldungen herunter. Dabei brauchten wir nur am Rande der Tagung ein wenig durch Leipzig zu spazieren, um die Widersprüche zu erleben. Die Straßen waren voller Schlaglöcher, ganze Stadtteile dem baulichen Verfall preisgegeben. Und wenn man in »Auerbachs Keller« essen und trinken wollte, bekam man auch als Westler einen Eindruck von der Alltagsökonomie der DDR: Man musste Glück haben, dass man einen leeren Tisch auch tatsächlich besetzen durfte, und die Bedienung war eine einzige Katastrophe.

McKinsey blieb aber an der DDR interessiert. 1988, noch vor dem Fall der Mauer, veranstalteten die Partner der deutschen Büros ihre Jahrestagung in Dresden. Das lag daran, dass ich den Kontakt zu Jürgen Nötzold und anderen Ökonomen gehalten hatte und ich der Überzeugung war, dass man durch einen Austausch mit den Kombinatsführern etwas lernen könnte. Im Konferenzsaal des Hotels Belvedere handelten wir unsere Tagesordnung ab. Ein Kollege wies mehrfach darauf hin, dass wir bestimmt abgehört würden, aber wir scherten uns nicht darum und machten Business as usual: Bei welchen Klienten sollten wir uns stärker engagieren? Wie war der Stand der verschiedenen Projekte? Wer sollte für den Aufstieg zum Partner vorgeschlagen werden?

Im Rahmenprogramm bekamen wir interessante Eindrücke in DDR-Betrieben. Wir besuchten das Energiekombinat »Schwarze Pumpe« im brandenburgischen Spemberg, die Meißener Porzellanmanufaktur und das Glaswerk Ilmenau. Die Besichtigungen verschafften uns keine tiefen Einblicke. Aber das, was wir sahen, ließ uns erkennen: McKinsey-Berater hätten hier sehr viel zu tun.

Doch keine SED-Regierung hätte jemals McKinsey in die Volkseigenen Betriebe geholt und dafür auch noch Devisen locker gemacht.

Unsere Dresdner Tagung endete mit einem geselligen Abend im Hotel Belvedere, zu dem wir auch die DDR-Begleiter einluden, mit denen wir es während unseres Aufenthalts zu tun gehabt hatten. Die Stimmung war gelöst. Ich brachte einen Dankestoast aus, und weil ich ihn irgendwie launig schließen wollte, sagte ich: »Wir haben immer Schwierigkeiten, unsere Sitzungsprotokolle zu fertigen. Es wäre sehr nett, wenn die DDR uns die Abschriften ihrer Mitschnitte zur Verfügung stellen könnte!«

Der Scherz war nicht gut. Jedenfalls erntete ich bei den DDR-Gästen eisiges Schweigen. Später schrieb mir ein Funktionär, ich hätte in eklatanter Weise gegen die Gesetze der Deutschen Demokratischen Republik verstoßen, man habe sogar meine Festnahme erwogen. Glücklicherweise war das unterblieben, aber eine kleine Rache nahm die Obrigkeit doch: Als unsere Gruppe am nächsten Tag am Grenzübergang Hermsdorf die DDR verlassen wollten, wurden wir ohne erkennbaren Grund über eine Stunde lang aufgehalten.

Später, nach der von friedlichen Bürgern erzwungenen Wende, musste die Treuhand die Zukunft der DDR-Wirtschaft gestalten, und ich gehörte zu den Beratern der ersten Stunde, die bei den Entscheidungen halfen: Welche Betriebe müssen abgewickelt, welche können saniert und welche lassen sich gleich an private Investoren verkaufen? An diesem Prozess war McKinsey mit bis zu dreißig Beratern beteiligt.

Ich erinnere mich, wie ich im Juni 1990 im Rahmen dieses Auftrags erstmals einen Betrieb besuchte. Es war das VEB-Werkzeugmaschinenkombinat »7. Oktober« in Berlin, einst ein Schwergewicht der DDR-Wirtschaft. Dessen Chef, Karl-Heinz Warzecha, war Kult, da er innerhalb seiner eng gesteckten Grenzen viel geleistet hatte. Mit mir verschafften sich McKinsey-Direktoren aus der Schweiz, aus Japan und den USA einen ersten Eindruck. Wir waren schockiert über den Zustand des Unternehmens und darüber, wie unproduktiv es war im Vergleich zu westlichen Unternehmen.

Zum »Aufbau Ost« gab es ab Mitte 1991 im Kanzleramt mehrere sogenannte Elefantenrunden, bei denen die fünfzig wichtigsten Manager der Bundesrepublik und einige Minister sich versammelten und darüber diskutierten, wie man die geforderten »blühenden Landschaften« weiter erreichen konnte. Man hatte auch mich zu diesen Runden gebeten, wohl aus dem Grund, weil wir von McKinsey in Eigenregie ein recht kritisches Papier zur Entwicklung der neuen Bundesländer gemacht hatten. In diesem stellten wir einen bedenklichen Produktivitätsunterschied in den ehemaligen DDR-Kombinaten fest. Je nach Branche schätzten wir ein, dass sie 60 bis 80 Prozent hinter den westdeutschen Betrieben lagen. Statt nun aber alles platt zu machen, schlugen wir vor, bei ausgewählten Kombinaten und Regionen (zum Beispiel das Chemiedreieck um Bitterfeld) eine Strukturkomponente in der Produktivitätsbetrachtung zu berücksichtigen, um so von einer rigiden Anwendung der üblichen Produktivitätsbetrachtung wegzukommen. Zudem hatte ich zuvor, im Januar 1990, im *manager magazin* ein kontrovers aufgenommenes Interview über die geeignete Vorgehensweise im Fortgang der neuen Volkswirtschaft gegeben. So hatte ich ein Patenschaftsmodell westdeutscher Unternehmen mit ihren alten DDR-Standorten gefordert.

Beim ersten Treffen war ich recht nervös – nicht jeden Tag war ich bei Helmut Kohl und seinen Ministern in Bonn zu Gast – und es war aufregend, bei einer solch gewichtigen Runde mit von der Partie zu sein. Um den großen Besprechungstisch formierten sich drei Reihen: In der ersten hatten die Manager der größten Unternehmen Platz genommen, darunter Heinrich von Pierer (Siemens), Edzard Reuter (Daimler), Manfred Schneider (Bayer-Konzern), Hilmar Kopper (Deutsche Bank), Jens Odewald (Kaufhof), Dietmar Kuhnt (RWE), Ulrich Hartman (E.ON) und natürlich Treuhandchefin Birgit Breuel. In der zweiten die der mittleren Firmen, in der dritten saß zum Beispiel ich. Mein Blick schweifte zum Bundeskanzler und zu einer jüngeren, unauffällig aussehenden Frau. Als ich später nachfragte, hieß es, das sei Angela Merkel, sie stamme aus dem Osten und werde Kohls »Mädchen« genannt. 1994 wurde sie seine Umweltministerin.

Kohl leitete das dreistündige Meeting souverän, er schien die Teilnehmer geradezu zu dirigieren. Er veranschaulichte, wie Rekrutenjahrgänge aus den alten und neuen Bundesländern jetzt gemeinsam eingezogen werden, wie überhaupt der Fortschritt in den neuen Bundesländern zügig vorangehen könnte. Unterstützt wurde er von den – natürlich – positiven Meldungen der Treuhandchefin Birgit Breuel und Meldungen über Investitionsabsichten von dreißig börsennotierten Unternehmen. Selbst die Franzosen und Engländer wollten damals in der ehemaligen DDR investieren. So war es selbstverständlich, dass sich Kohl als der große Staatsmann zeigen konnte. Für ihn gab es keine unüberwindbaren Probleme – nur Chancen.

Einmal hat ihn dann doch etwas fast aus der Fassung gebracht. Bei einem dieser Meetings – sie fanden alle drei Monate statt – trug der Unternehmer Tyll Necker aus Schleswig-Holstein, der BDI-Vorsitzende, die Sorgen der Wirtschaft über die bevorstehende Einführung der Pflegeversicherung zum 1. Januar 1995 vor. »Zu teuer«, sagte der Mann, »auch steigert sie die Sozialnebenkosten auf ungeahnte Höhen …« Noch während er sprach, färbte sich Kohls Kopf rot, seine Nackenhaare stellten sich auf, dann polterte er los: »Was glauben Sie denn, was wir machen sollen, wenn wir immer älter werden? Und außerdem: Wer hat denn dieses Land nach dem Krieg wieder aufgebaut?« Das ewige Gejammer der Wirtschaft sei ihm leid, denn bei allen seien die Unternehmer die ersten, die aufschreien würden, um sich dann hinterher wieder besonders anzustrengen und ordentlich zu verdienen.

Der Kanzler schimpfte wie ein Rohrspatz, niemand aus der elitären Runde traute sich in diesem Moment, etwas dagegenzuhalten. Die Gefahr, dass man in diesem Kreis »abgebürstet« werden konnte, war zu groß. Mir tat der Unternehmer aus Schleswig-Holstein leid, denn mir war klar, dass er von den anderen Versammelten dazu angehalten worden war, dem »Dicken« mal die Meinung zu sagen – und jetzt stand er allein auf weiter Flur.

Das Meeting lief in gedrückter Stimmung weiter, der Angriff auf den Mann aus dem hohen Norden hallte nach. Ich machte noch einen Vorschlag zur Patentschaftsbetreuung der restlichen Kombinate – ich wollte, dass die westdeutschen Unternehmen ihre ostdeutschen ehemaligen Besitzungen, so etwa Daimler in Genshagen bei Berlin, BASF in Bitterfeld, wieder übernehmen und aufrichten sollten. Wer keine solche Patenschaft übernahm, hätte eine Abgabe zu bezahlen. Und ich gab eine Empfehlung, wie man 10 000 Manager aus den neuen Bundesländern vor Ort schulen könnte. Es waren kreative Ideen, aber sie scheiterten – es gab zu jener Zeit zu viele Ratgeber.

An diesem Abend war Helmut Kohl noch Ehrengast beim Verband des Deutschen Einzelhandels und beim Hotel- und Gaststättenverband. Er wurde mit großem Hallo empfangen, und man gab ihm zu verstehen, dass man schon gehört hätte, was tagsüber vorgefallen sei und dass er aber sicher sein könne, hier würde nichts derartiges drohen. Bei solchen Äußerungen musste Kohl sich bestätigt gefühlt haben, dass sein gelegentliches Misstrauen den »Pfeffersäcken« gegenüber nicht unberechtigt war.

Zurück zu den neuen Bundesländern, die für McKinsey auch eine Versuchung darstellten. Unter den bis zu dreißig Beratern, die wir im Osten im Einsatz hatten, waren auch die beiden Direktoren Axel Eckhardt und Hartmut Emans. Im Sommer 1991 kamen sie eines Tages zu mir und sagten, sie würden gern eine Treuhandfirma kaufen. Es handelte sich um ein Traditionsunternehmen aus dem Elektro- und Anlagenbau, das ursprünglich zur AEG gehört hatte, zu DDR-Zeiten verstaatlicht und von der Treuhand zur »Elpro Aktiengesellschaft« umgewandelt worden war, einschließlich eines stattlichen Immobilienbesitzes.

Meine Antwort war eindeutig: »Das geht nicht, denn wir sind als Berater bei der Treuhand tätig. Wenn jemand von uns kauft, wirft das ein schlechtes Licht auf uns.« Bevor ich in den Urlaub ging, übermittelte ich den Kollegen in einem Memo noch einmal meine Position: Sie könnten sich gern um die Firma bewerben, müssten aber zuvor McKinsey verlassen, damit unser Ruf nicht beschädigt würde. Falls das Vorhaben schief gehen sollte, schrieb ich, könnte man sicherlich über eine Rückkehr reden. Sie riefen mich daraufhin an und teilten mir mit, sie wollten bei McKinsey bleiben und böten um Elpro nicht mit.

Deshalb traute ich meinen Ohren nicht, als mein alter McKinsey-Kollege und jetzige Treuhandvorstand Wolf Klinz mich nach zwei Wochen anrief und sagte: »Deine beiden Leute waren heute da. Sie haben präsentiert, und es sieht gar nicht schlecht aus für sie. Ich könnte mir vorstellen, dass sie den Zuschlag bekommen.« Ich war verärgert: Wie konnten sie für die Firma bieten, wo ich es ihnen praktisch verboten hatte und sie sich ausdrücklich gefügt hatten? Ich versuchte sofort, sie anzurufen, aber der eine hatte sich wegen Krankheit und der andere wegen eines Trainings abgemeldet.

Ich telefonierte mit New York und besprach den Fall. Nach meiner Überzeugung hatten sie den Ruf von McKinsey so schwer beschädigt, dass sie gefeuert werden mussten. Fred Gluck, der damalige Chef, sagte: »Wenn du das für richtig hältst, ist es okay. Wenn du noch eine goldene Brücke findest, ist es auch okay. Ich trage mit, was auch immer du entscheidest.«

Am Abend erreichte ich Axel Eckhardt dann doch am Telefon und fragte ihn: »Wie war es denn in Berlin?« Nun war er es, der konsterniert war. Dann sagte er: »Wir wollen dir alles erklären.« Ich sagte klipp und klar: »Morgen um zehn Uhr seid ihr nicht mehr in euren Büros!«

Am nächsten Morgen gab ich unserem Finanzchef Rainer Roggendorf die Direktive, wie mit den beiden Kollegen zu verfahren sei: Büro ausräumen, Schlüssel abnehmen, bis zehn Uhr das Haus verlassen. Der Rauswurf wurde praktisch vor aller Augen vollzogen, und das kam einer standrechtlichen Erschießung gleich. Es war hart, aber ich wollte ein Exempel statuieren: Das Ansehen der Firma muss geschützt werden, da gab es keinen Kompromiss.

Der Fall hatte innerhalb von McKinsey großes Aufsehen erregt. Mir war auch nicht entgangen, dass viele Partner und Kollegen bezweifelten, ob ich nicht zu schweres Geschütz aufgefahren hatte. Aber von der abschreckenden Wirkung bin ich noch heute überzeugt: Ich habe jedenfalls bei McKinsey kein vergleichbares Vorkommnis jemals wieder erlebt.

Heute gibt es so gut wie kein Großunternehmen, das seinen Sitz in Ostdeutschland hat. Die ostdeutsche Industrie hat immer noch einen Produktivitätsrückstand von etwa 25 Prozent. 1,6 Millionen Menschen haben die neuen Bundesländer Richtung Westen verlassen, manche Gegenden, etwa in Mecklenburg-Vorpommern, sind nahezu menschenleer.

Im Fall der DDR zeigt sich, dass die Folgen einer Entwicklung, die fünfundsechzig Jahre lang in die falsche Richtung ging, nicht in gut zwanzig Jahren korrigiert werden kann. Es wird mindestens noch einmal zwanzig Jahre brauchen, bis der Weg gefunden ist.

Beinbrüche, Eitelkeiten und andere Komplikationen

Unternehmensberater sein hieß, dass ich in erster Linie Menschen zu beraten hatte, und dabei kam ich ihnen oftmals sehr nahe. Wenn Menschen mir nahe stehen, dann halte ich auch in schlechten Zeiten zu ihnen. So war es auch mit Werner Niefer, dem 1993 verstorbenen Mercedes-Chef. Mit ihm verband mich ein enges Verhältnis, das über die professionelle Zusammenarbeit hinausging. Es sollte sich bewähren, als Niefer sich einmal – es war im Jahr 1990 – in Italien in große Schwierigkeiten brachte. Nach einem ausgedehnten Mittagessen mit seinen Begleitern wollte Niefer in einem Bus zurück zum Flughafen fahren. Er selbst setzte sich hinters Steuer, obwohl er für dieses Fahrzeug keine Fahrerlaubnis hatte.

In einer Kurve verlor er die Kontrolle über den Bus, mit der Folge, dass eine Fußgängerin, eine Urlauberin aus Stuttgart, bei dem von Niefer verursachten Verkehrsunfall zu Schaden kam – ihr Bein wurde schwer verletzt. Man stellte sicher, dass die Frau gut versorgt wurde, während man auf die Polizei wartete. Da diese aber nicht auftauchte, empfahl ein italienischer Anwalt, Niefer und seine Leute sollten doch zum Flughafen fahren und nach Stuttgart zurückfliegen, er würde schon alles regeln.

Anschließend gab es deswegen einen großen Aufschrei in der Presse, von Fahrerflucht war die Rede, von einem fehlenden Busführerschein. Niefer besaß nur einen brasilianischen Busführerschein – und das als Chef von Mercedes! In dieser Notsituation rief er mich an. Ich befand mich gerade in New York, zusammen mit Mark Wössner, damals

Vorstandsvorsitzender von Bertelsmann. Sofort flog ich nach Stuttgart, um Niefer und seiner Frau beizustehen. Er hatte sich in eine unangenehme Lage gebracht, aber er war mein Freund, und ich wollte ihm helfen, so gut ich konnte. Doch mehr als freundschaftlichen Zuspruch und das Gefühl zu geben, in einem solchen Moment an seiner Seite zu sein, konnte ich nicht beitragen. Auf der kurz darauffolgenden Daimler-Hauptversammlung gab es viele Fragen zu diesem Themenkomplex, und Niefers Stern war arg angegriffen.

Kennengelernt hatte ich ihn, als wir 1983 bei McKinsey unser erstes Daimler-Projekt im Mercedes-Transporterwerk in Düsseldorf absolvierten. Während dieser Zeit lud mich Verkaufschef Hans-Jürgen Hinrichs zur nationalen Vertriebstagung nach Bremen ein, um dort eine Rede zu halten. Werner Niefer war auch anwesend, damals war er im Daimler-Benz-Vorstand für die Produktion verantwortlich.

Wir verstanden uns vom ersten Moment an. Und dann stellte sich auch noch heraus, dass er aus dem Gasthaus Hirsch in Notzingen/Teck stammte, nicht weit von der Heimat meiner Mutter. Einer ihrer Brüder hatte sogar einst in der Nieferschen Gastwirtschaft gearbeitet und dürfte den kleinen Niefer auf dem Arm getragen haben. Meine Mutter erinnert sich noch, wie sie einst die vierzehn Kilometer Fußweg von Wendlingen nach Notzingen und zurück zum »Bsüchle« im Hirsch gemacht hatte. Nachdem Werner Niefer entdeckt hatte, dass wir Landsleute waren, verfiel er in den Dialekt unserer Gegend, wenn wir uns sahen.

Dazu war oft Gelegenheit. Dass McKinsey den Auftrag erhielt, alle Werke in Deutschland gründlich zu analysieren, war auch ihm zu verdanken, denn er wollte, dass die Werke ergebnisorientiert arbeiteten und dass die Gemeinkosten nicht wucherten. Zugleich entstand ein persönliches Vertrauensverhältnis, so dass wir auch außerhalb der McKinsey-Projekte viele Themen zu erörtern hatten.

Ein Thema, das öfter zur Sprache kam, war seine nie verwundene Enttäuschung, nicht selbst an die Spitze des Kon-

zerns berufen worden zu sein, nachdem der Vorstandsvorsit-
zende Gerhard Prinz 1983 überraschend verstorben war.
Wir diskutierten über den Versuch, unter dem Dach von
Daimler noch einen Flugzeugbauerkonzern zu schmieden; er
tauschte sich mit mir über die Bildung einer neuen Holding-
struktur aus, die ihm den Chefposten der Auto-»Tochter«
Mercedes einbrachte. Hinzu kamen viele Themen aus sei-
nem Network, bei denen er mich, meist in Telefonaten am
Wochenende, um Rat oder Hilfe bat, nach dem Motto:
»Kannst du dir des mal durch den Kopf gange lasse?«
Unsere Familien waren inzwischen so eng befreundet,
dass er meine Mutter zuhause in Neckarhausen zum Maul-
taschenessen besuchte oder dass er sie bei einer passenden
Gelegenheit aus einem Sanatorium in Kärnten in seinem
Flugzeug mit nach Hause nahm. Es war für uns ein großer
Schock, als Werner Niefer kurz nach seiner Pensionierung
im Alter von vierundsechzig Jahren starb. Unvergessen das
Begräbnis in Notzingen, wo er mit den Klängen von »Ich
hatt einen Kameraden«, 1809 von Ludwig Uhland gedich-
tet, bestattet wurde. Zu seiner Frau und seinem Sohn halte
ich heute noch Kontakt.

Nicht alle Beziehungen zu Klienten dauerten lange oder
nahmen gar persönlichen Charakter an. Bei einem Mobil-
zulieferer im Norden Deutschlands passierte folgendes:
McKinsey hatte ein Projekt bei dem Automobilzulieferer abgeschlossen, für das wir 800 000 Mark berechneten. Da meldete sich der Firmenchef bei mir und sagte, das sei mehr, als
er erwartet habe, ihm stünden nur 200 000 Mark zur Verfügung. Er schlug mir vor, diesmal auf ein Honorar ganz zu
verzichten, so würden wir im folgenden Jahr ein neues Projekt bekommen.

Einen Moment lang war ich sprachlos, dann sagte ich,
wir hätten geleistet, was von uns gefordert war, und er möge
doch bitte zahlen. Der Firmenchef erwiderte, ich müsste
eben unternehmerisch denken: Wenn ich in die Beziehung
jetzt investierte, dann werde sich das später schon auszah-

len. Es war ein höchst unerfreulicher Wortwechsel, aber ich musste als Office Manager von McKinsey klare Linie halten. Erbrachte Leistungen mussten bezahlt werden. Ich holte mir ja auch nicht ihre Produkte und sagte: »Gebt sie mir umsonst, dann komme ich nächstes Mal wieder!«

Sobald ich ins Büro nach Düsseldorf zurückgekehrt war, diktierte ich einen Brief an ihn, in dem ich ihn definitiv zur Zahlung aufforderte. Das Geld kam schließlich auch.

Ausnahmen in meiner Beratertätigkeit blieben Projekte in der Finanzbranche. Als die Commerzbank in den frühen achtziger Jahren erstmals die von uns entwickelte und perfektionierte Gemeinkostenwertanalyse machen ließ, bekam McKinsey den Auftrag, und ich hatte meinen ersten Einsatz in einer Bank. Nie wieder erlebte ich ein Unternehmen, in dem die leitenden Personen so viel über andere Firmen herzogen. Man konnte meinen, die Bank liefe von selbst, denn die Aufmerksamkeit der Spitzenmanager schien im Wesentlichen anderen Themen zu gelten. Als ich später Martin Kohlhaussen, dem späteren Commerzbank-Chef und meinem Aufsichtsratsvorsitzenden bei Hochtief, diese Eindrücke berichtete, konnte er es voll nachvollziehen. Er hat mit viel Kraft die Strategie neu ausgerichtet und insbesondere die Unternehmenskultur nachhaltig verändert.

Auch die beiden anderen Projekte, die mich in die Welt der Banken führten, machten mich – den Industriemann – nicht wirklich zum Banker. Wir wirkten dabei mit, für die Dresdner Bank verschiedene Zukunftsoptionen auszuarbeiten – und wurden überrascht, als sich plötzlich eine Fusion mit der Deutschen Bank zur »Überbank« – so die amerikanische Zeitung *Business Week* – abzeichnete. Allerdings wurde diese Fusion durch die Investmentbanker der Deutschen Bank vereitelt. Die Transaktion scheiterte in letzter Sekunde. Dann wirkten wir mit, wie die Allianz die Dresdner Bank übernahm – und zum natürlichen Vertriebskanal für ihre Versicherungsprodukte ausbauen wollte. Es wurde die größte Fehlinvestition der Allianz, auch deshalb, weil das sogenannte »Allfinanzkonzept« von den Mitarbeitern nicht verinnerlicht worden war. Während man einen Banker aufsucht, um sein Geld anzulegen oder um eine Hypothek zu beantragen, klingelt der Versicherungsvertreter an der Haustür und »verkauft« seine Dienste. Diese beiden Welten passten nicht zusammen. Die Dresdner Bank wurde nach erheblichen Abschreibungen bei der Allianz von der Commerzbank übernommen. Mein ehemaliger Kollege Blessing macht mit der Integration der beiden Häuser gute Fortschritte.

Bei der größten Geschäftsbank hierzulande, der Deutschen Bank, hatten wir 1989 in einer Präsentation bei Vorstandssprecher Alfred Herrhausen dargelegt, dass es für die Bank mehr Sinn mache, sämtliche Industriebeteiligungen abzugeben und dafür im Ausland gezielt das Banking auszubauen, um wirklich ein Global Player zu werden. Dies geschah auch mit dem Kauf der BAI, der ehemaligen Bank of America in Italien, mit der Londoner Investmentbank von Morgan Grenfell sowie später mit der Übernahme von Bankers Trust Company, einer New Yorker Bank.

Alfred Herrhausen rief mich eines Abends an, um mir zu sagen, dass die Deutsche Bank Roland Berger kaufen wollte. Mir war bekannt, dass die Deutsche Bank sich für uns interessierte – »Chefideologe« Johannes Wieland hatte mehrfach sondiert – ob eine Beteiligung der Deutschen Bank an McKinsey möglich wäre. Nachdem von uns ein klares »Nein« kam, wusste ich, dass es ein anderes Beratungsunternehmen sein musste. Ich dankte Herrhausen für die Info – und erläuterte ihm, dass ich diesen Schritt nicht nachvollziehen könnte. Die Interessenkonflikte zwischen Bank und Beratungsunternehmen seien einfach zu groß, um in der freien Wirtschaft noch als unabhängiger Berater zu gelten. Zu spät – man hatte sich entschieden. und erlebte schon bei einer der ersten Präsentationen zum Thema Neuorganisation der Deutschen Bank, dass man Berger trotz einer eklatant schwachen Vorstellung zum Bankenmarkt in Japan nicht einfach in die Wüste schicken konnte. Er gehörte jetzt dazu. Nach einigen Jahren kam man zur Überzeugung, dass das Consulting doch nicht zum »Kerngeschäft« der Deutschen gehören sollte – und löste die Verbindung wieder auf.

Es spricht für Herrhausen, dass er die Reorganisation weiter federführend bei McKinsey beließ und konsequent daran arbeitete, die Industriebeteiligungen abzubauen und das Geflecht der Bankgeschäfte international auszubauen.

Ende der achtziger Jahre ging es Herrhausen überhaupt um eine Neuorganisation der Deutschen Bank, die auf eine klarere Struktur zielte. Die recht eigenständig operierenden deutschen Niederlassungen sollten effizienter arbeiten – neben dem bevorzugten Firmenkundengeschäft sollte das Privatkundengeschäft aufgewertet und ein Bereich »Shared Service« geschaffen werden, der gemeinsame Dienste wie EDV, Werbung oder Immobilienmanagement bündelt. Diese neue Struktur wolle man durchgängig in allen Niederlassungen einführen, sie sollte auch im Vorstand seinen Niederschlag finden: Die einzelnen Vorstände hatten bis zu diesem Zeitpunkt ein Portfolio von Aufgaben, neben dem fachlichen Bereich waren sie für eine Niederlassung zuständig, meist sogar noch für eine Ländergruppe. All dies sollte nun verschlankt und mit klareren Zuständigkeiten versehen werden.

Am 21. November 1989, fand zu diesem Thema eine Klausur des Deutsche-Bank-Vorstands unter Leitung von Alfred Herrhausen statt. Bei diesem Treffen war ich selbst nicht dabei, aber ich hörte am Abend von Herrhausen, dass er sich am Ende der Veranstaltung wie ein Boxer nach zwölf Kampfrunden gefühlt hätte. Die Vorstandskollegen hätten geredet und geredet, und je länger sie es taten, desto weniger hätten sie gewusst, was sie sagen wollten. Alles blieb vage.

Herrhausen war alles andere als angetan über das Verhalten der Kollegen. Vier Tage später war er bei mir zu Hause in München eingeladen, zusammen – wie schon berichtet – mit Wirtschaftsminister Helmut Haussmann und dem Verleger

Hubert Burda. Nachdem der Vorstandssprecher der Deutschen Bank darlegt hatte, wie ihn das alles erschöpfe, schlug Hubert Burda ihm vor, dass er sich doch von der Deutschen Bank freistellen lassen und sich zwei Jahre lang nur um die Wiedervereinigung und die Wirtschaft kümmern solle.

Es war meine letzte Begegnung mit Alfred Herrhausen. Fünf Tage später, am 30. November 1989, wurde er von Terroristen ermordet.

Banken waren aber damals nicht unsere Hauptklienten. Eine Studie für Krupp Industrietechnik Mitte der achtziger Jahre führte auch zu einem Kontakt mit dem großen alten Mann der Krupp AG, Berthold Beitz. Ich sah ihn regelmäßig und durfte sogar, ihm zur Seite sitzend, an den Runden teilnehmen, in denen er die Vorstände »vernahm« und die Planabweichungen diskutierte. Wie es seine Art war, fragte er mich hinterher, was ich denn von diesem und von jenem gehalten hätte.

Es war eine kritische Zeit, denn Krupp ging es damals wirtschaftlich gar nicht gut. Als eines Tages der Vorstandsvorsitzende des Konkurrenten Thyssen, Dieter Spethmann, bei Beitz erschien und ihm eröffnete, dass er Krupp als Ganzes übernehmen wolle, rief er mich an und berichtete mir die ungeheuerliche Story. Ich musste an dem Tag für McKinsey nach New York, versprach aber Berthold Beitz, ihm von dort aus meine Gedanken zu übermitteln.

Tatsächlich entwarf ich auf zwei Seiten eine offensive Abwehrstrategie für Krupp, nämlich den Spieß umzudrehen und nunmehr die Thyssen AG zu übernehmen. Spethmann war über diese nicht sehr erfreut, insbesondere auch deshalb, weil Beitz Günter Vogelsang, den Aufsichtsratsvorsitzenden von Thyssen und früheren Krupp-Manager anrief und dabei feststellte, dass dieser von Spethmanns Aktion nichts wusste – oder zumindest so tat, als würde er nichts wissen. Damals blieben beide Konzerne zunächst unabhängig, weil die Zeit für solche Konstruktionen noch nicht reif war. Aber viele Jahre später legten sie zunächst ihre Stahl-sparten zusammen, schließlich fusionierten sie insgesamt.

Berthold Beitz war in den fünfziger Jahren als Vertrauter des Industriellen Alfred Krupp zum Generalbevollmächtigten des Krupp-Konzerns aufgestiegen. Nach Krupps Tod vollstreckte Beitz dessen Testament und führte die Stiftung, die fortan die Mehrheit hielt. Beitz war zweifellos eine große historische Figur an der Ruhr, aber auch nicht unumstritten. Unter Unternehmern erregte er zum Beispiel Anstoß, wenn er für die paritätische Mitbestimmung eintrat oder wenn die Banken ihn nervten und er bemerkte: »Meine Divisionen stehen links.« Seine Nähe zur Arbeitnehmerseite hat er nie verleugnet.

Als er wieder einmal Streit mit seinen Holding-Vorständen hatte, schrieb ich ihm einen sehr kritischen Brief über seine Fehler. Darin gab ich ihm zu verstehen, dass er manchmal zu sehr ungehalten sei und den handelnden Managern zu früh seine Unterstützung entzog, wenn die Ergebnisse nicht wie geplant waren. Beitz war so souverän, dass er Inhalte des Briefes seinen engsten Mitarbeitern offenbarte: Schon damals war er achtundsiebzig Jahre alt.

Einmal vermittelte er mir eine Studie über die Zukunft des Internationalen Olympischen Komitees (IOC), dem er angehörte. Mein Kollege Lukas Mühlemann und ich analysierten die Organisation und schlugen dem spanischen Vorsitzenden Juan Antonio Samaranch vor, das IOC umzubauen und die sportliche Seite von der kommerziellen Seite zu trennen. Die Reaktion auf unseren Organisationsvorschlag war allerdings schroff: »Das ist das Dümmste, was ich je gehört habe. Hat man kein Geld, hat man auch keine Macht.« Damit war die Neuorientierung beendet, noch bevor sie begonnen hatte. Beitz hatte unser Konzept für gut gefunden, denn aus seiner Sicht war der IOC-Präsident viel zu mächtig.

Die Verbindung zu dem Unternehmer hält bis heute. Dass er so etwas wie ein Idol für mich wurde, hat sicher auch damit zu tun, dass er im Nationalsozialismus Hunderte von Juden vor der Ermordung durch das Regime rettete. So hatte er sie als unentbehrlich für die Erdölindustrie eingestuft und in den von ihm verwalteten Fabriken beschäftigt. Nie hatte er später groß darüber geredet. Einmal sagte ich zu ihm, dass ich, hätte ich die Naziherrschaft als Erwachsener miterleben müssen, gern so wie er gewesen wäre. Er entgegnete, dass ich vermutlich genau der Typ gewesen wäre, auf den die Nazis es abgesehen gehabt hätten.

Neben der »alten« Industrie, kümmerten wir uns aber auch um Software-Unternehmen. Ulrich Brixner, den ich aus Kindertagen kannte und der früher Vorstandsvorsitzender der Deutschen Zentral-Genossenschaftsbank (DZ Bank) war, hatte mir einen Kontakt zu Dietmar Hopp vermittelt, Mitbegründer der SAP. Nach einigen Begegnungen trug er mir einen Sitz in dem Aufsichtsrat des Software-Konzerns an, aber ich musste ablehnen, weil solche Mandate mit der Rolle von McKinsey unvereinbar waren.

Unser Kontakt führte jedoch dazu, dass SAP McKinsey erstmals mit einem Projekt beauftragte. Wir sollten prüfen, wie SAP sich aufstellen musste, um mit der Finanzdienstleistungsbranche ins Geschäft zu kommen. Wir präsentierten unsere Ergebnisse vor dem Vorstandsvorsitzenden Hasso Plattner, der ebenfalls zum Kreis der vier SAP-Gründer gehört.

Es war eine denkwürdige Veranstaltung, denn Plattner wusste alles besser, insbesondere in technischen Fragen. Es folgten einige Jahre intensiver Zusammenarbeit, die Dietmar Hopp und mich eng zusammenführte. Mir gefiel die Bodenhaftung eines Mannes, der sich als ehemaliger IBM-Mitarbeiter gemeinsam mit drei Kollegen selbstständig gemacht hatte – und dabei unverhofft reich wurde. Er reagierte sehr schroff, wenn ihm zu Ohren kam, dass SAP-Ingenieure sich auf dem Flughafen wie »Graf Koks« aufführten.

Dietmar Hopp und Hasso Plattner arbeiteten kongenial zusammen. Während der eine die Zahlen im Auge behielt, kümmerte sich der andere um die technischen Lösungen. Hopp sah ich in den letzten Jahren immer wieder, wenn der FC Bayern gegen TSG 1899 Hoffenheim spielte, jenen traditionellen Fußballverein, den er als Sponsor übernommen und in die Bundesliga geführt hat.

Nach Plattner übernahm Henning Kagermann den Vorstandsvorsitz. Auch mit ihm war die Zusammenarbeit vielfältig und eng. Wir entwickelten sogar die Idee, einer Newco, einer neuen Company für ein gemeinsames Unternehmen von SAP und McKinsey, das im Bereich von Systemlösungen tätig sein sollte. Meine Partner bei McKinsey machten jedoch nicht mit, weil sie Rücksicht auf IBM und andere Klienten nehmen wollten.

Skandale um Co op & Co. –
und Genosse Schröder

Mit den Gewerkschaften hatte ich mich erstmals während des Studiums intensiver beschäftigt. Ferdinand Lassalle und August Bebel, die Vordenker der deutschen Arbeiterbewegung; Karl Marx und Friedrich Engels, die den Gegensatz von Kapital und Arbeit erstmals thematisierten – das waren lauter historische Figuren, für die ich mich sehr interessierte. Otto von Bismarck, erster Kanzler des Deutschen Reichs, verfolgte die Gewerkschafter mit den Sozialistengesetzen und führte die Sozialversicherung ein, um ihnen den Wind aus den Segeln zu nehmen. Hitler steckte Gewerkschafter ins KZ. Das alles trug dazu bei, dass die Gewerkschaften in meinem Geschichtsbild einen prominenten Platz innehatten. Zudem war mein Großvater mütterlicherseits, Rudolf Brenner, ein strammer Sozialdemokrat, ein Schreiner und Landwirt, seine Frau Marie hatte ihm elf Kinder geboren.

In meiner McKinsey-Tätigkeit verfolgte ich den politischen Weg der Gewerkschafter, zumal sie im Bonner Machtzirkus eine wichtige Rolle spielten. Willy Brandt hatte, als er Bundeskanzler war, den Vorsitzenden der Industriegewerkschaft Bergbau und Energie, Walter Arendt, zum Bundesminister für Arbeit und Sozialordnung berufen. Die Gewerkschaftsführer Eugen Loderer (IG Metall), Heinz Kluncker (Öffentliche Dienste, Transport und Verkehr) sowie Heinz-Oskar Vetter (Deutscher Gewerkschaftsbund) waren mächtige Figuren im sozialliberal regierten Deutschland.

Unbedingt wollte ich eine Beziehung zu diesem Lager aufbauen. Es war zu einflussreich, um es links liegen zu lassen. Das war der eine Grund. Der andere war unser Image. Mc-

Kinsey wurde bei den Gewerkschaften als kalter Kosten-rechner angesehen, dem Arbeitsplätze nichts galten. Dieses Vorurteil wollte ich aufbrechen, und als ich eines Tages zu-fällig Vetters Sekretär Bernd Otto kennenlernte, bat ich ihn, einen Termin bei seinem Chef, dem DGB-Vorsitzenden, zu vermitteln.

Kollege Friedrich Schiefer und ich fuhren zur DGB-Zent-rale, die damals noch in Düsseldorf ansässig war, und mach-ten Vetter unsere Aufwartung. Er beeindruckte uns mit kla-ren Analysen zur Wirtschaftslage, mit kritischen Äußerungen zu den Unternehmensführern in Deutschland (»Die sollen der disponible Faktor neben Arbeit und Kapital sein, dabei stehen sie selbst zur Disposition.«) und mit seiner festen Überzeugung, dass die Gewerkschaften die besseren Unter-nehmer wären. Immerhin gehörte ihnen die Bank für Ge-meinwirtschaft mit Walter Hesselbach an der Spitze, der in Anlehnung an den ersten Nachkriegschef der Deutschen Bank »der rote Abs« genannt wurde. Die Gewerkschaften besaßen das große Versicherungsunternehmen Volksfür-sorge, den Bauträgerkonzern Neue Heimat und die Einzel-handelsorganisation co op. Alle diese Unternehmen hatten einen guten Ruf. Sie gaben den Gewerkschaften Geld und Macht und der Idee der Gemeinwirtschaft Kontur: Sie schie-nen den Konflikt zwischen Kapital und Arbeit aufzulösen und zum Wohle aller, insbesondere der Arbeitnehmer, zu wirtschaften.

Den Kontakt zu Bernd Otto hielt ich aufrecht, immer wieder traf ihn, mit dem Ziel, die Berührungsängste der Gewerkschafter gegenüber McKinsey abzubauen. Als Otto dann Arbeitsdirektor bei co op in Frankfurt wurde, beka-men wir erstmals einen Fuß in die Tür eines Gewerkschafts-unternehmens: Otto vermittelte uns die erste Studie, eine wirtschaftliche Diagnose im Bereich der Gemeinwirtschaft.

Auftragsgemäß untersuchten wir die co op und kamen zu alarmierenden Ergebnissen. Das Unternehmen war hoch verschuldet. Es kaufte teurer ein, verkaufte billiger als die

Konkurrenz und zahlte zugleich aber höhere Löhne als diese. Entsprechend schlecht war die Ertragslage, der Konzern schlitterte ständig knapp am Konkurs vorbei. McKinsey entwickelte ein Sanierungsprogramm, das in den Regionen des föderal aufgebauten co-op-Konzerns realisiert wurde und zumindest befriedigende Fortschritte machte. Jedenfalls: Die co op kam aus der Gefahrenzone und erreichte immerhin den Break Even Point. Es steht auf einem anderen Blatt, dass die Konsumgenossenschaft später zu einem der größten Wirtschaftsskandale der deutschen Nachkriegsgeschichte wurde. Der Vorstand hatte Gelder des Unternehmens in private Kanäle in die Schweiz und nach Liechtenstein umgeleitet und wurde wegen Untreue, persönlicher Bereicherung und Bilanzfälschung angeklagt. Bernd Otto selbst musste für viereinhalb Jahre ins Gefängnis.

Während unseres Einsatzes bei co op hatte ich über den Aufsichtsratsvorsitzenden Alfons Lappas Kontakt zu Albert Vietor geknüpft, dem Chef der Neuen Heimat. Es handelte sich um ein Wohnungsbauunternehmen im Besitz der Gewerkschaften, das immer stärker auf den Bauträgermarkt vorstieß. Die Neue Heimat errichtete mitunter ganze Stadtteile in deutschen Großstädten. Schön waren diese Siedlungen kaum, aber sie entsprachen den damaligen Vorstellungen, und die Sozialmieter waren zufrieden. Als die Regierung Willy Brandt / Walter Scheel mit ihrem epochalen Städtebauförderungsgesetz einen Boom bei der Altstadtsanierung auslöste, engagierte sich die Neue Heimat auch in diesem Bereich mit Erfolg.

McKinsey erhielt den Auftrag, eine wirtschaftliche Diagnose für die Neue Heimat zu erstellen. Als wir die ersten Ergebnisse dem Aufsichtsrat vortrugen, saßen vor uns die wichtigsten Gewerkschaftsführer der Republik – unter anderen Eugen Loderer, der gelernte Dreher aus Heidenheim mit den Arbeiterhänden, und Heinz Kluncker, der mit seiner Zehn-Prozent-Forderung bei den Tarifen für den öffentlichen Dienst die Regierung ins Wanken brachte. Wir empfahlen für den stark wachsenden Baukonzern neue Strukturen mit mehr Verantwortung für die regionalen Organisationen, und so wurde es auch beschlossen.

Bevor unsere Studie abgeschlossen war, fand ein interner Bericht den Weg zur Redaktion des Nachrichtenmagazins *Der Spiegel*. In dem Papier wurde über brisante Funde berichtet, nämlich private Geschäfte des Chefs »King« Albert Vietor und Managern in seiner Umgebung zulasten der Neuen Heimat. Der Bericht, der aus dem Vorstandssekretariat dem *Spiegel* zugespielt worden sein muss, führte im Juni 1982 zu einer Titelgeschichte in dem Magazin: »Neue Heimat: Die dunklen Geschäfte von Vietor und Genossen«. Der Artikel löste einen Riesenskandal aus, von dem sich der Konzern nie wieder erholte. Später ging er für eine D-Mark an einen Brotfabrikanten – und dann in Konkurs.

Wir von McKinsey übernahmen noch weitere Projekte bei Gewerkschaftsunternehmen, um weiterhin gegen Vorurteile anzugehen, so etwa bei der Volksfürsorge, bei der Bank für Gemeinwirtschaft und bei der BGAG, der Beteiligungsgesellschaft der Gewerkschaften, die später als Holding die Einzelunternehmen der Gemeinwirtschaft bündelte. Sie sollte dafür sorgen, dass die Beiträge von damals neun Millionen DGB-Mitgliedern wirtschaftlich sinnvoll angelegt werden und das Vermögen der Gewerkschaften mehren. Unser Auftrag bei der BGAG war es, für diese Aufgabe eine Strategie und dazu ein Controllingsystem zu entwickeln. Leider stellte sich schnell heraus, dass die akuten Sanierungsaufgaben zu groß und die langfristigen Liquiditätsperspektiven zu klein sein würden. Lappas wurde 1994 im Zuge des co op Skandals zu einer Haftstrafe verurteilt, und mit ihm endeten meine Kontakte zum Wirtschaftsreich der Gewerkschaften.

Wir konnten uns mit unseren Einsätzen in den gemeinwirtschaftlichen Unternehmen bei den Gewerkschaften einen Ruf erarbeiten, der nicht mehr so stark von Vorurteilen geprägt war. Wir waren für die Führer der Arbeiterbewegung und für die Funktionäre und Betriebsräte nicht mehr nur die Kostenkiller, die betriebsbedingte Kündigungen und Massenentlassungen bewirkten. Sie sahen uns fortan mehr als die unabhängigen Berater, die nichts gegen Arbeitnehmer haben, sondern viel einbringen konnten, wenn es um die strategische Ausrichtung von Unternehmen geht.

Aber die Idee der Gemeinwirtschaft erlitt Schiffbruch. Der rundum versorgte Arbeitnehmer, der bei Konsum einkauft, sich bei der Volksfürsorge versichert, bei »gut« den Urlaub bucht, bei der Neuen Heimat das Eigenheim erwirbt und das alles mit der Bank für Gemeinwirtschaft finanziert, blieb eine Illusion. Alle Unternehmen der Gewerkschaften wurden verkauft oder liquidiert, weil sie dem Wettbewerb nicht standhielten und weil Gewerkschafter eben doch nicht die besseren Unternehmensführer sind.

Als ich von diesen ganzen Machenschaften erfuhr, dachte ich: Je höher man steigt, umso tiefer fällt man. Otto, Hoffmann, Kaspar und Werner kannte ich wirklich gut, sie waren ja langjährige Klienten gewesen, aber dass es solche Unterschleifen geben konnte, das überstieg mein Vorstellungsvermögen. Es war aber schon vorher eigenartig gewesen, wie sie ihre Vorstandsetagen ausbauten, teure Karossen fuhren – und hohe Gehälter einnahmen. Es war eine Clique, die sich gegenseitig reich machte, die über die Gewerkschaftsfunktionäre Witze rissen – und die glaubte, dass die gefälschten Bilanzen niemand bemerken würde. Von den Vetters, Loderers und Hesselbachs waren sie so weit entfernt wie Jupiter von der Erde.

Ganz andere Klienten waren Medienunternehmer. Als Reinhard Mohn, der Bertelsmann-Gründer, sich von der operativen Leitung des Medienkonzerns zurückziehen und in den Aufsichtsrat wechseln wollte, suchte er nach einer geeigneten Konstruktion für die Firmenführung: Einerseits wollte er als Haupteigner die Kontrolle über das Unternehmen effektiv ausüben, andererseits sollte ein Top-Führungsteam die Geschäfte führen und eine optimale Chance haben, sich beruflich weiterzuentwickeln. McKinsey organisierte für Mohn eine Reise in die Vereinigten Staaten, wo er sich darüber informieren wollte, wie amerikanische Medienkonzerne geführt wurden.

Ich begleitete ihn zu zwölf Unternehmen. Wir führten Gespräche mit Spitzenmanagern wie Reginald H. Jones von General Electric, dem großen alten Mann der amerikanischen Industrie, und Arthur O. Sulzberger Jr. von der *New York Times*. Außerdem besuchten wir das Top-Management von Dow Jones, Times Warner Inc. und Twentieth Century Fox. Im Ergebnis kamen wir zu dem Schluss, dass Bertelsmann einen Board, einen Aufsichtsrat, haben sollte, der sehr viel aktiver an der Strategieentwicklung des Unternehmens beteiligt sein müsste, als es ein klassischer deutscher Aufsichtsrat mit seiner reinen Kontrollfunktion aus der Distanz heraus war.

Eines der letzten Interviews in dieser Sache führten wir mit Manfred Fischer, den Reinhard Mohn inzwischen als seinen Majordomus eingesetzt hatte. Wir fragten, was er als Vorstandsvorsitzender vom Aufsichtsrat denn erwarte, und Fischer antwortete ein wenig flapsig: »In Ruhe gelassen zu werden!« Danach sagte Mohn zu mir in einem resignierten Ton: »Da haben Sie es selbst gesehen.« Ich ahnte, dass dieses der Anfang vom Ende seiner kurzen Chefzeit sein würde.

Ein halbes Jahr später wurde Fischer durch Mark Wössner ersetzt. Wössner arbeitete mit Mohn sehr viel kongenialer zusammen, als es Fischer gekonnt hatte. Unter dem neuen Vorstandschef steuerte das Unternehmen einen erfolgreichen Kurs, Umsatz und Ergebnis wuchsen kräftig. McKinseys Zusammenarbeit mit ihm, die auf Wettbewerb mit dem sehr selbstbewussten Management angelegt war, konzentrierte sich darauf, Ansatzpunkte zu finden, um diesen erstklassigen Konzern weiter zu verbessern. Dabei hatten wir keinen guten Start. Als ich das erste Mal zu ihm nach Gütersloh kommen sollte, damals war er noch stellvertretender Vorsitzender, sagte er mir, ich sollte wissen, dass noch kein Berater je eine Idee gehabt habe, die er nicht selbst gehabt habe oder gehabt haben könnte.

Wössners Credo war die »Abstandstechnologie«. Er wollte Technologien in allen Bereichen haben, die weit vor dem Wettbewerb lagen – und er erreichte dies auch weitgehend. Daneben war er der Überzeugung, dass die besten Leute – insbesondere junge Leute – bei Bertelsmann anheuern mussten. Er wurde in den Business Schools als einziger deutscher CEO wahrgenommen – und er schaffte es tatsächlich junge Amerikaner, Franzosen und Engländer davon zu überzeugen, dass Gütersloh das »Mekka« der Medienindustrie war. Der Kommentar eines Betriebsrats, dass doch erst Wössner die Mohns zu Milliardären gemacht habe – spricht für sich. Bertelsmann wurde unter Wössner zu einer veritablen »excellent company« – die es mit allen Top Unternehmen der Welt aufnahm. Was aus dem Unternehmen geworden wäre, wenn das Tandem Wössner/Middelhoff am Ruder geblieben wäre, bleibt Spekulation. Ich habe aber nie verstanden, warum Wössner in der Öffentlichkeit nicht die Anerkennung erfuhr, die ihn als hervorragenden Unternehmer in die »Hall of Fame« bringen musste. Aus dem ehemaligen Klienten wurde ein guter Freund.

Mark Wössner war ein fordernder Unternehmer, er machte Bertelsmann zum Weltmarktführer. Nach seiner aktiven CEO-Zeit wechselte er in die Stiftung. Während Reinhard Mohn die Stiftung als sein Baby angesehen und auch entsprechend geführt hatte – mal direkt eingreifend, mal an der langen Leine lassend, mal ein Projekt in Gütersloh, mal eines in der Republik – wollte Wössner alles professionell organisieren, mit klarer Strategie und klaren Verantwortlichkeiten. Nachdem dieser sein Amt an Thomas Middelhoff übergeben hatte, sollte Wössner eigentlich zehn weitere Jahre an der Unternehmensspitze wirken, als Aufsichtsratsvorsitzender und als Chef der Bertelsmann-Stiftung. Nach einem Zerwürfnis mit Reinhard Mohn über die Rekrutierung internationaler Führungskräfte, zog er sich jedoch aus dem Unternehmen zurück und verlegte seinen Wohn- und Arbeitssitz nach München.

Bertelsmann blieb unser Klient auch unter Thomas Middelhoff. Mit ihm arbeitete ich gern, er war umtriebig und wollte den Konzern ins digitale Zeitalter führen. Als ihm sein neuer Aufsichtsratschef Gerd Schulte-Hillen, der einstige Chef der Bertelsmann-Zeitschriftentochter Gruner + Jahr im Mai 2002, einmal den Bettel vor die Füße warf, rief er mich in seiner Not an und bat mich, Vorsitzender des Aufsichtsrats zu werden. Mohn hätte sein Einverständnis schon gegeben. Zögerlich sagte ich »Ja«, aber Schulte-Hillen überlegte es sich schon am nächsten Tag anders und trat bei Reinhard Mohn vom Rücktritt zurück. Wenig später verlor auch Middelhoff seine Position in einem Streit mit Mohn und seinen anderen Vorstandsmitgliedern.

Und dann gab es auch sehr schwierige Fälle: Bei der Deutschen Bahn zu arbeiten, war für einen Berater nicht einfach. Unter Reiner Maria Gohlke, Bahnchef von 1981 bis 1991, stellten wir fest, dass unsere Vorschläge jeweils postwendend nach Bonn in das Finanzministerium gelangten. Einmal führte das dazu, dass ich zum Finanzstaatsekretär Horst Köhler, dem späteren Bundespräsidenten, einbestellt wurde. Während die Bahn im Güterverkehr Marktanteile verlor, sollte sie auf die neue Zeit vorbereitet werden.

Es war eine immense Herausforderung, aus der Behördenbahn einen unternehmerisch geführten Konzern zu machen. Allerdings hatte die Bahn hervorragende Mitarbeiter in das Team entsandt, in dem wir tätig waren, was die Sache etwas einfacher gestaltete. Für die nachfolgenden Bahnvorsitzenden Heinz Dürr, Johannes Ludewig und Hartmut Mehdorn arbeiteten wir von McKinsey immer wieder an herausragenden Fragen der Strategie und Organisation. Und als schließlich mein langjähriger Freund Rüdiger Grube an die Spitze der Bahn rückte, war ich bei McKinsey bereits ausgeschieden und fungierte als persönlicher Berater. Aus meiner Warte ist die Führung der Deutschen Bahn die wohl größte Aufgabe, die ein Manager in Deutschland zu leisten hat.

Auch bei der Post und bei der Telekom halfen wir mit, eine Behörde und einen verwaltungsmäßig geführten Staatsbetrieb zu schlagkräftigen, börsennotierten Unternehmen zu entwickeln. Dabei empfand ich es als eine persönliche Herausforderung, für meinen alten Kollegen und Bergkameraden Klaus Zumwinkel zu arbeiten. Ich war zwar nicht persönlich in die Projekte für die Post involviert, aber Zumwinkel, der zwölf Jahre lang bei McKinsey war, legte Wert darauf, dass ich sie im Auge behielt. Das tat ich auch zum beiderseitigen Nutzen. Zugleich beriet ich ihn hinsichtlich seiner künftigen Rolle bei der Post. Er selbst war intern äußerst penibel, was die Nutzung von Firmenvermögen anging – jede Briefmarke, die er privat entnahm, wurde persönlich bezahlt. Das Vermögen in der Schweiz hatte er geerbt, und er hatte wohl gehofft, dass es vergessen wurde. Ich persönlich glaube, dass sein Eintreten für den Mindestlohn – damals gegen CDU-Meinung – erheblich dazu beigetragen hat, dass er, noch dazu in dieser Form, vorgeführt wurde. Mit Menschenwürde hatte die Art seiner Abholung in seinem Haus in Köln nichts zu tun. Es wurden größere Steuersünder ohne Aufhebens festgesetzt.

Zumwinkel hat eingesehen, dass er einen großen Fehler gemacht hat – und dafür mit dem Verlust sämtlicher Ämter und mit der Strafzahlung gebüßt. Ein Rauswurf aus unserem Bergsteiger-, dem Similauner-Kreis, kam nie in Frage.

Thomas von Mitschke war bei der Post ein hervorragender Projektverantwortlicher, sodass es nicht nötig war, mir die Projektergebnisse anzuschauen. Das hätte auch einen enormen Aufwand erfordert, zu dem ich keine Zeit hatte. Mit Klaus Zumwinkel tat ich das, was ich auch später mit Werner Seifert machte, dem Chef der Deutschen Börse: Ich verschaffte mir regelmäßig einen Überblick. Beide Unternehmen, Post und Börse wurden von trägen Behörden zu wettbewerbsfähigen internationalen Unternehmen.

Besonders erfreulich war aber die wundervolle Turnaround-Story der adidas AG. Als 1978 Adolf Dassler starb, war das Unternehmen führungslos. Rechtsanwalt Dr. Albert Henkel, der die Familieninteressen vertreten hatte, nutzte das Vakuum, um sich in der Nach-Dassler-Zeit eine mächtige Position zu schaffen. Allerdings waren ihm die Details eines Markenartiklers fremd, und er führte das Unternehmen in eine tiefe Existenzkrise. Unvergessen, wie die vier Dassler-Töchter mich baten – der Kontakt kam über Christoph Malms aus unserem Zürcher Büro zustande –, dem Anwalt zu eröffnen, dass seine Zeit abgelaufen sei. Man war allgemein der Meinung, dass Dr. Henkel seine Karte überzogen hatte, dass er entlassen und ein veritabler Vorstandsvorsitzender eingesetzt werden sollte. Mit Malms diskutierte ich über die notwendigen Qualifikationen eines künftigen Vorstandsvorsitzenden des Sportartikelherstellers. Wir kamen zu der Überzeugung, dass der Schweizer Manager René C. Jäggi zum Chef bestimmt werden sollte.

Jetzt ging es darum, Henkel von der neuen Situation zu informieren. Ich eröffnete ihm, dass die Gesellschafter die Geschäftsbeziehung beenden wollten.

Henkel war sichtlich konsterniert, bat um einen zeitlichen Aufschub, als er erfuhr, dass die Gesellschafter mich beauftragt hatten, ihm die Botschaft zu überbringen. Als ich ihm berichtete, dass diese nebenan warteten, drehte er regelrecht durch. Er rannte aus dem Büro und ließ sich zurück ins fränkische Herzogenaurach chauffieren, dem Sitz von adidas. Die Gesellschafter dankten es mir, und Jäggi wurde inthronisiert.

Den weiteren Werdegang des Unternehmens verfolgte ich sehr intensiv. Nach turbulenten Jahren und mehreren Eigentumswechseln brachte Robert Louis-Dreyfuß das Unternehmen zurück in die Gewinnzone. Seit nunmehr zwölf Jahren führt Herbert Hainer, ein weiterer Bergsteigerfreund und leidenschaftlicher Fußballer, das Unternehmen mit großem Erfolg.

Persönlich war mir bei meinen Klienten nicht immer Erfolg beschieden, wie folgende Fälle, die den Weg in die Presse fanden: So bei der Commerzbank, wo der Vorstand mich mit einem Architekten verglich, der bei einer Kellerfenstersanierung gleich das ganze Haus umbauen wollte. Bei Höchst, wo eine lautstarke Auseinandersetzung mit dem Firmenchef Wolfgang Hilger vor der versammelten Vorstandsmannschaft mir zwar intern Punkte, aber bei Höchst nur Ärger einbrachte. Bei Grundig, wo uns Max Grundig aufgrund einer Empfehlung von Berthold Beitz erst euphorisch pries, um uns dann als Überbringer der schlechten Botschaft zu verdammen, nachdem wir einen sehr kritischen Bericht vorgelegt hatten.

Auch bei Volkswagen lief es zunächst nicht gut. Eines Tages rief mich Niedersachsens Ministerpräsident Gerhard Schröder an und fragte, ob wir bei McKinsey ein Projekt über eine mögliche Sanierung von dem Automobilunternehmen Karmann in Osnabrück machen könnten – Karmann war der Produzent des Karmann Ghia von VW. Die Kosten dafür sollten sich die Landesregierung und die Volkswagen AG teilen. Wir machten einen Projektplan und wollten gerade zu ersten Analysen nach Osnabrück reisen, als ein Anruf aus der VW-Zentrale kam: Besuche vor Ort seien nutzlos, stattdessen sollten wir in enger Zusammenarbeit mit dem Finanzressort in Wolfsburg feststellen, welche Karmann-Ressourcen für VW sinnvoll wären, danach sei die Sache für uns erledigt. Es ging hin und her: Wir wollten eine saubere Diagnose von Karmann, VW wollte eine Bewertung des zu übernehmenden Restvermögens.

Als wir nicht weiterkamen, rief ich Gerhard Schröder an und berichtete ihm von dem Konflikt. Der Ministerpräsident lachte und meinte, »der Ferdinand« (Ferdinand Piëch) sei ein besonders harter Knochen, aber in einem Gespräch aller Beteiligten bekämen wir die Sache schon hin. Also bestellte Schröder den VW-Vorstand Piëch und den VW-Finanzchef Bruno Ardelt, Willhelm Karmann jun., den Karmann-Vorstandschef Rainer Thieme sowie von McKinsey Felix Brück und mich ein. Treffpunkt war die Landtagsgaststätte in Hannover, morgens um neun Uhr, die Stühle standen noch auf den Tischen.

Als Ferdinand Piëch kam, sagte er nur knapp zu Felix Brück und mir: »So etwas machen Sie mit mir nur einmal!« Und als ich versuchte, die Entstehungsgeschichte von diesem Treffen zu berichten, wiederholte er mehrmals: »So etwas machen Sie mit mir nur einmal.« Schröder ließ uns eine halbe Stunde warten. Als er dann erschien, aufgeräumt wie immer, und sagte, es sei mein Vorschlag gewesen, uns hier zu treffen, hätte ich im Boden versinken können.

Zwei Runden ging das Wort um den Tisch, und jeder vertrat sehr gegensätzliche Positionen. Plötzlich meinte Schröder: »Aber so weit sind Sie doch gar nicht auseinander. Mit etwas gutem Willen müsste es doch gelingen, die Kuh vom Eis zu holen.« Sagte es und verschwand, weil oben im Landtag dringende Geschäfte warteten. Piëch und Ardelt gingen grußlos, Thieme dankte uns – und wir von McKinsey standen da wie begossene Pudel.

Piëch kannte ich von einigen Begegnungen in Wolfsburg die sehr geschäftsmäßig abgelaufen waren. Er sagte, was er wollte, und wir überlegten, ob wir helfen konnten. Allerdings musste ich ihm damals schon bescheinigen, dass er seine Autos in- und auswendig kannte. Eigentlich war ja alles okay, und die Auftragsvergabe an McKinsey war auch ein Zeichen der Wertschätzung, nur dass wir dann nicht funktionierten, wie er wollte, und dass er von seinem »Hauptaktionär« nach Hannover gebeten wurde – das passte ihm gar nicht. Er war sichtlich wütend gewesen.

Wenig später ließ mich Schröder in sein Büro rufen. Dort saß er mit Zigarre in der Hand und meinte, ich sollte nicht so empfindlich sein und wir sollten unsere Studie wie geplant durchziehen. Eine Schließung Karmanns kam für ihn nicht in Betracht, ganz im Gegensatz zu Piëch, der Karmann schließen wollte. Für Schröder mussten die 6000 Arbeitsplätze unter allen Umständen gerettet werden. So geschah es auch, damals jedenfalls. Im April 2009 musste der kleine Automobilbauer aber doch Insolvenz anmelden.

Auf den Chimborazo mit Reinhold Messner – oder wer ist der bessere Manager?

Ohne Sauerstoff auf den Mount Everest? Von der Physiologie her unmöglich, befanden die Experten: Kein Mensch kann in 8850 Meter Höhe ohne künstlichen Sauerstoff überleben. Reinhold Messner dachte: Ich werde es versuchen und beweisen, dass es geht. Tatsächlich bestieg er 1978 den höchsten Berg der Erde ohne Sauerstoff im Gepäck und kam auch heil wieder herunter. Danach gab er ein Interview. Ich sah es im Fernsehen und war fasziniert von diesem jungen Bergsteiger, der sich von nichts aufhalten ließ.

Mein Freund Christian Neureuther, der Ski-Weltcup-Sieger aus den siebziger Jahren, kannte Reinhold Messner persönlich und sagte zu mir: »Wenn du ihn mal für einen Vortrag brauchst, organisiere ich das für dich.« Die Gelegenheit kam im Sommer 1981 beim Partner-Meeting in München. Ich wollte den McKinsey-Leuten einen ganz und gar ungewöhnlichen Menschen präsentieren, hoffte auf eine Begegnung, aus der sie etwas mitnehmen könnten für ihr Leben.

Am dritten und letzten Tag der Veranstaltung empfing ich Reinhold Messner mittags im Hotel Bayrischer Hof. Er war damals siebenunddreißig Jahre alt, wirkte jungenhaft. Den Bart trug er noch nicht so voll wie heute. Als er seinen Vortrag begann, war es still im Saal. Er sprach über das Extrembergsteigen und wie es sich verändert hat, seit die Briten Andrew Comyn Irvine und George Lee Mallory am 8. Juni 1924 bei dem Versuch der Erstbesteigung des Mount Everest ums Leben kamen. Oder seit der Österreicher Hermann Buhl, der 1953 als erster Mensch den Nanga Parbat bestieg und wenige Jahre später an dem Chogolisa (7654 Meter) in

Pakistan mit einer Wechte abstürzte. Messner erklärte uns die Fortschritte, die die Bergsteigerausrüstung seither genommen hatte und was die modernen Alpinisten von ihren Ahnen unterschied.

Zu uns sprach ein Mann, der schon bewiesen hatte, dass er zu unglaublicher physischer und mentaler Leistung fähig war und der uns zeigte, dass er auch den technischen, den ökologischen und philosophischen Fragen des Bergsteigens auf den Grund ging wie wohl kaum einer vor ihm. Die 150 McKinsey-Kollegen spürten, dass da einer aus ganz besonderem Holz geschnitzt war.

Nach dieser Veranstaltung wollte ich mehr über Reinhold Messner erfahren: Warum steigt er auf Berge und weshalb gerade so? Ich las viel von ihm bzw. über ihn und lud ihn noch zweimal zu Vorträgen ein. Über diese Kontakte freundeten wir uns an. Wir trafen uns öfter privat, einmal auch im Kreise der Familien auf Messners Schloss Juval in den Südtiroler Bergen nahe Meran.

Als ich fünfzig Jahre alt wurde, das war im Jahr 1991, lag die Trennung von Rosemarie noch nicht lange zurück, und ich war ganz und gar nicht in Festtagsstimmung. Gleichwohl gab es eine Feier mit Freunden, unter ihnen Reinhold Messner. Er überreichte mir ein Bergsteigerseil und sagte: »Nimm es als Symbol. Was dir jetzt passiert ist, dass eine Seilschaft auseinandergeht, das gibt es häufig, nicht aber am Berg während einer Tour. Da bleibt man beieinander. Warum wirst du nicht auch Bergsteiger? Ich kenne den Fußballmanager Robert Schwan, der hat mit sechzig angefangen. Du bist erst fünfzig, also wage es!« Dann lud er mich sogleich noch ein, ihn bei einer Expedition nach Ecuador zu begleiten, die den Spuren Alexander von Humboldts bis hinauf auf den Chimborazo folgen und vom ZDF für die Reihe *Terra X* gefilmt werden sollte. »In diesem Film spielst du mit«, sagte Messner.

»Ich traue mir vieles zu«, entgegnete ich, »aber nicht auf einen Sechstausender zu steigen!« Zwar war ich schon in den Bergen unterwegs gewesen, aber nur als Wanderer. Ein Bergwanderer ist wahrlich etwas anderes als ein Bergsteiger. Reinhold Messner sah das gelassen und meinte nur: »Das geht schon, ich nehme dich mit.« Der ZDF-Redakteur Michael Albus war skeptischer. Er hatte das Geld für die Expedition beschafft und hielt mich für einen Risikofaktor, der das gesamte Projekt bedrohte. Als wir uns zu dritt in Messners Münchner Wohnung trafen, bevor es losgehen sollte, fragte Albus, ob ich genug Erfahrung hätte. Was ich dabei zu suchen hätte? Aber Reinhold beschied ihm knapp: »Das ist mein Freund, den nehme ich mit.« Albus konnte sich damit nicht recht abfinden. Vielleicht spielte die Tatsache eine Rolle, dass McKinsey gerade eine Studie zur Steigerung der Effizienz im ZDF erstellt und damit bei den Mitarbeitern nicht an Beliebtheit gewonnen hatte. Vielleicht war er wirklich besorgt, ich könnte irgendwo in der Steilwand schlapp machen. Jedenfalls lag der ZDF-Mann, der eigentlich für Theologie zuständig war, noch auf dem Flug nach Quito im April 1992 Messner in den Ohren, was für ein Wagnis der untrainierte Henzler darstelle, während er, Albus, gerade erst wieder am Ortler geklettert war.

Die erste Bewährungsprobe kam bald nach unserer Ankunft in der ecuadorianischen Hauptstadt, bei der ersten Trainingstour am Pichincha, dem »Hausberg« von Quito. Nach der Gipfelbesteigung trafen wir beim Abstieg an einem flacheren Teil auf einen eineinhalb Meter breiten Spalt. Es gab zwei Möglichkeiten, ihn zu überwinden: Entweder man sprang über den Abgrund, mit dem fünfzehn Kilogramm schweren Rucksack auf dem Rücken, oder man umging die exponierte Stelle in einem eineinhalbstündigen Marsch. Messner hüpfte wie eine Gemse auf die andere Seite. Während Michael Albus noch zögerte, sah ich plötzlich die Chance, es ihm zu zeigen: Ich nahm Anlauf, sprang und lag dann eineinhalb Stunden mit Reinhold Messner im Gras, weil Michael Albus sich vernünftigerweise für die Umgehung entschieden hatte.

Wochen später, gegen Mitternacht war der Boden so tritt-fest gefroren, dass wir aufbrechen und den Aufstieg zum Chimborazo beginnen konnten. Der Chimborazo ist ein Vulkanberg von 6267 Metern. Als Alexander von Humboldt ihn gegen Ende des 18. Jahrhunderts zu erklimmen versuchte, galt er noch als der höchste Berg der Welt. Humboldt und sein Begleiter Aimé Bonpland glaubten in Höhen aufgestiegen zu sein wie noch kein Mensch vor ihnen, den Gipfel aber erreichten sie nicht. In seinem Roman *Die Vermessung der Welt* lässt Daniel Kehlmann die beiden, als sie umkehren müssen, einen Moment sinnieren, ob sie nicht behaupten sollten, sie seien oben gewesen. Aber Humboldt und Bonpland widerstanden dieser Versuchung. Wir wollten zuerst möglichst genau Humboldts Spuren folgen und in einem zweiten Anlauf Whympers Route zum Gipfel folgen. Allerdings waren wir enorm im Vorteil, denn unsere Ausrüstung dürfte um ein Vielfaches effizienter gewesen sein, als die von Humboldt vor zweihundert Jahren. Hinzu kam, dass sich auch das Know-how des Bergsteigens von Humboldt bis Messner entscheidend weiterentwickelt hat.

Marco Cruz, der »Messner der Anden«, und seine drei ecuadorianischen Helfer wollten uns und das Kamera-Team in einem Zug zum Gipfel bringen: eine gewaltige Herausforderung. Wir gingen zu dritt an einem Seil, vorn Reinhold Messner, in der Mitte ich, Michael Albus als Schlussmann. Es war so finster, dass ich meinen Vordermann nicht sehen, sondern nur über das Seil wahrnehmen konnte. Wenn es spannte, dann wusste ich, es geht weiter. Wenn es erschlaffte, war das das Zeichen zum Halten. Am Berg tobte ein Sturm, es war eiskalt. Man sah die Gefahren nicht, aber man spürte sie. Den Chimborazo zu besteigen, war ein – wenigstens für mich – extremes Abenteuer, das mich an die Grenzen meiner Kraft führte.

In der tosenden, kalten Dunkelheit schlich sich schon mal der Gedanke ein, wie schön es wäre, wenn ich mich einfach hinlegen könnte. Alle Anstrengung wäre vorbei. Aber dann zog Reinhold Messner am Seil, und irgendwie ging es doch immer weiter. Ich hatte nicht wie Alexander von Humboldt vor dem Aufstieg einen Abschiedsbrief hinterlegt, aber es war mir durch den Kopf gegangen, was alles passieren könnte. In einem Buch, an dessen Titel ich mich nicht mehr erinnere, beschrieb der Autor viele Seiten lang einen Blinddarmdurchbruch, den er hoch oben in den Bergen erlitten hatte, ohne Hilfe in der Nähe. Ich sprach darüber mit Reinhold Messner. Er setzte sich ja gleichsam von Berufs wegen diesen existenziellen Grenzsituationen aus. Man kann in ihnen nicht einfach aussteigen und auch nicht die Bergwacht oder den Notarzt rufen, wenn es kritisch wird. Mir war das bewusst, aber es ist ein Unterschied, ob man daheim am Kamin darüber nachdenkt oder ob man sich unmittelbar in dieser extremen Lage befindet, in der so viel passieren kann und nichts passieren darf.

Damals am Chimborazo habe ich gelernt, was eine Seilschaft ist. Man ist rückhaltlos aufeinander angewiesen. Man kann nicht ausbrechen, egal was kommt. Ich war körperlich am Limit, Michael Albus war nicht besser dran. Entscheidend war, dass ich mich auf Reinhold vollkommen verlassen konnte. Das gab mir Kraft und Sicherheit. Dieses Vertrauen währt bis heute. Dafür bin ich ihm ebenso dankbar wie für den Anstoß, das wirkliche Bergsteigen zu wagen, und die Chance, es in seiner Begleitung zu tun. Er hat mir eine neue Welt eröffnet, in der ich mich bis heute leidenschaftlich gern bewege.

Reinhold Messner erzählte mir einmal die Anekdote, dass er mit Trägern im Berg unterwegs war, als diese sich plötzlich ohne ersichtlichen Grund auf ihre Lasten setzen, um zu pausieren. Er fragte sie, warum sie anhalten würden. Und sie antworteten: »Unsere Seelen sind so schnell nicht mitgekommen, wir müssen auf sie warten.« In der heutigen globalisierten Welt, stellt sich immer öfter die Frage, ob die Seelen bei der Geschwindigkeit der Veränderung hinterherkommen.

Während dieser Anden-Expedition wurde auch die Idee des Similauner-Kreises geboren. Messner und ich hockten in einem Biwak am Fuße des Chimborazo und warteten auf besseres Wetter. Bei dem dortigen Brainstorming entstand das Buch »Berge versetzen«. So lange es schneite, konnten wir den Aufstieg nicht beginnen, also unterhielten wir uns über Gott und die Welt. Ich fragte ihn: »Was hättest du eigentlich gemacht, wenn du nicht Extrembergsteiger geworden wärst?« Messner antwortete: »Dann wäre ich vermutlich Manager oder Unternehmer geworden, da kann man die Dinge so gestalten, wie man es für richtig hält.«

Wir sprachen über die Parallelen zwischen Bergsteigen und Management – die Gestaltungskraft, die man am Berg und an der Unternehmensspitze braucht: Mut zu Ungewöhnlichem, Teamführung, Energie, die richtige Einschätzung der eigenen Kräfte. »Vielleicht sollten wir mal eine Tour mit ein paar Topmanagern machen. Ich kenne einige und könnte sie zusammenholen«, sagte ich, Messner war einverstanden. So fing es an.

Als wir den Chimborazo hinter uns hatten und wieder zurück in der Heimat waren, begannen wir mit den Vorbereitungen zu einem ersten Treffen. Reinhold plante den bergsteigerischen Teil, während ich das Rahmenprogramm organisierte und mich vor allem um die Zusammensetzung der Gruppe kümmerte. Ich sprach Kollegen, Freunde und Weggefährten an. Sie sollten Spaß an einem anstrengenden Abenteuer haben, sie sollten körperlich fit sein, am Bergsteigen Freude haben, und sie sollten miteinander zurechtkommen. Das Interesse war groß, und bald stand der Kreis fest, der später »Die Similauner« genannt werden sollte.

Dazu gehörten Ulrich Cartellieri, damaliger Vorstand der Deutschen Bank, Klaus Pilz, Vorstandsvorsitzender von E.ON, der leider kurz darauf bei einem Lawinenunglück ums Leben kam, der Münchner Zeitschriftenverleger Hubert Burda, mein damaliger McKinsey-Kollege und spätere Postchef Klaus Zumwinkel, Jürgen Schrempp, gerade an die

Spitze des Daimler-Konzerns aufgerückt, Wolfgang Reitzle, zu dieser Zeit BMW-Entwicklungsvorstand und heute Linde-Chef, mein alter Freund Axel Munte, Jürgen Zech, Chef der Kölner Rück, Peter Hoch, Vorstand bei der HypoVereinsbank, Thorlef Spickschen, Pharmachef bei BASF, Ihno Schneevoigt, Personalchef bei der Allianz, Reinholds Bruder Hubert Messner, der in Bozen als Arzt praktizierte, sowie Reinhold und ich. Axel Munte war auch Mediziner, ich hatte ihn in meiner Studienzeit kennengelernt. Als Assistenzarzt hatte er mir eine Probe seines Könnens gegeben, indem er mein gelegentliches Herzrasen als ein Wolff-Parkinson-White-Syndrom (WPW) diagnostizierte, eine kardiologische Besonderheit, bei der etwas an der Elektrik nicht ganz stimmt. Privat hatte ich ihm und seiner Frau Heidi einmal bei der Sanierung einer Textilgruppe geholfen. Für viele Bergkameraden ist Axel Munte wegen seiner großen medizinischen Erfahrungen die erste Anlaufstelle nach Bergtouren.

Eines Mittags Anfang August 1993 trafen wir uns in einem Lokal im Schnalstal am Fuße des Similaun, eines 3597 Meter hohen Berges in den Ötztaler Alpen in Südtirol. Von dort ging es mit der Bahn hinauf bis auf 3000 Meter Höhe, wo unsere erste Tour begann. In Gruppen zu dritt stiegen wir auf zur Similaunhütte, in 3019 Meter Höhe am Niederjoch gelegen. In dem über hundert Jahre alten Schutzhaus einfachen Standards bezogen wir unsere Drei- und Vierbettzimmer. Einen Teil der Betten darf der Hüttenwirt reservieren lassen, so dass wir nicht aufs Matratzenlager mussten, auf dem die nicht angemeldeten Gäste ihre Nachtruhe suchen mussten.

Schon bei dem ersten Anstieg hatten sich die Unterschiede in Kraft und Können unserer Gruppe gezeigt. Erfahrene Bergsteiger wie Ulrich Cartellieri und Peter Hoch kamen gut voran, aber andere waren bergunerfahren und hatten ihre Schwierigkeiten. Die Herausforderung aber war für alle gleich. Hubert Burda etwa (»Wo ich bin, ist hinten!«) kämpfte .

derart mit seiner Kondition, dass Reinhold Messner am Abend mit mir schimpfte: »Den schickst du morgen heim! Wie konntest du den mitnehmen?« Ich versuchte ihn zu beruhigen und Hubert biss sich später so zielstrebig durch, dass Messner nur noch staunen konnte. Wir organisierten am nächsten Tag eine Entlastung für Hubert Burda, indem wir sein Gepäck unter uns aufteilten. Der tapfere Verleger musste dann auch mit Ihno Schneevoigt und deren Bergführer Ernst – nachdem er den Gipfel erreicht hatte – eine längere und sanftere Abstiegsroute vom Similaun auf sich nehmen (wir wählten ein gefährlicheres Schneefeld). Er kämpfte und schaffte es; und ein Jahr später stieg er in glänzender Kondition mit uns auf den Ortler.

Schon damals diskutierten wir nach der Bergtour in der Hütte über aktuelle Themen. Wenn ich mich richtig erinnere, ging es bei diesem ersten Mal um das Europäische Währungssystem (EWS), das unsere Gemüter heftig bewegte. Später gaben wir dem Debattierteil unseres jährlichen Similauner-Treffens eine klarere Struktur, indem wir vorher Lesedeputate an die Teilnehmer vergaben und sie zur Einführung in die Diskussion ihrer Lesefrüchte vortrugen. Heute ist es bei uns üblich, dass wenigstens zwei Similauner einen Vortrag halten, über den anschließend disputiert wird. So sprach zum Beispiel Ulrich Cartellieri 2009 über die Finanzkrise oder der neu in den Kreis hinzugekommene Herbert Hainer über adidas als »global player«. Dabei geht es durchaus heiß her und nicht selten fliegen die Fetzen. Mitunter stimmten wir sogar ab, um nach einer kontroversen Diskussion das Meinungsbild zum Thema sichtbar zu machen.

Die erste Bergtour nach unseren viertägigen Treffen endete im Juval, auf dem Schloss von Reinhold Messner. Dort saßen wir in fröhlicher Runde beisammen und schmiedeten Pläne. Messner wies uns auf eine Inschrift an seiner Burg hin, die da lautete: »Vinciturus vincero – die zum Sieg bestimmt sind, werden siegen.« Diesen Spruch aus dem mittelalterlichen Latein empfahl er als Motto für uns als eine politisch organisierte Gruppe, die die Welt verändern würde! Dazu kam es dann doch nicht, auch wenn es vieles gab, was uns ärgerte, unter anderem die behäbige und hausbackene Politik des damaligen Bundeskanzlers Kohl.

Wir verbesserten die Welt nicht, begehrt war unser Kreis dennoch. Als sich herumsprach, was es mit den Similaunern auf sich hatte, kamen von vielen Seiten offene und verdeckte Anfragen, ob man da nicht mitmachen könne. Immer wieder musste ich sagen, dass ich neue Mitglieder nicht einfach aufnehmen könne. Unsere Regeln sehen vor, dass jeder zustimmen muss, wenn der Kreis erweitert werden soll. Und in der Tat kam es auch schon vor, dass ein Similauner erklärte: »Wenn der mitmacht, dann gehe ich!« Trotzdem vergrößerte sich der Teilnehmerkreis nach und nach. Es kamen Jürgen Weber (damals Lufthansa), Ulrich Lehner (damals Henkel), Georg Kofler (damals Premiere), Herbert Hainer (adidas), Klaus Kleinfeld (damals Siemens) und Jürgen Hambrecht (BASF) hinzu.

Inzwischen sind wir überwiegend ein Pensionärsverein geworden. Noch immer klettern wir jedes Jahr in Südtirol mit Reinhold Messner und dem wohl erfahrensten Bergführer Hanspeter Eisendle in die Alpen. Unsere bergsteigerischen Ambitionen haben wir bisher nicht wesentlich gesenkt, aber dem fortschreitenden Alter ist geschuldet, dass wir unsere Komfortansprüche angehoben haben. Im Jahr 2010 sprach einer an, ob wir wirklich noch in der Hütte übernachten müssten, wo man morgens mit der Zahnbürste in der Hand und im Dunst des Vordermannes an der einzigen Wasserstelle Schlange steht. Alle fanden, dass es besser sei, in einem schönen Gasthaus unterzukommen. Dort haben wir nun auch einen Raum für uns, um zu diskutieren, ohne dass ständig jemand von Reinhold Messner ein Autogramm erbittet. Der »König der Berge« ist immer noch Projektionsfläche für alle Bergbegeisterten.

Oft bin ich gefragt worden, was für Manager den Reiz des Bergsteigens ausmacht. Ich glaube, es sind Erfahrungen, die woanders kaum so intensiv zu machen sind. Man lernt seinen Körper wirklich kennen, man lernt seine Grenzen kennen. Man muss auf Gedeih und Verderb mit anderen Menschen zurechtkommen, und zwar hautnah. Man setzt sich mit den Naturkräften auseinander, und man will immer höher hinaus: Wer einen Dreitausender bestiegen hat, den zieht es auf einen Viertausender. Man wird auch mit Bergführern konfrontiert, die den Unternehmensführern auf dem alpinistischen Gebiet so vieles voraushaben.

Ein Manager, der das Bergsteigen betreibt, lernt Dimensionen kennen, die auch für die beruflichen Anforderungen hilfreich sind. Er weiß, dass die Vorbereitung das A und O ist, dass auf der Tour höchste Konzentration nötig und dass Scheitern trotzdem möglich ist. Denn am Berg kann immer etwas passieren – es gibt Steinschlag, der Vordermann rutscht aus oder einer kann nicht mehr. Gerade Spitzenmanager sind nach einiger Zeit der Gefahr ausgesetzt, zu glauben, sie seien unfehlbar. Da ist der Berg ein guter Lehrmeister, denn dort gehört es zu den Voraussetzungen des Erfolgs, sich der Gefahr bewusst zu bleiben. Dort kann immer etwas schief gehen. Es darf aber nichts passieren.

Am Tag vor unserer Ortler-Tour 1994 war ein Bergsteiger auf dem Normalweg tödlich abgestürzt. Und bei unserer Tour auf den Cevedale (3770 Meter) verabschiedeten wir morgens eine Seilschaft an der Casati-Hütte, die tags darauf alle bei einem Absturz von der Königsspitze ums Leben kamen.

Nicht wissen möchte ich, wie viele Fehlinvestitionen getätigt werden, weil sich im Vorfeld niemand überlegt hat, dass das Projekt auch in den Sand gesetzt werden könnte, und weil niemand bereit und mutig genug war, rechtzeitig zu sagen: »Wir haben uns verstiegen, wir müssen abbrechen.« Die Grenzerfahrungen, die der Bergsteiger macht, helfen dem Unternehmensführer: In beiden Rollen braucht man die Fähigkeit zu höchstem Einsatz, es gilt, auf einen Punkt hinzuarbeiten und alles andere fallen zu lassen. Man braucht die Fähigkeit zur Ruhe, zum Abschalten und Nachdenken; man muss auf andere eingehen, sich bescheiden und jede Situation richtig einschätzen können.

Am Berg geht es nur gut, wenn man verankert ist, wenn man sich aufeinander unbedingt verlassen kann, sonst wäre es fahrlässig aufzusteigen. Das liegt mir, und vielleicht hat mich das, wenn auch spät, zum Bergsteigen gebracht.

Ich werde immer wieder gefragt, ob denn dort, wo und wenn die Similauner unterwegs sind, die Strippen gezogen, die Deals gemacht, die Beziehungen geknüpft werden. Ja, da geht es – wenn man nicht gerade alle Konzentration und alle Kraft für den nächsten Schritt benötigt wird – ähnlich zu wie in einer funktionierenden Fußballmannschaft. Wo immer man sich begegnet und wo man etwas zusammen unternimmt, pflegt man die Kameradschaft. Ich weiß nicht, wann das Networking erstmals in der Managementliteratur aufgetaucht ist. Ich habe auch nie ein Buch darüber gelesen. Für mich ist Networking nicht Mittel zum Zweck, sondern eine Haltung im Leben.

Edmund Stoiber, der
etwas andere Politiker

In den frühen neunziger Jahren begann ich mich nicht nur für das Bergsteigen, sondern auch für die bayerische Politik zu interessieren. Das führte auch dazu, dass ich Kontakt zum damaligen Ministerpräsidenten Edmund Stoiber bekam, dem ich unter anderem beim FC Bayern München begegnete. Dort war er Präsident des Verwaltungsbeirats. Und als ich 1997 in der bayerisch-sächsischen Zukunftskommission (»Miegel-Kommission«) arbeitete, lernte ich ihn als einen außergewöhnlich langfristig denkenden Politiker kennen. Er ahnte früh, was es für Bayern bedeuten würde, wenn die Partizipationsrate der Frauen in der Wirtschaft weiterhin so niedrig bliebe und die befristeten Arbeitsverhältnisse zunehmen würden.

Als Ministerpräsident beauftragte er McKinsey mit verschiedenen Projekten, die alle unter meiner Verantwortung durchgeführt wurden. Dabei ging es zum Beispiel um die Frage, wie öffentliche Fördergelder am besten eingesetzt werden. Sollten Firmen mit hohen Subventionen auf das flache Land gelockt werden, um dort Arbeitsplätze zu schaffen? Oder erreichte man mehr, wenn sich die Förderung auf die Gebiete konzentrierte, wo die Wirtschaftsstruktur bereits stark war?

Die Tatsache, dass es einfacher sei, tausend neue Arbeitsplätze in Erlangen zu schaffen als in Hof, war Stoiber vollkommen bewusst, aber er musste eben auch den »ländlichen Raum« fördern, denn es sollten ja gleichwertige Lebensbedingungen für alle im Flächenstaat geschaffen werden.

Hier erlebte ich die »Kunst des Möglichen« in der Politik,

das objektiv beste Modell musste so angepasst werden, dass es die Bevölkerung als fair empfand. Das gelang Edmund Stoiber in herausragender Form; er wollte ganz Bayern auf den Weg in die Zukunft einbinden. Von Zeit zu Zeit war er mit seiner Frau Karin bei uns zu Gast, dabei erzählte mir unsere langjährige Hauswirtschafterin Johanna Schenkl, dass Herr Stoiber die Sorgen und Nöte der »kloane Leit« gut kenne. Das beschreibt ihn treffend.

Die damaligen Projektarbeiten zur wirtschaftlichen Entwicklung waren auch der Grundstock für die konsequente Förderung der Hightech-Standorte im Freistaat und endete in der »Laptop- und Lederhosenstrategie«. Stoiber wollte – ähnlich seinem Lieblingsclub FC Bayern – in der Champions League Europas der Regionen spielen.

Für ihn und seine kompetente Mannschaft mit Ulrich Wilhelm, Walter Schön, Karolina Gernbauer, Friedrich Wilhelm Rothenpieler und Martin Neumeyer zu arbeiten, war für einen analytisch denkenden Menschen spannend. Stoiber liebte Charts und fraß die Botschaften geradezu in sich hinein. Als wir 1998 mit dem McKinsey-Shareholder-Council in München tagten, mussten alle einundzwanzig Mitglieder um Rajat Gupta zu einer zweistündigen Brainstorming-Sitzung bei ihm antreten. Ein einmaliger Vorgang in der Geschichte von McKinsey. Stoiber war für Anregungen ein kritischer, aber im Endeffekt ein sehr angenehmer Klient.

Vier Jahre später trat er bei der Bundestagswahl als Kanzlerkandidat für die Unionsparteien an. Lange Zeit lag er in den Umfragen weit vor seinem Konkurrenten, dem Amtsinhaber Gerhard Schröder von der SPD. Stoiber galt einfach als der bessere Kanzler. Sechs Monate vor dem Wahltermin schien das Rennen schon gelaufen zu sein.

Wie viele glaubte ich, dass der Machtwechsel in Berlin nach vier Jahren Rot-Grün dem Wählerwillen entsprach. Was letztlich die Erosion des Vorsprungs bewirkte, blieb auch mir als seinem engen Ratgeber unerklärlich.

Am Ende war der Vorsprung dahin, es fehlten ihm 6200

Stimmen. Verständlich, dass ihn diese knappe Niederlage noch lange danach schmerzte. Ich war überzeugt, dass er in der damaligen gesellschaftlichen Situation ein guter Kanzler geworden wäre. Dazu habe mich auch immer wieder bekannt und sogar zwölf Flaschen Zweigelt an Sabine Weber, Ehefrau des ehemaligen Lufthansa-Chefs Jürgen Weber verloren, weil ich auf Stoibers Sieg gewettet hatte. Es hatten zwei herausragende Politiker zur Wahl gestanden, Stoiber war mehr als ein »aliut«, mehr als ein Ersatz, wie die Juristen sagen.

In seinem eigenen Bundesland Bayern erzielte er bei der Landtagswahl 2003 mit über 60 Prozent der Stimmen das beste Ergebnis aller Zeiten. Stillstand oder gar selbstzufriedenen Genuss gab es für ihn nicht. Er wollte das Land, das sich auch unter seiner Führung vom Agrarland zum Spitzenstandort entwickelt hatte, weiter vorantreiben. Stoiber verkaufte Staatsbeteiligungen und steckte die Erlöse in Infrastruktur für Hightech-Investments. Rückblickend freue ich mich, dass meine Empfehlungen aus dem Entbürokratisierungsbericht, aus dem WTB (der wissenschaftlich-technische Beirat der bayrischen Staatsregierung) und dem »Bayern 2020-Papier« auch Grundlagen für weitere Veränderungen bildeten: Stoiber reformierte den Verwaltungsgerichtsaufbau und eine Vielzahl von Vorgaben, um die Verwaltung zu verschlanken, mit Konzepten wie »One-Stop-Agency« oder »Sunset«-Richtlinien. Die Klein- und Mittelbetriebe wurden erheblich entlastet und die Unternehmensgründungen vereinfacht. Die verschlankte Verwaltung sollte auch ein bayerischer Standortvorteil sein. Er wollte – wie von mir empfohlen – den Transrapid durchsetzen, weil es verkehrstechnisch das richtige Konzept für die Anbindung zum Flughafen war. Leider bekam dieses Projekt im Laufe der Zeit nicht die uneingeschränkte Unterstützung in der CSU-Spitze.

Stoiber war fortan der Kandidat für den EU-Chefposten sowie für das Bundespräsidentenamt, und er galt als unbestrittener Fachmann auf dem Gebiet der Finanz- und Wirtschaftspolitik (so war er zum Beispiel gegen den Eintritt Griechenlands in die Währungsunion). Sein Stern strahlte bis zur vorgezogenen Wahl im Jahr 2005 und eigentlich auch in der Zeit danach immer noch hell.

Am Rande des Weltwirtschaftsforums in Davos im Januar 2005 traf ich Angela Merkel zu einem einstündigen Gespräch unter vier Augen. Wir redeten sehr konstruktiv über dieses und jenes Thema. Schließlich sagte die CDU-Vorsitzende in bestimmtem Ton: »Lieber Herr Henzler, ich weiß doch, wo Sie herkommen. Ich kenne Ihren Herrn. Sie würden uns allen einen großen Gefallen tun, wenn Sie ihm ausrichten könnten: Auch wenn ich nicht Kanzlerkandidatin werden sollte, er wird es auf keinen Fall noch einmal. Dann würde es Koch oder Wulff.« Die Bundeskanzlerin spielte später in einem Kreis Unternehmer auf meine damalige Rolle als »Stoiber-Berater« an.

Zurück in München ging ich zu Edmund Stoiber und berichtete ihm, was Frau Merkel mir aufgetragen hatte. Er nahm die Botschaft ruhig auf, aber ich war mir sicher, dass es nicht das Ende seiner Hoffnung sein konnte. In München kalkulierte man den Sturz der Kanzlerkandidatin Merkel für den Fall ein, dass die folgenden Landtagswahlen in Schleswig-Holstein und Nordrhein-Westfalen für die CDU verloren gingen. Dann würden die Karten neu gemischt. Es kam anders; die CDU gewann in beiden Ländern genug Stimmen, um die Regierung zu führen. Ich glaube, man geht nicht fehl in der Annahme, dass Stoiber am Abend der Bundestagswahl im Herbst 2005 ein weiteres und letztes Mal eine kleine Chance für sich sah, doch noch den Mantel der Geschichte ergreifen zu können. In der *Berliner Runde*, moderiert vom damaligen ZDF-Chefredakteur Nikolaus Brender, tönte Wahlverlierer Schröder: »Sie glauben doch wohl nicht ernsthaft, dass meine Partei auf ein Gesprächsangebot von Frau Merkel eingehen wird.« Würde die SPD eine Koalition mit der Union nur eingehen, wenn die jemand anderen an die Spitze setzt?

Merkel und die SPD bildeten die Koalition doch. Stoiber, dem der Posten eines mit zusätzlichen technologischen Kompetenzen versehenen Wirtschaftsministers im Kabinett Merkel/Müntefering zugedacht war, entschied sich in letzter Minute für den Rückzug nach Bayern. Was ihn letztlich zum Berliner Verzicht bewogen hat, vermochte ich nicht nachzuvollziehen. In München setzte er aber seine Politik konsequent fort, und rückblickend muss man sagen, dass sein Mantra: »Spitze zu sein, erfordert auch in allem Spitzenleistungen« absolut richtig war. Er diskutierte seine Vorhaben mit der CSU und ihrer Basis sehr intensiv, aber es schien, dass einige Mitstreiter aus der CSU-Spitze sich von ihm abwandten (nicht offen, eher verdeckt). Trotz der unbestrittenen Erfolge seiner Wirtschaftspolitik, trotz des Markenzeichens eines ausgeglichenen Haushalts und trotz einer Zustimmung von 58 Prozent wollte man ihn loswerden.

Auf der traditionellen Fraktionstagung in Wildbad Kreuth im Januar 2007 musste Stoiber seinen Rückzug für den Herbst desselben Jahres erklären. Doch warum hat man in Wildbad Kreuth den besten Mann, das Zugpferd ausgetauscht? Es kann wohl nur mit zwei Faktoren zu tun gehabt haben – nach vierzehn Jahren als Ministerpräsident ist man natürlich einer Abnutzung unterworfen. Das war bei Adenauer, Kohl und Späth genauso. Und der zweite (wohl noch wichtigere): Günther Beckstein und Erwin Huber, beide unwesentlich jünger, sahen jetzt die letzte Chance um Stoiber zu beerben.

Auch nach seiner Entmachtung tauschte ich mich laufend mit ihm aus, zumal ich das »Bayern 2020«-Projekt zwischenzeitlich abgeschlossen hatte und viele in der Partei dieses als ein Stoiber-Vermächtnis ansahen.

Nach einer Phase der verständlichen Enttäuschung, zumal die einschlägigen Presseorgane ihn immer noch sehr negativ zeichneten, hat er unter anderem in Brüssel eine neue Betätigung als Chef einer Entbürokratisierungsoffensive gefunden. Er unterhält nicht nur enge Beziehungen zu Jean-Claude

Juncker, dem Vorsitzenden der Euro-Gruppe, zu EU-Kommissionspräsident José Manuel Barroso und Günther Oettinger, dem EU-Kommissar für Energie, sondern auch noch zu seinem Weggefährten Wladimir Putin.

Daneben gilt sein Rat als Vorsitzender einiger hochkarätiger Beiräte. 2011 erlebte ich wieder, in welch klarer Form Stoiber die Europamüdigkeit der Bürger analysierte, wie er die Probleme des Euro sauber diagnostizierte und wie er als Elder Statesman gehört wird.

Dass er mit sechsundsechzig Jahren aus dem höchsten politischen Amt Bayerns ausscheiden müsste, ist rückblickend wohl auch positiv zu sehen. Er konnte sich ganz neuen Betätigungsfeldern zuwenden und damit erfahren, dass ein arbeitsames Leben nicht vierundzwanzig Stunden pro Tag an sieben Tagen der Woche bedeuten muss.

Beratung in Sachen Zukunft

In der Politikberatung sind Kommissionen weit verbreitet. Sie werden von Regierungen berufen, um ein bestimmtes Einzelthema zu behandeln. »Kommission für Zukunftsfragen der Freistaaten Bayern und Sachsen« war meine erste solche Einrichtung, in die ich geholt wurde. Sie wurde – ich erwähnte es schon – von dem Sozialwissenschaftler Meinhard Miegel geleitet, eingesetzt war sie in den neunziger Jahren von den Ministerpräsidenten Bayerns und Sachsens, Edmund Stoiber und Kurt Biedenkopf. Dort erlebte ich nicht nur einen hervorragenden Kommissionsleiter, sondern in den beiden Ministerpräsidenten auch exzellente »Klienten«. Unsere damaligen Prognosen, dass die »flockigen« Arbeitsverhältnisse – »flockig« war eine Wortschöpfung von Miegel, er bezeichnete damit alle Arbeitsverhältnisse, die nicht Vollzeiterwerbsverhältnisse waren (heute 30 Prozent) – dramatisch zunehmen würden. Dass die produktionszentrierte Gesellschaft passé sei, bestätigte sich bereits wenige Jahre später. Auch unsere Forderung, dass die Erwerbsbeteiligungsquote, insbesondere von Frauen, sich nachhaltig erhöhen musste, sorgte damals für Aufmerksamkeit. Schließlich kritisierten wir in der Kommission für Zukunftsfragen mit großem Nachdruck das Konzept des horizontalen Finanzausgleichs zwischen den Ländern und empfahlen den beiden Regierungen den Gang zum Verfassungsgericht nach Karlsruhe.

Darüber hinaus war ich nach meiner McKinsey-Zeit Mitglied in der Pöhl-Kommission, die im Jahr 2000 einen Bericht zur Neuordnung der Bundesbank und zu einer möglichen Schließung der Landeszentralbanken (LBZ) vorzulegen hatte. Die Expertenrunde hieß deshalb so, weil der frühere Bundesbankchef Karl Otto Pöhl ihr vorsaß. Einerseits empfahlen wir eine neue Organisationsstruktur, nach der heute noch gearbeitet wird; andererseits gelang es uns nicht, die Landeszentralbanken zu »schleifen«, also zu schließen. So existiert die nordrhein-westfälische LZB noch immer – und tut so, als gestalte sie im Zeitalter des Euro die Geldpolitik an Rhein und Ruhr.

Auch in der Baums-Kommission (benannt nach dem Wirtschaftsrechtler Theodor Baums) arbeitete ich mit. Sie entwarf 2001 erstmals für Deutschland einen Corporate-Governance-Kodex, Verhaltensstandards zur Unternehmensführung und -überwachung. Das Ziel war, den Standort Deutschland für internationale – und nationale – Investoren attraktiver zu machen. Zwar schafften wir einfachere Strukturen für die Aktionärsdemokratie. Aber die aus meiner Sicht wichtige Aufgabe, eine zeitgemäßere Form der Beteiligung und Einflussnahme der Aktionäre zu entwickeln, war uns ausdrücklich nicht erteilt worden. Weiterhin forderten wir eine größere Transparenz deutscher Unternehmensführung, konstatierten eine mangelnde Unabhängigkeit deutscher Aufsichtsräte. All diese Dinge umzusetzen, gelang uns nicht, sie sind aber heute noch genauso aktuell wie vor über zehn Jahren.

Mitunter werden Kommissionen aber auch als ständiges Beratergremium eingerichtet, so der Innovationsbeirat beim Bundespräsidenten, den Roman Herzog 1997 gründete und dem ich angehörte. Ich erlebte einen außergewöhnlich analytisch begabten Präsidenten, der die Kommissionsmitglieder immer wieder aufforderte, nicht nur Kritik zu üben an den herrschenden Verhältnissen, sondern konkrete Ansatzpunkte für Veränderungen aufzuzeigen.

Edmund Stoiber war es schließlich, der mich 2002 an die Spitze der Bayerischen Deregulierungskommission berief. Darin waren Verwaltungsspezialisten wie der Staatskanzleichef Walter Schön, Vertreter der Unternehmenswirtschaft wie der Ex-BMW-Vorsitzende Joachim Milberg, IHK-Präsidenten und viele andere Fachleute versammelt, um den Dschungel der Vorschriften zu durchforsten: Wo ging die Regulierung über das Ziel hinaus? Wie konnten bürokratische Hemmnisse beseitigt werden?

Bei der Diagnose unserer durchregelten Gesellschaft stellten wir einige »endemische« Probleme fest. Niemand will bürokratische Vorschriften – aber wehe, es passiert etwas: Dann werden in der Öffentlichkeit Vorwürfe gegen Behörden und Politik erhoben, sie hätten eine Schutzregelung versäumt. Die Folge ist, dass in Windeseile neue Vorschriften erlassen werden. Der »Rinderwahnsinn« lieferte ein eindrucksvolles Beispiel: Einerseits wollten die Landwirte sich nicht vorschreiben lassen, wie ihre Ställe beschaffen sein sollen. Als jedoch die erste Kuh in Bayern an BSE verendete, ging ein Aufschrei durch das Land. Bis ins letzte Detail wurde danach vorgeschrieben, wie die Ställe zu weißen waren, die Gänge für den Abtransport des Mistes beschaffen sein mussten oder mit den Restfuttermengen umzugehen war.

Ähnliches erlebten wir immer wieder, etwa beim ersten Gammelfleischvorfall, bei der Vogelgrippe, bei der Entenkrankheit, wo binnen vierundzwanzig Stunden 200 000 Enten gekeult wurden.

Bei unseren Diagnosen stellten wir fest, dass in unserer Gesellschaft inzwischen selbstverständlich erwartet wird, die Staatsgewalt müsse helfend zur Verfügung stehen. Allein in München beruhten in der damaligen Zeit über die Hälfte aller Polizeieinsätze auf den Anzeigen von Menschen, die aus den verschiedensten Gründen gegen Nachbarn vorgehen wollten, die über Lärm klagten, denen Parkverstöße anderer ein Dorn im Auge waren.

Aber es sind natürlich nicht nur die Bürger, die den Staat zu immer neuen Vorschriften und zu immer häufigerem Einschreiten treiben. Es treten, zum Beispiel in Folge des technischen Wandels, immer neue Sachverhalte auf, die der Regulierung bedürfen. Ein weiterer Grund liegt aber auch darin, dass die Bürokratie selbst und die vielen Parlamente, die wir haben, ihre Existenz rechtfertigen wollen und deshalb nach immer neuen Regelungsfeldern Ausschau halten. Als wir in der Kommission den bürokratischen Dickicht durchforsteten, fühlte ich mich oft an ein Zitat von Franz Josef Strauß erinnert, der einmal gesagt haben soll: »Die Zehn Gebote Gottes enthalten 279 Wörter, die amerikanische Unabhängigkeitserklärung 300 Wörter. Die Verordnung der Europäischen Gemeinschaft über den Import von Karamellbonbons umfasst exakt 25 911 Wörter.«

Was erreichte meine von Stoiber eingesetzte Kommission damals? Bereits nach einem halben Jahr konnten wir der bayerischen Staatsregierung einen umfangreichen Bericht mit Vorschlägen zur Deregulierung übergeben. Dass die Anmeldung einer Gesellschaft mit beschränkter Haftung in dem Freistaat nicht mehr sechs oder sieben Wochen dauert, sondern nur noch drei Tage, zähle ich zu den greifbaren Erfolgen. Baugenehmigungen müssen in vier Wochen verbindlich beantwortet werden. Wir bewirkten, dass die Berichtspflichten der Unternehmen reduziert und zahlreiche weitere bürokratische Entlastungen der Klein- und Mittelbetriebe realisiert wurden. Unser Vorschlag, die Buchführungspflicht erst bei einer Million Euro Umsatz beginnen zu lassen, ging nicht durch. Dafür wurde diese Grenze aber von 250 000 auf 350 000 Euro angehoben – ein Indiz dafür, wie gering dosiert in Deutschland Veränderungen vor sich gehen.

In unserem damaligen Manifest schrieben wir, dass die Firmengründungen erleichtert, ihr Wachstum fördern und das vor allem das Unternehmerbild in unserer Gesellschaft verbessert werden sollten. An den Anfang unseres Plädoyers für ein neues, ein positiv besetztes Unternehmerbild stellten wir ein griffiges Zitat von Winston Churchill: »Manche Leute halten den Unternehmer für einen räudigen Wolf, den man totschlagen müsse. Andere sehen in ihm eine Kuh, die man ununterbrochen melken könne. Nur wenige sehen in ihm das Pferd, das den Karren zieht.«

»Innovationen, Unternehmergeist und Leistungsbereitschaft sind die Quellen für Beschäftigung und wirtschaftliches Wachstum. Sie sind die Voraussetzung für Wohlstand und hohen Lebensstandard, aber auch für stabile soziale Verhältnisse. Die zentrale Herausforderung an ein Staatswesen besteht darin, diese Quellen nicht versiegen zu lassen, sondern ihre Kraft zu erhöhen. Nur eine dynamische Wirtschaft sichert dem Einzelnen einen hohen und weiter wachsenden Lebensstandard und ermöglicht allgemeinen Wohlstand«, hieß es 2003 in den Leitgedanken, den die Deregulierungskommission ihrem Bericht vorangestellt hat.

Die Schlussfolgerungen sind für mich noch immer richtig. Unsere Wirtschaft kann nur erfolgreich sein, wenn sie in der weltweiten Arbeitsteilung wettbewerbsfähig bleibt. Der technische Fortschritt geht weiter, und Deutschland muss dabei eine Spitzenposition halten. Das gelingt nur mit Mut und Wille zu schneller Reaktion auf weltweite Entwicklungen und zu ständiger Erneuerung. Die hohe Regulierungsdichte in Deutschland bremst den Wandel der Wirtschaft und behindert das Entstehen neuer und die Anpassungen bestehender Unternehmen. Ein überreguliertes Wirtschaftssystem schützt etablierte und benachteiligt potenzielle neue Marktteilnehmer. Es reduziert Leistungsanreize, anstatt Innovationen und Neugründungen zu fördern.

Gerade Deutschland ist als Hochlohnland existenziell auf Innovationen und technisch-organisatorischen Fortschritt angewiesen. Nur wenn wir ein hohes Innovationstempo bewahren, können wir uns auch morgen noch hohe Löhne sowie hohe soziale und ökologische Standards leisten. Unverzichtbar sind ein exzellentes Aus- und Weiterbildungssystem sowie attraktive Rahmenbedingungen, die Talente entsprechend fördern und belohnen. Deutschland muss kreative und dynamische junge Menschen dafür gewinnen, in Deutschland zu bleiben und ihre Ideen zu verwirklichen.

Die soziale Marktwirtschaft muss so ausgerichtet sein, dass sich wirtschaftliche Leistung, persönliche Verantwortung und unternehmerisches Handeln lohnen. Nur mit einer gewissen Flexibilität können die Veränderungen, die die Globalisierung mit sich bringt, sinnvoll und aktiv gestaltet werden. Wirtschaftlicher Wandel darf nicht als Bedrohung angesehen, sondern muss als Chance verstanden und genutzt werden.

Uns geht nicht die Arbeit aus, sondern die Unternehmer. Ein Grund dafür ist, dass trotz der wichtigen wirtschaftlichen und gesellschaftlichen Funktion der Unternehmer in Deutschland öffentlich nicht besonders angesehen ist. Es gibt auch kaum Anstrengungen, dieses Bild zu korrigieren. Wenn in den Schulbüchern Unternehmer und Selbstständige kaum vorkommen, darf man sich nicht wundern, dass sie in den Berufswünschen der jungen Menschen kaum vertreten sind.

Dabei lohnt es sich, Selbstständigkeit zu fördern. Eine Gründung, so ergaben Untersuchungen, schafft rund vier Arbeitsplätze in drei Jahren. Wenn in der jungen Generation der Wunsch stärker entfacht wird, ein eigenes Unternehmen auf die Beine zu stellen, schaffen wir eine zentrale Voraussetzung für die Dynamik unserer Volkswirtschaft.

Im Februar 1976 fragten mich die *Spiegel*-Redakteure in einem Interview: »Herr Henzler, wie fühlen Sie sich als Deutschlands Jobkiller Nummer eins?« Dieses Klischee wurde und wird McKinsey gern angeklebt, um einen Prügelknaben zu markieren, wenn Betriebe und Konzerne sich veränderten, Marktbedingungen anpassen und dabei zwangsläufig Arbeitsplätze streichen. Je stärker der Wettbewerb ist, desto mehr steigt der Druck, die Kosten zu senken und die Produktivität zu erhöhen. In bestehenden, besonders reifen Geschäftsfeldern der Industrie ist die Reduzierung von Arbeit durch rationellere Fertigungsmethoden die einzige nennenswerte Methode. Wer dabei Ratschläge gibt, hilft, die Zukunft der Unternehmen zu sichern und damit

Arbeitsplätze zu erhalten. Deshalb konterte ich auf die Frage der Journalisten mit den vielen Jobs, die wir gesichert hätten, dass es besser wäre, in der Automobilzubehörindustrie, 22 000 sichere Jobs zu haben als 30 000 unsichere. Ich wies auch auf die vielen Beispiele hin, bei denen wir Umsatzsteigerungsprogramme »gefahren« haben. Danach fragte man mich auch, wie ich mit den Attacken der Gewerkschaften gegen McKinsey umgehen würde. Ich erzählte, dass mir Franz Steinkühler, damaliger IG-Metallchef und Aufsichtsratsmitglied bei Daimler, einmal gesagt hatte: »McKinsey gehörte erfunden, wenn es noch nicht existierte. Immer wenn die Berater in einem Betrieb waren, hätten die Gewerkschaften hinterher neue Mitglieder.« Als ich ihm entgegenhielt, in welch schlechtem Zustand die Gewerkschaftsunternehmen seien, gab es eine betretene Reaktion.

Im Übergang von der Industrie- zur Dienstleistungs- und Wissensgesellschaft ist Personalabbau unumgänglich. Aber zugleich entstehen neue Jobs durch neue Produkte, durch neue Branchen. Auch wenn in Deutschland Wirtschaft gern als etwas Statisches betrachtet wird, ist sie doch ein dynamischer Prozess. Damit er unter dem Strich ins Positive tendiert, müssen die Unternehmen sich rechtzeitig dem Strukturwandel stellen, und die Politik ist ihrerseits gefordert, indem sie Rahmenbedingungen setzt, die die Dynamik fördern.

Rückblickend bin ich recht zufrieden mit den Ergebnissen der Deregulierungskommission. Sie arbeitete 105 Vorschläge aus, davon sind bis heute sechzig umgesetzt. Weitere dreißig sind in Prüfung, was in Berlin lange und in Brüssel sehr lange dauert; bei weiteren fünfzehn Vorschlägen schien der Zeitpunkt für eine Umsetzung noch nicht gekommen. Allerdings habe ich erlebt, dass der Hydra der Bürokratisierung stets neue Köpfe wachsen. Deshalb wäre es nach meiner Überzeugung angebracht, mindestens alle sieben Jahre eine solche Übung durchzuziehen, wie es unsere Kommission damals im Auftrag der bayerischen Staatsregierung tat.

Den Grundgedanken dieser Kommission – vor allem die Wirtschaftskraft zu fördern – führte ich in einer Gutachtergruppe fort, die aus dem WTB, FC Bayern-Manager Uli Hoeneß, Wirtschaftsprofessorin Ann-Kristin Achleitner oder dem – inzwischen verstorbenen – Filmproduzenten Bernd Eichinger bestand. Wir hatten von der Staatsregierung den Auftrag, die für Bayern relevanten nationalen und internationalen Entwicklungen zu analysieren und daraus die entscheidenden landespolitischen Weichenstellungen zur Stärkung der Grundlagen für Kinder, Bildung und Arbeit und damit für Wohlstand und soziale Sicherheit in Bayern abzuleiten.

Unsere Empfehlungen, die wir 2007 auf über vierhundert Druckseiten vorlegten, sahen unter anderem eine gesetzliche Kita-Pflicht vom dritten Lebensjahr an, flächendeckende Ganztagsschulen und einen erheblichen Ausbau der Hochschullandschaft vor. Die Forschungsausgaben wollten wir beträchtlich hochfahren. Das massive Investitionsprogramm, das wir entwarfen, hätte sechs bis acht Milliarden Euro gekostet. Diese Ausgaben hätten sich aber nach unserer Überzeugung rentiert, denn dadurch wäre der Freistaat auf einen deutlich höheren Wachstumspfad gebracht worden – mit allen positiven Folgen für Beschäftigung und Steuereinnahmen.

Unser Bericht war durchaus umstritten, zumal wir für eine Verlängerung der Laufzeiten von Kernkraftwerken und für den Bau des Transrapids zwischen dem Münchner Hauptbahnhof und dem Flughafen eingetreten waren. Trotz der Kritik wurde unser Gutachten »Zukunft Bayern 2020« das Standardwerk für die zukunftsgerichtete Politik in Bayern. Schade war, dass einige politische Kreise diese Arbeit als alleiniges Vermächtnis von Edmund Stoiber betrachteten. Die Folge war, dass Stoibers Nachfolger im Amt des Ministerpräsidenten, Günther Beckstein, sich nicht rückhaltlos hinter das Gutachten stellte. Damals erschien es übrigens sinnvoll, die Laufzeiten der AKWs zu verlängern, nach Fukushima war das politisch nicht mehr tragfähig. Allerdings hätte es der CDU gut getan, die Energiewende nicht im Schweinsgalopp zwei Wochen vor der Landtagswahl in Baden-Württemberg im März 2011 durchzupauken. Weder eine verlässliche Rechnung über den Übergang noch eine verlässliche Aussage über die Kosten der erneuerbaren Energien waren gemacht worden.

Im Sommer 2009 wurde der WTB aufgelöst, denn es konnte zu Recht gesagt werden, dass das Thema Technik im Freistaat Bayern angekommen und etabliert war. Stattdessen wurde der breiter angelegte Zukunftsrat der Bayerischen Staatsregierung eingerichtet. Es ist ein unabhängiges Beratergremium, in das Ministerpräsident Horst Seehofer zweiundzwanzig Personen aus verschiedenen Lebensbereichen jeweils für die Dauer von zwei Jahren beruft. Mitglieder sind unter anderem die Präsidenten der Münchner Universitäten, Professor Wolfgang A. Herrmann und Professor Bernd Huber, dann Hubert Burda, die Manager Norbert Reithofer (BMW) und Rudolf Staudigl (Wacker Chemie), Alois Glück, der Präsident des Zentralkomitees der deutschen Katholiken (ZdK), und Paul Nolte, Historiker und Präsident der Evangelischen Akademie zu Berlin und Margit Berndl, die Vorsitzende des Paritätischen Wohlstandsverbandes. Ich sitze diesem Rat vor. Seitdem arbeite ich eng mit Horst Seehofer zusammen. Persönlich kann ich sagen, dass er kein Problem damit hat, alte Zöpfe abzuschneiden, und die Sprunghaftigkeit, die man ihm nachsagt, habe ich nicht erlebt. Ja, er ist unbequem – etwa dann, wenn er die Altersgrenze mit siebenundsechzig in Frage stellt. Er unterlegt dies mit den nur 2,3 Prozent Arbeitnehmern, die bei Siemens, Audi und BMW arbeiten, die älter als sechzig sind.

Es ist spannend, in einer solchen Runde die entscheidenden Fragen der Zukunft zu identifizieren und zu beraten. Wie sieht das »grüne«, das nachhaltig strukturierte Bayern aus? Was muss getan werden, damit alle Schüler einen Abschluss haben, wenn sie die Schule verlassen? Welche Breitband-Infrastruktur braucht Bayern, und welche Chancen sind dort zu nutzen? Wie ist das Verhältnis zwischen Metropolregionen und ländlichen Räumen unter den Bedingungen des globalen Wettbewerbs auszutarieren?

Diese und viele weitere Themen waren und sind bei uns auf der Agenda. Wir haben vier Arbeitsgruppen gebildet, uns steht ein kleiner Stab in der Staatskanzlei zur Verfügung, mit dem äußerst umfassend gebildeten und hingebungsvoll arbeitenden Peter Heinrich an der Spitze.

Vor Weihnachten 2010 präsentierten wir erste Zwischenergebnisse. Es gab einen gewaltigen Sturm im Wasserglas, weil der Zukunftsrat für viele ländlichen Räume die Entwicklungsmöglichkeiten aus sich selbst heraus skeptisch beurteilte, soweit es über Erhalt der Natur und Erholungsangebote hinausgeht. Weil wir Grenzgemeinden empfahlen, sich unter Umständen auf Entwicklungszentren im nahen Ausland auszurichten, empörten sich Provinzpolitiker, als wäre ihre Region von Vaterlandsfeinden dem Untergang geweiht worden. Dabei haben wir nur auf eine Chance hingewiesen, die im 21. Jahrhundert selbstverständlich ist.

In den nächsten zwanzig Jahren werden Oberfranken und die Oberpfalz etwa zehn Prozent ihrer Bevölkerung verlieren. Auch der Norden Niederbayerns wird deutlich weniger Menschen haben. Da versagt das Rezept der Vergangenheit, mal hier und mal dort eine Infrastrukturmaßnahme zu verwirklichen. Beispiele gibt es genug – wie einen Flughafen in Hof, von dem kaum einer fliegt; ein Hallenbad in einer Kleinstadt im Fichtelgebirge, in dem wenig Leute schwimmen, oder eine Stadthalle im Grenzland, die keine Besucher hat. Allein der neue S-Bahntunnel in München hätte in den nächsten drei Jahren zwei Milliarden Euro gekostet – so viel, wie für das gesamte Straßennetz in den nächsten zehn Jahren in Bayern zur Verfügung steht. Im Augenblick ist die Realisierung unklar geworden. Kein Industrieland der Welt kann in seinen entfernten Grenzregionen die gleichen Lebensbedingungen gewährleisten wie in der Metropolregion.

Entscheidend sind nun einmal die Arbeitsplätze: Wenn diese nicht vorhanden sind und auch nicht geschaffen werden können, stimmen die Menschen mit den Füßen ab. Besonders die Jungen verlassen die Gegend und wandern dorthin ab, wo es Arbeit gibt.

Realismus ist in Deutschland selten »PC« – zur Political Correctness hierzulande gehört zu oft, die Wahrheit sanft zu verpacken, harte Fakten zu verschleiern, damit niemand sich daran stößt. Auf der anderen Seite verlangt das politische Geschäft, dass seine Akteure sich permanent öffentlich produzieren. Als Lothar Späth noch Ministerpräsident in Baden-Württemberg war, soll sein Regierungssprecher Matthias Kleinert diesen Maßstab für ihre gemeinsame Arbeit aufgestellt haben: »Lothar, jeder Tag, an dem du nicht in der Zeitung stehst, ist ein verlorener Tag.« So gratuliert man dann dem Fußballer des Jahres zum Titel oder macht bei Unterhaltungsshows im Fernsehen mit, nur um in die Medien zu kommen.

Aber auch sonst ist Politiker kein beneidenswerter Beruf. Selbst wenn man es sehr weit gebracht hat, kann man höchstens die Richtlinien der Politik bestimmen. Eine Managerrolle in der Unternehmenswirtschaft erlaubt sehr viel stärker, die Strategie zu bestimmen und vor allem die Leute zusammenzuholen, die man zur wirkungsvollen Realisierung braucht. In der Politik müssen beispielsweise Minister meist mit den Mitarbeitern weitermachen, die sie vorfinden, selbst wenn vielleicht gerade sie es waren, die bisher den entgegengesetzten Kurs steuerten.

Immer wieder habe ich beobachtet, wie groß die Macht der Apparate in der Politik ist. »Politik vergeht, Verwaltung besteht.« – ist der stehende Spruch in den Häusern.

Als ich einmal in meiner Kommissionsarbeit nach intensiven Gesprächen mit Bernd Eichinger vorschlug, die bayerische Filmförderung deutlich zu erhöhen, winkten die Fachbeamten ab, und prompt griffen auch die zuständigen Politiker unseren Vorschlag nicht auf. Manchen Ministern sieht man bei Verhandlungen, bei Terminen und öffentlichen Auftritten geradezu an, dass sie von ihren Fachleuten einen Sprechzettel mitbekommen haben, an den sie sich halten müssen.

Das hat sicher damit zu tun, dass die Welt ständig komplexer geworden ist. Deutschland liefert Produkte in 190 Länder und bezieht Produkte aus 220 Ländern. Ein deutsches Auto besteht inzwischen zu über 50 Prozent aus Teilen, die im Ausland zugekauft worden sind. Die Kette der Produktion ist derart vielfältig geworden, dass es schier unmöglich erscheint, alles unter Kontrolle zu haben.

Mit immer komplexeren Sachverhalten auf der einen Seite geht eine zunehmende Transparenz auf der anderen einher. Nichts bleibt vertraulich, nicht einmal Prozesse der Meinungsbildung oder des internen Gedankenaustausches. Für Politiker heißt das, sie müssen in jeder Sekunde mit einem geradezu unmenschlichen Maß an Konzentration und Vorsicht agieren.

Aber der Trend zur Transparenz hat auch seine guten Seiten. Ich habe mit Interesse verfolgt, wie bei dem Bahngroßprojekt »Stuttgart 21« aufbegehrende Bürger Politiker und Fachwelt gezwungen haben, die Schlagwörter wegzulassen, das Vorhaben nachvollziehbar zu begründen und sich mit kritischen Einwänden nicht nur formal, sondern inhaltlich auseinanderzusetzen.

Für Entscheidungen von oben herab, insbesondere wenn es um Großprojekte oder Großtechnologien geht, ist die Zeit vorbei. Manche Politiker verfallen in das Gegenteil und schauen nur noch auf das Politbarometer. Ich meine: Viel argumentieren und wenig taktieren, viel begründen und wenig verschleiern – das ist der effizienteste Weg zu Entscheidungen und Ergebnissen im demokratischen Rechtsstaat des 21. Jahrhunderts.

Menschen wie ich können einen Beitrag leisten, indem sie ihre Expertise zur Verfügung stellen. Der Zukunftsrat der bayerischen Staatsregierung, erst recht Kommissionen wie die nach der Atomkatastrophe von Fukushima eingesetzte Töpfer-Kommission zur Ethik in Energiefragen und manche andere Gremien leuchten das Koordinatensystem aus, in dem sich die Politik bewegt.

Aber umgekehrt hätte es nicht funktioniert. Aus der Summe meiner Erfahrungen mit diesem Metier ergibt sich für mich die klare Erkenntnis, dass ich zum Politiker ungeeignet bin. Es ist gut, dass der Beweis dafür nicht erbracht wurde.

Und noch ein Punkt in diesem Zusammenhang: Die politische Woche beginnt normalerweise mit einer Nachlese der Talkshow vom Sonntagabend. Das war bei Sabine Christiansen und Anne Will so, das wird bei Günther Jauch nicht anders sein. Die Teilnehmer fragen dann: »Wie war ich gestern Abend?« Wer nicht dabei war, prüft, ob die Parteifreunde die Linie gehalten oder der Gegner neue Signale ausgesandt hat. Doch meistens gilt frei nach Shakespeare: viel Lärm um nichts. Es werden Fensterreden gehalten, die man schon kennt; eine echte Diskussion findet nicht statt.

Zu einer Institution werden konnte dieses Sonntagspalaver einzig in einer »Mediendemokratie«.

Unternehmensführer dagegen müssen auf Märkten agieren, die längst nicht mehr national, sondern global sind. Damit ist zwar der Absatzmarkt gewachsen, aber mit ihm auch der internationale Wettbewerb auf allen Märkten. Was eben noch angestammt schien, ist auf einmal heiß umkämpft. Die Wirtschaft muss damit zurande kommen, dass Technologien sich rasant verändern, wodurch die Auswirkungen auf die Wertschöpfungskette der eigenen Produktion nur noch schwer einzuschätzen sind. Was heute investiert wird, muss für einen Zeitraum von zehn bis zwanzig Jahren richtig platziert sein, nicht kurzfristig. Die Politik schiebt aber gern den Unternehmen den Schwarzen Peter dafür zu, dass sich ad hoc nichts ändert, dass das Wachstum zu gering, die Innovationskraft zu klein, die Beschäftigung rückläufig ist.

Auf der einen Seite der Politiker, der hier und heute vorzeigbare Ergebnisse braucht, auf der anderen Seite der Unternehmer, der langfristig planen muss – so klaffen die Zeithorizonte immer weiter auseinander und führen zu einer Kommunikationsstörung, die zunimmt bis hin zur Sprachlosigkeit. Die Unternehmer werfen den Politikern vor, dass sie mit Sprechblasen arbeiten, die Politiker bezichtigen die Unternehmer, sie seien nur am Profit interessiert, rücksichtslose Diener des Shareholder Value, ja, sogar vaterlandslose Gesellen, wenn sie Produktionen ins Ausland verlagern. Ich denke, dass die Politiker in Bezug auf den Shareholder Value nicht ganz unrecht haben. Meiner Meinung nach wurde er viel zu rasch und zu unkritisch aus den USA für deutsche Unternehmen übernommen. In meinen Präsentationen habe ich immer darauf geachtet, den Stakeholder Value – neben den Interessen des Investors auch die der Belegschaft, der Kunden und der Lieferanten – in den Vordergrund zu stellen.

Wir haben es in meinen Augen mit einem gefährlichen Problem zu tun. Denn ein Land mit einer Staatsquote von rund 50 Prozent, in dem also knapp die Hälfte des Bruttosozialprodukts durch die Hände der Politiker und der öffentlichen Verwaltung geht, ist darauf angewiesen, dass sich Politik und Wirtschaft verstehen. Es ist unverzichtbar, dass die staatliche Gewalt die berechtigten Interessen der Wirtschaft kennt, versteht und berücksichtigt. Die Wirtschaft muss sicher sein können, dass die Politik keine unsinnigen Gesetze beschließt, dass Durchführungsverordnungen sie nicht unnötig belasten und dass geltendes Recht nicht schikanös angewendet wird. Heiner Geißler sagt mir im Juni 2011: »Wissen Sie, Herr Henzler, das Klagen ist die Seele des Kaufmanns. Als wir den Katalysator einführten, hieß es, die Automobilwirtschaft geht vor die Hunde. Hinterher war es ein Exportschlager. Beim Verbot der Dünnsäureverklappung klagten die Entsorgungsunternehmen, es würde ihnen die Geschäftsbasis entzogen. Bei der Abschaltung der Kernkraftwerke schimpfen die Stromversorger, es sei der Entzug der Geschäftsgrundlage. In Wirklichkeit gibt es viele Anregungen seitens der Politik, die sie zu Innovationen anregen.« Ein guter Beweis für die gestörte Kommunikation zwischen Politik und Wirtschaft.

Im Zeitalter der Kommunikation machen es Unternehmensführer in ihrer Selbstdarstellung immer öfter den Politikern nach. Sie treten ebenfalls in Talkshows auf, geben Interviews und verhalten sich dabei wie die Akteure aus dem politischen Lager. Dazu gehört natürlich, dass sie die Unfähigkeit der Politiker beklagen – und dabei gern ihrerseits Schwarzer Peter spielen: Aus der Wirtschaft wird die Politik häufig auch für etwas verantwortlich gemacht, was in Wahrheit ureigene Unterlassungssünden und Managementfehler waren. Oft ist das Erinnerungsvermögen so kurz, dass heute eine Regelung kritisiert wird, die gestern erst mit viel Nachdruck gefordert worden war.

Wirtschaft und Politik haben aber beide nichts davon, wenn sie in populistischer Manier sich gegenseitig die Schuld zuweisen. Die Politik muss akzeptieren, dass Unternehmen – selbst wenn sie die Interessen der Stakeholder und nicht nur der Shareholder im Auge haben – ihre Leistungsfähigkeit an wenigen eindeutigen Größen messen müssen: Ein Unternehmen, das auf lange Sicht keinen Gewinn erzielt, wird verschwinden müssen und damit notgedrungen Arbeitsplätze vernichten.

Wirtschaftsvertreter und Unternehmer müssen verstehen, dass die Politik viel mehr – und viel weniger objektiv messbare – Parameter in ihr Handeln einbeziehen muss. Sie müssen beherzigen, dass Politiker sehr viel größere Zielgruppen befriedigen müssen und auf das kurzfristige Feedback einer anonymen Masse angewiesen sind. Wie immer im Leben gelingt auch die Verständigung zwischen Wirtschaft und Politik umso besser, je genauer man die Situation des anderen kennt. Erschwerend kommt hinzu, dass die Politik hierzulande nicht gerade in hohem Ansehen steht und als schmutziges Geschäft betrachtet wird. Schon in Goethes *Faust* heißt es: »Ein garstig Lied! Pfui! Ein politisch Lied!«

Die parlamentarische Demokratie ist gerade für uns Deutsche eine schwierige Regierungsform, weil wir uns schwertun, hoch qualifizierte Menschen für politische Ämter zu begeistern. Wer will sich schon täglich beschimpfen lassen – vom politischen Gegner, von den Medien, von allen möglichen Interessengruppen?

Aber mit dem Niedergang ihres Ansehens ist ja nicht auch die tatsächliche Bedeutung der öffentlichen Ämter gesunken. Nach meiner Erfahrung wäre es für beide Seiten hilfreich, sich auf dem Terrain des anderen zu betätigen. Auch bei uns sollten Wirtschaft und Politik gegenseitig durchlässiger werden – ähnlich wie in den USA. Dort ist es üblich, dass sich Manager dem Ruf Washingtons nicht entziehen und nach einiger Zeit in der Politik wieder an ihre Schreibtische in der Wirtschaft zurückkehren. In Deutschland sind solche Fälle – wie bei Gerhard Schröders Wirtschaftsminister Werner Müller, heute Mitglied bei meinem Strategischen Beirat der Credit Suisse – noch eher selten, und noch viel seltener konnten solche Seitensteiger auch reüssieren. Dass ein Politiker einen Spitzenjob in der Unternehmenswirtschaft übernimmt wie der ehemalige hessische Ministerpräsident Roland Koch im Baukonzern Bilfinger Berger, ist eine noch größere Ausnahme.

Ein solcher Austausch des Spitzenpersonals könnte aber ein erheblicher Beitrag sein, die Sprachlosigkeit zwischen beiden Hemisphären zu vermindern. Und die Qualität würde steigen, wenn die Besten wieder in beide Bereiche strebten – nicht nur in die privaten Unternehmen.

Die Alpine University – und Versuchungen, ins Management zu wechseln

Die erste Idee für ein eigenes Trainingscenter stammte von meinem holländischen Kollegen Max Geldens. Er saß häufig neben mir in Shareholders Council Meetings, und als begnadeter Karikaturist zeichnete er nicht nur die Teilnehmer in verschiedenen Posen, sondern er malte auch immer wieder ein Schloss in Wales. Darin, so sein Traum, sollte McKinsey die eigenen Trainings veranstalten.

Ich fand die Idee genial, denn bisher tagten wir an wenig spannenden Orten.

Da ich auf zahlreichen Lehrveranstaltungen unterrichtete und deshalb viele dieser Lokalitäten sah, wurde mir immer klarer, dass sie nicht die Visitenkarte waren, die eine exzellente Beratungsfirma brauchte. Auf den ein- oder zweiwöchigen Trainings wurden häufig sogenannte »Soul Searching Trips« gemacht, bei denen man sich und andere erforschte, herauszubekommen versuchte, wie man zu McKinsey stand und ob man noch länger bleiben wollte. Das war uns wichtig, denn wir verloren immer wieder Berater, die wir gern behalten hätten. Auch für diese Frage spielte es nach meinem Empfinden eine Rolle, welches Ambiente die Firma wählte, um ihre Mitarbeiter zu trainieren.

Ich griff Geldens Idee von einem McKinsey-Trainingszentrum auf und trieb sie voran. Meine Kollegen Lukas Mühlemann, Christian Caspar, James Goodrich und ich suchten halb Europa danach ab. In der Nähe von Brüssel fanden wir das Château du Lac, ein schönes altes Hotel an einem idyllischen See. Es wäre ein angemessener Ort für die McKinsey-Trainings gewesen. Kurz vor der Unterzeichnung hatte der

Hoteleigner jedoch noch einige Passagen in den Vertrag eingebaut, wonach wir in der Hochsaison anderen Gästen hätten weichen müssen. Das konnten wir nicht akzeptieren, und so sagten wir mit Bedauern ab.

Zwischenzeitlich hatte ich das zweite Mal geheiratet. Fabienne war Projektleiterin von McKinsey und wurde 1994 meine Frau. Getreu dem alten Marvin-Bower-Prinzip: Wenn sich Beziehungen im Unternehmen entwickeln, muss einer gehen, quittierte Fabienne ihren Dienst im Jahre 1993 – sie hätte sich auch unwohl gefühlt, mit dem Chef des Hauses verheiratet zu sein. Mit ihr habe ich sehr intensiv über die Trainingszentren und den Nutzen gesprochen, sie hat mich dabei immer unterstützt.

Mit der weiteren Suche beauftragte ich ein Team aus drei Associates. Mal hatten sie etwas in den neuen Bundesländern im Auge, mal am Schweizer Bürgenstock hoch über dem Vierwaldstättersee.

Unterdessen hatte der Kitzbüheler Unternehmer Ernst Freiberger das alte Grandhotel in der Tiroler Wintersportstadt renovieren lassen. Er wollte dort ein Fünf-Sterne-Hotel einrichten, aber die Hoteliers am Ort wollten kein weiteres Haus dieser Kategorie. Anschließend hatte er den Plan, dort ein Rehazentrum zu errichten, das aber ebenfalls auf lokalen Widerstand stieß. Doch auch ein Trainingszentrum gehörte zu Freibergers Konzept. So fragte er mich eines Tages, ob wir nicht den ganzen Komplex mieten wollten.

Das Haus hätte hervorragend zur Firma gepasst. Aber wollte McKinsey überhaupt? Nach meiner Vorstellung sollte es ein Projekt für alle Offices sein. Aber New York winkte ab. Fred Gluck hatte zwar nichts dagegen, wenn das deutsche Büro die Sache in eigene Regie übernähme, sofern die hiesigen Partner einverstanden wären. Ihm war offenbar zu Ohren gekommen, dass mein Projekt auch bei uns durchaus umstritten war.

Nun hatte New York mich praktisch angewiesen, eine Entscheidung der deutschen Partner herbeizuführen, und zwar in geheimer Abstimmung. Bei unserem nächsten Partnertreffen in Gravenbruch, nahe dem Frankfurter Flughafen, rief ich das Thema als letzten Punkt der Tagesordnung am Samstagmittag auf. Es war zwölf Uhr, bis zu den Flügen nicht mehr viel Zeit. Ich warb noch einmal für die Idee und trug das konkrete Konzept vor. Dann wurde abstimmt. Yes oder No auf den yellow pads. Von den anwesenden fünfundfünfzig Kollegen votierten mehr als zwei Drittel gegen mein Vorhaben.

Ich war sprachlos und wütend. Was konnten die deutschen Partner gegen den famosen Plan haben – außer Kleinmut oder Geiz? Gluck hatte offenbar Informationen, die ich nicht kannte. Das Votum erschien auch ein Affront gegen mich zu sein, immerhin war ich derjenige, der sich mit dem Projekt stark identifiziert hatte. In einer späteren Sitzung, zu der sich auch unsere brasilianischen Partner einwählten, wiederholte ich die Abstimmung – und unterlag erneut (wenn auch nur noch mit 55 Prozent). Daraufhin beriet ich mich telefonisch mit New York über die Konsequenzen. Rajat Gupta, der inzwischen an die Spitze gewählt worden war – er war ein McKinsey-Chef, dem ich blind vertraute und mit dem ich intensiv zusammenarbeitete – empfahl, pragmatisch vorzugehen: »Nimm dich aus der Schusslinie und bilde einen Arbeitskreis!«

Sonst machte ich mich immer lustig über die Managementregel: »Wenn du nicht mehr weiter weißt, gründe einen Arbeitskreis!« Aber in diesem Fall folgte ich ihr. Seniorpartner Wilhelm Rall aus dem Stuttgarter Büro, ein Mann mit ausgleichendem Wesen, übernahm den Vorsitz des Komitees. Es führte lange Interviews mit allen Partnern, trug sämtliche Pros und Contras penibel zusammen und schlug schließlich ein Konzept vor, nach dem das Trainingszentrum doch verwirklicht werden könnte.

Wieder trat die Partnerkonferenz in Frankfurt am Main zusammen, wieder wurde der Plan vorgestellt. Dann sagte ich: »Wer dagegen ist, möge aufstehen und es begründen.«

Als nichts geschah, erklärte ich: »Danke. Ich werte das als einstimmige Zustimmung.« Es kam ein Grummeln auf im Saal, aber die Entscheidung war getroffen.

Bewusst hatte ich das Abstimmungsverfahren ausgehebelt, weil mir klar war, dass es vermutlich wieder ein »Nein« oder höchstens ein »Ja, aber« gegeben hätte. Ich stand für das Konzept. Ein Zurück kam nicht in Frage.

Im Februar 1999 nahm das McKinsey-Trainingszentrum in Kitzbühel seinen Betrieb auf. Die Alpine University, wie sie offiziell heißt, ist eine lebendige Stätte der Bildung und der Begegnung geworden, wo McKinsey-Leute aus aller Welt sich in wunderschöner Umgebung austauschen und weiterentwickeln. Noch heute halte ich alle drei Wochen einen Kaminabend mit den jungen Associates ab, die jeweils gerade ihr Training dort haben.

Der Erfolg hat viele Väter. Heute sind alle stolz auf die blühende Einrichtung. Oft höre ich: »War das nicht ein sehr guter Beschluss, den wir damals gefasst haben?« Im Jahr 2010 hielt ich einen Vortrag vor zweihundert McKinsey-Beratern des Tokioter Büros. Es stellte sich heraus, dass fünfundsechzig von ihnen schon einmal in unserer Alpinen Universität in Kitzbühel gewesen waren. Ein besseres Aushängeschild für eine exzellente internationale Firma kann ich mir kaum vorstellen. Und auch keine, die besser war für mich.

»Ich komme mir vor wie auf einer Rekrutenveranstaltung!« Das sagte der damalige Bundeswehrgeneralinspekteur General Wolfgang Altenburg, als ich ihn zu einem unserer Winter-Retreats eingeladen hatte, um einen Vortrag zu halten. Tatsächlich dürfte das Durchschnittsalter der Berater wenig über dreißig Jahren gelegen haben. Sie waren aus dem Rekrutenalter heraus, aber noch nicht lange. Im Vergleich zu anderen Unternehmen hatte McKinsey ausgesprochen junge Mitarbeiter. Sie waren auch deshalb so jung, weil die allermeisten Berater früher oder später die Firma verlassen. Entweder sie müssen das tun, weil sie ihre Leistungen nicht mehr steigern. Oder sie erhalten von einem der Klienten ein attraktives Angebot und wechseln die Seite.

Auch ich dachte ernsthaft darüber nach, wenn Führungs-positionen der deutschen Wirtschaft an mich herangetragen wurden. Als Edzard Reuter Vorstandsvorsitzender von Daimler-Benz war, fragte er mich, ob ich Chef der DASA werden wollte.

Reuters Frage war für mich ehrenhaft, aber die Fragezei-chen waren noch größer: Sollte ich wirklich ein Unterneh-men leiten, dessen Geschäft ich nicht kannte? Von Luft- und Raumfahrt hatte ich keine Ahnung. Ich wusste aber, dass der militärische Anteil an der Produktion groß war, und ich wusste auch, was das hieß: Der Einfluss von Regierungen war ebenfalls groß. Ob sie sich auf die Beschaffung eines neuen Panzerabwehrhubschraubers einigten oder nicht, konnte das Schicksal von DASA beeinflußen.

Die Sachkunde hätte ich mir aneignen, das Geschäft des militärischen Komplexes lernen können. Aber hätte das alles mich auch fasziniert? Hierbei ging es um Regierungsge-schäfte, die stark reglementiert sind – siehe die Diskussionen im Sommer 2011 um die mögliche Lieferung der Bundesre-publik von zweihundert Kampfpanzern des Typs »Leopard« nach Saudi-Arabien. Zugleich ging es um Produktentwick-lungen, die mehr als zehn Jahre dauern würden und bei de-nen es immer wieder das Problem gab, dass Gelder in dunkle Kanäle versickerten. Niefer hatte mir einmal erzählt, wie die MTU in eine Lieferung von U-Booten nach Israel involviert war und er zum Schluss sagte: »Sei froh, dass du nicht alles weißt.« Auch hatte ich nicht gedient, als Erster in der Ge-schichte der Henzlers. Nie hatte ich ein Gewehr in der Hand gehalten. Das ganze Geschäft war mir im Grunde zu fremd. Edzard Reuter schrieb später in seinen Lebenserinnerungen, er hätte einen heißen Kandidaten für den DASA-Vorstands-vorsitz gehabt, aber der sei nicht gekommen.

Alfred Herrhausen, Vorstandssprecher der Deutschen Bank und Aufsichtsratsvorsitzender von Daimler-Benz, bot mir im Laufe der Zeit zwei interessante Jobs an: den Chefposten beim Reifenhersteller Continental – nach dem Wechsel von Helmut Werner zu Daimler war dieser frei geworden – und ein neues Vorstandsressort bei der Deutschen Bank, Corporate Development. Auch diese Offerten lehnte ich nach einiger Bedenkzeit ab.

Herrhausen veranlasste mein Verhalten zu der Frage: »Aber Herr Henzler, Sie werden doch nicht immer Berater bleiben wollen?« Ich antwortete ausweichend, aber zutreffend: »Zurzeit möchte ich lieber Berater bleiben. Aber mal schauen, was die Zukunft bringt!«

Ich bekam immer wieder neue Angebote, und mitunter sprach ich darüber auch im Kollegenkreis. Der Zufall wollte es, dass mein McKinsey-Chef, Managing Director Ron Daniel, und ich zugleich in Paris zu tun hatten. Wir nutzten die Gelegenheit und trafen uns auf dem Flughafen Orly im Jahre 1977, um anstehende Themen zu besprechen.

Ron Daniel, er war New York Chef, begegnete ich zum ersten Mal auf einer McKinsey-Konferenz im Jahr 1976 auf den Bahamas. Er war natürlich viel erfahrener als ich, der ich gerade erst ein Jahr Partner war. Wir kamen am Rande der Tagung ins Gespräch. Er war keiner von denen, die fortwährend darüber sprechen, was für tolle Burschen sie sind und was für wichtige Dinge sie tun. Er interessierte sich für mich, den jungen Kollegen aus Deutschland. Er fragte mich über meine Erfahrung mit Klienten aus und wie ich in dem internationalen Umfeld der Welt von McKinsey zurechtkäme. Ich spürte, dass sein Interesse ernst war.

Seit ich Chef von McKinsey Deutschland war, sahen wir uns jeden Monat zu den verschiedensten Anlässen und führten viele Gespräche, auch über persönliche Angelegenheiten. Er war für mich ein Mentor, der mich unterstützte, wo immer er konnte, und er war für mich ein Vorbild.

Er war überaus belesen und verfügte über ein breites Wissen, das sich in allem widerspiegelte, was er sagte und was er tat. Die Tür seines Büros im 23. Stock in der Park Avenue in New York stand immer offen, und den Gesprächen, die sich ergaben, entnahm er auf eine bewundernswerte Weise die unausgesprochenen Botschaften, etwa dass jemand Hilfe brauchte, dass es irgendwo in den Teams nicht stimmte oder dass einer unter- oder überfordert war. Dann zog Ron Daniel daraus die Konsequenzen, aber unauffällig und elegant.

Die Art, wie er seine Führungsverantwortung wahrnahm, erschien mir geradezu weise, aber auch sein Vorgehen gegenüber Klienten. Ich war vermutlich nicht der einzige bei McKinsey, der sich sagte: »Eines Tages so werden wie Ron Daniel, das ist mein Ziel.« Erreicht habe ich es noch nicht, dafür bin ich noch nicht weise genug.

Als wir uns nun auf dem Flughafen Paris-Orly gegenübersaßen, sagte er unvermittelt zu mir: »Du solltest die Firma verlassen. Du bist der Mann, der jede Woche ein neues Angebot hat. Das ist nicht gut für McKinsey, und das ist nicht gut für dich. Du solltest gehen.« Ich war wie vor den Kopf geschlagen. Aber wir handelten zunächst unsere Gesprächspunkte ab, dann kam Ron Daniel noch einmal auf das heikle Thema zurück: »Es muss aber eine Klasse-Firma sein, wenn du gehst, und keine *shitty company*!«

Auf dem Rückflug nach München dachte ich über seine Worte nach. Das Angebot, von dem er offenbar gehört hatte, war der Vorstandsvorsitz eines Versandhandelsunternehmens. War sie eine Klasse-Firma? Ich war Ron Daniel dankbar für den klaren Rat. Gleich nach der Landung rief ich ihn an und teilte ihm meinen Entschluss mit: Ich wollte bei McKinsey bleiben.

Die Arbeit, ja, das Leben bei McKinsey machte mir wirklich sehr viel Freude. Was würde ich mir einhandeln, wenn ich stattdessen an die Spitze eines Großunternehmens träte? Es machte, das wusste ich, einen immensen Unterschied, ob man innerhalb eines Konzerns Karriere macht oder ob man von der Seite einsteigt. Viele Beispiele hatte ich erlebt, wie schwer es Seiteneinsteiger hatten, zumal wenn sie von

McKinsey kamen und erfolgreich waren. Helmut Panke etwa erfuhr dieses Problem als Vorstandsvorsitzender von BMW, auch Klaus Zumwinkel als Post-Chef oder Werner Seifert als Vorstandschef der Deutschen Börse und Friedrich Schiefer, der Finanzchef der Allianz. Verlockende Modelle für den erfolgreichen Umstieg von McKinsey in die Welt der Wirtschaftsunternehmen waren also eher rar.

Ein weiterer Punkt nährte meine Skepsis, und das waren die Arbeitsumstände. Vor allem in Großunternehmen haben die Manager zu wenig Zeit für ihren eigentlichen Job, obwohl sie dank der Informationstechnik und fortschreitender Spezialisierung immer mehr disponible Zeit gewinnen müssten. Wie früher der Ritter das Schwert aus der Scheide zog, um anderen zu imponieren, so zückt heute ein Manager den Terminkalender. Eine neue Verabredung? In vier Monaten gern!

Das ist nicht nur Wichtigtuerei. Ich selbst konnte es bei Werner Niefer aus der Nähe betrachten: Sein Kalender war mit unabänderlichen Pflichtterminen – Automobilmessen, Organsitzungen, Zuliefererverhandlungen – so voll gepflastert, dass er kaum noch Spielraum hatte. Wann sollte man da noch den Kontakt zu wichtigen Kunden pflegen, neue Ideen entwickeln, die Unternehmensstrategie überdenken? Auf Monate im Voraus verplant zu sein, das war für mich keine attraktive Vorstellung. Immer wenn ich über ein Jobangebot entscheiden musste, wurde mir wieder besonders bewusst: Bei McKinsey war ich ein vergleichsweise freier Mann.

Und Möglichkeiten, Dinge zu gestalten, gab es trotzdem genug. Oft wurde gar von der Macht gesprochen, die McKinsey in der deutschen Wirtschaft erlangt hätte. Ich habe es genauso gehalten wie Alfred Herrhausen in der Diskussion über die Macht der Banken. Er sagte: »Wir haben keine Macht, wir haben Einfluss.«

McKinsey und ich selbst hatten tatsächlich auch Einfluss. Wenn wir eine Strategie verwarfen, mussten die Vorstände gute Gründe bringen, uns vom Gegenteil zu überzeugen;

sonst hätte der Aufsichtsrat unangenehme Fragen gestellt. Wenn wir davon abrieten, ein bestimmtes Unternehmen zu kaufen, ließ man meistens die Finger davon. Rückblickend denke ich, dass es für viele Vorstände nicht problematisch war, in bestimmten Situationen McKinsey zu beauftragen und uns einzusetzen. Das lag sicher mit daran, dass unser Ruf stimmte.

Genauso wie Herrhausen würde ich abstreiten, zu behaupten, ich sei mächtig gewesen. Unsere Macht war begrenzt. Edzard Reuter und Alfred Herrhausen hatten einmal eine intensive Diskussion zum Thema »Macht der Banken«. In diesem Moment wurde mir klar, dass wir von McKinsey im Vergleich dazu nur sehr eingeschränkte Macht besitzen. Ein deutscher Vorstand ließ sich einen Rat geben, aber die Entscheidung wollte er letztlich immer selbst treffen. So kam es, dass ich zwar, wie gesagt, beim Daimler-Kauf von Dornier intensiv mitwirken durfte – kurz danach aber beim AEG-Kauf außen vor blieb. Angesichts meiner Verbindung zu Siemens war dies wohl auch sinnvoll.

Als ich einmal las, dass man es sich mit Henzler nicht verderben solle, da er Gott und die Welt kenne, fühlte ich mich einflussreich. Andererseits wusste ich aber nur zu gut, dass die Rolle eines Beraters immer die eines Dienstleisters sein würde, eines Service-Menschen, ja, eines Dienenden. Der Amerikaner Robert Greenleaf, Gründer der modernen »Servant Leadership«-Bewegung, hat in seinem Referat »Journey to the East« dargestellt, dass der heutige Dienstleister bei allem Dienen dennoch die eigentliche Führungsperson ist. Indem man einer Firma dient, gewinnt man ein hohes Maß an Einfluss. Mir war auch immer klar, dass gerade für einen Unternehmensberater gilt: Wissen ist Macht, und es ist nur ein schmaler Grat, Wissen zum Machtmissbrauch zu verwenden.

Das sichere Gefühl, dass bei McKinsey für mich alles stimmte, versöhnte mich auch rasch mit meinem Schicksal, als ich einmal doch einen Job übernehmen wollte, ihn aber dann nicht bekam: Siemens-Chef Bernhard Plettner hatte mir angeboten, den Vertrieb der Bauelemente-Sparte des Industriekonzerns zu leiten. Wir verhandelten darüber, aber in der letzten Gesprächsrunde ließ er mich durchfallen. Erst war ich konsterniert, aber bald wurde mir klar: Das war besser so.

Aufstieg mit weniger Einfluss und ein Abschied

Das Jahresmeeting 1998 fand in Passau statt. Für drei Tage hatte ich alle 700 Berater des deutschen McKinsey-Büros auf dem Uni-Campus versammelt, um gemeinsam mit unseren Kollegen aus internationalen Büros aktuelle Fachfragen der Unternehmensführung zu diskutieren. Mein Freund aus Uni-Tagen und heutiger Rektor war Gastgeber. Der letzte Abend war traditionell dafür bestimmt, die Lage der eigenen Firma zu besprechen.

Ich nahm also das Mikrofon und erstattete den Bericht über Klienten-, Projekt- und Personalentwicklung. Es waren überaus erfreuliche Nachrichten für die deutschen Offices, das galt jedoch nicht für alle. Die Russlandkrise hatte voll eingesetzt. Wir hatten unter unseren Associates fünfundzwanzig junge Russen, die mit den McKinsey-Gehältern oft die Familie ernährten. Als – ob der Krise – unsere Studien in Russland beendet wurden, machten sich diese große Sorgen, ob sie denn weiter bei McKinsey beschäftigt bleiben könnten. Ich hatte mich morgens mit meinen Partnern über Assignements ausgetauscht. In einer sehr emotionalen Ansprache versicherte ich ihnen: »You'll never walk alone. Ihr gehört zur großen McKinsey-Familie, wir werden euch nicht im Stich lassen.« Tosender Beifall folgte. Die russischen Associates wurden alle in Deutschland eingesetzt.

Dann sagte ich: »Lassen Sie mich noch etwas in eigener Sache sagen: Nach vierzehn Jahren werde ich das Amt des Office Managers niederlegen. Es war eine wunderbare Zeit für mich, aber nun sollen andere an meine Stelle treten. Ich wünsche mir nur, dass ihr in zwanzig Jahren, wenn ich wiederkomme, den gleichen Spirit habt.« Es herrschte absolute Stille. Nur die fünfundsiebzig Partner hatte ich vorher eingeweiht, die große Mehrheit war völlig überrascht.

Rajat Gupta, damals Gesamtchef von McKinsey, nahm das Wort und hielt eine spontane Laudatio auf mich. Das *manager magazin* schrieb darüber im November 1998: »Seit McKinsey-Gründer Marvin Bower, so Gupta, habe niemand so viel für die Firma getan wie Henzler.« Und weiter hieß es in dem Bericht: »Selbst die Hartgesottenen unter den Consultants bekamen feuchte Augen.« Mich selbst berührte dieser Moment natürlich sehr, als die versammelten McKinsey-Leute sich erhoben und schier endlos applaudierten.

Der Entschluss, die Führungsrolle bei McKinsey Deutschland abzugeben, war in mir langsam gereift. Ich war siebenundfünfzig Jahre alt und hatte noch drei Jahre in der Firma vor mir. Als ich bei McKinsey anfing, war ich in Deutschland Berater Nummer einundfünfzig. Als ich Office Manager wurde, zählten wir hundert Consultants, und nun, vierzehn Jahre später, waren es 700.

Es lag also eine Zeit stürmischen Wachstums hinter mir. Diese Expansion erforderte allergrößten Einsatz beim Recruiting, bei der Personalführung, bei der Organisation. Mit dem Gewicht des deutschen Büros wuchs auch die Rolle, die der hiesige Office Manager in der internationalen Organisation von McKinsey zu spielen hatte. Ich wollte mich wieder mehr um meine Stammklienten kümmern, und niemand hätte bestritten, dass ich eine ordentliche Bilanz ablieferte. Die Passauer Tagung erschien also als ein geeigneter Zeitpunkt für die Zäsur.

Es gab noch eine große Abschiedsparty vom Office-Management, auf der Reinhold Messner und Wolfgang Schäuble Reden hielten, dann war diese Ära zu Ende. Messner sagte, er habe mindestens so viel von mir gelernt wie ich von ihm – und ich sei ein viel besserer Bergsteiger als er ein Manager. Schäuble, mit dem ich aufgrund landmannschaftlicher Herkunft verbunden war, meinte, er habe immer mit großer Spannung meinen Worten zugehört, habe viel davon profitiert. Damals ging es ihm gar nicht gut, die CDU schmierte gerade ab, Schröder schien ein guter Kanzler zu sein, und er selbst hatte eine Spendenaffäre zu überstehen.

Zur gleichen Zeit wurde überlegt, wie Rajat Gupta in seiner Rolle als Managing Director entlastet werden könnte. McKinsey hatte mittlerweile über siebzig Büros weltweit. Überall musste sich der oberste Repräsentant regelmäßig sehen lassen. Gupta war chronisch überlastet. Die Lösung bestand in einem sogenannten Office of the Chairman, das einen Teil der Chef-Aufgaben übernehmen sollte. Ein Amerikaner, Don Waite, kümmerte sich um die Finanzen, und mich fragte Gupta, ob ich bereit wäre, die neue Rolle eines Europa-Chairman zu übernehmen. Ich sagte gern zu. Fortan fungierte ich als neuer Europachef. Das erforderte die eine Hälfte meiner Arbeitszeit, in der anderen betreute ich wieder meine langjährigen Klienten in Deutschland, darunter Siemens, Bertelsmann, SAP, Daimler und andere.

Es waren drei schöne Jahre, auch wenn ich mich erst daran gewöhnen musste, weniger einflussreich zu sein. Ein Office Managers hatte eben bedeutend mehr unmittelbar zu entscheiden als ein Europachef, der ohne eigenen Apparat darüber schwebt. Von meinem Münchner Büro aus reiste ich oft zu den osteuropäischen Niederlassungen, die ich zumeist noch selbst gegründet hatte und die mir und der Firma viel Freude machten.

Auf der Iberischen Halbinsel gab es als Europa-Chef auch einiges zu tun. So trennte ich das spanische und das portugiesische Büro voneinander, um gegen den Willen der Spanier und zur großen Freude der Portugiesen mehr Effizienz zu erreichen. Auch das Londoner Büro forderte immer wieder meine Aufmerksamkeit.

Dann stand mein 60. Geburtstag vor der Tür. Das ist die Altersgrenze bei McKinsey. Zwar hatte Rajat Gupta mich wissen lassen, dass er bereit war, eine »Lex Henzler« zu schaffen: Ich hätte so noch drei oder fünf Jahre bleiben können. Eine kurze Zeit liebäugelte ich mit dem Gedanken, aber dann erinnerte ich mich, wie schwer es manchem Partner gefallen war, McKinsey zu verlassen, wenn die Zeit gekommen war. Ich musste oftmals sagen: »Du bist sechzig, jetzt ist leider Schluss!«

Natürlich fühlte ich mich geehrt, dass McKinsey für mich eine Ausnahme machen und mich noch nicht gehen lassen wollte. Aber ich lehnte das Angebot dankend ab, um nicht selbst in Anspruch zu nehmen, was ich anderen verwehrt hatte. Firmengrundsätze müssen für alle gelten. Ende 2001 kam nach 31,5 Jahren mein allerletzter McKinsey-Tag. In München fand ein Partner-Meeting statt, und ich hatte den besten Sportler unter uns, Stefan Knupfer, gebeten, ein Bündel dünner Holzscheite auseinanderzubrechen. Trotz größter Anstrengung wollte es nicht gelingen. Und als ich ihm zeigte, wie leicht es ging, wenn man das Bündel auseinandernahm und die Scheite einzeln brach, hatte ich meine Botschaft erreicht: Gemeinsam seid ihr stark, als Gruppe, wenn man euch dividiert, kann es schnell zu Ende sein.

Es gab eine Ausstandsfeier im Kollegenkreis. Jürgen Kluge, damaliger Chef des deutschen Büros, organisierte eine Party im Kaisersaal der Münchner Residenz. Er schenkte mir zum Abschied eine Bergexkursion auf den Kailash im Gangdisê-Gebirge in Tibet, zudem er lobte ein »Herb Henzler Scholarship« aus, ein Stipendium von 30 000 Dollar jährlich, an der Wharton School of Business and der University of Pennsylvania, und er kündigte an, dass ein Anbau des McKinsey-Trainingscenters in Kitzbühel auf den Namen »Herb Henzler Hall« getauft würde. Die Presse schrieb: »Mr McKinsey geht von Bord.« Dann war endgültig Schluss mit McKinsey.

Das *manager magazin* machte damals aus Anlass meines Ausscheidens ein Interview mit mir. Man fragte mich, wie sich die Verhältnisse in den großen Unternehmen der deutschen Wirtschaft in meinen über dreißig McKinsey-Jahren verändert hätten. Der Kern meiner Antwort war: »Die Komplexität der Führungsaufgabe hat sich vervielfacht.«

Wenn ich zurückdenke an die siebziger Jahre, als ich bei McKinsey eintrat, dann hatten wir es mit der sogenannten Deutschland AG zu tun, mit Banken und Industriekonzernen, die ein enges Geflecht bildeten, Vorstände, die die Aufsichtsräte auf Gegenseitigkeit besetzten. An der Spitze eines Pharmaunternehmens stand ein Mediziner, Elektrofirmen wurden von Elektrotechnikern geleitet, Chemieunternehmen von Chemikern. Das Wachstum war stetig, das Exportgeschäft erfolgreich, die Unternehmensführung weitgehend unangefochten. Früher wurde bei Presseveranstaltungen gesagt: »Die Geschäfte gehen gut, die Arbeit macht Spaß. Sonst noch Fragen?« Dreißig Jahre später musste sich ein Vorstandsvorsitzender permanent erklären. Er musste den Aktionären, den Mitarbeitern, den Analysten und der Öffentlichkeit darlegen, welche Strategie die Firma verfolgt, warum diese Entscheidung getroffen wurde und wieso jene Prognose nicht eingetroffen ist. Alle drei Monate war ein Quartalsbericht fällig. Der erhöhte Druck bedeutete auch mehr Verschleiß. War es früher keine Seltenheit, dass Chief Executive Officers (CEO), wie die Vorstandschefs im Angelsächsischen genannt werden, zehn oder fünfzehn Jahre ein deutsches Unternehmen führten, so konnten sie sich immer weniger lang halten.

Zu den neuen Belastungen des Managements trug unter anderem eine Besonderheit der deutschen Unternehmensverfassung bei. Man strebte das Ideal einer Aktionärsdemokratie an und stattete jeden Anteilseigner mit umfassenden Frage- und Anfechtungsrechten aus. Dabei kamen Hauptversammlungen heraus, die einen gigantischen Aufwand erfordern, aber wenig Ergebnisse bringen. Der Vorstand bereitet sich wochenlang akribisch vor, damit er möglichst in keine Falle tappt, die gestellt werden könnte; die materiellen Kosten für die jährliche Veranstaltung erreichen dabei zweistellige Millionenbeträge.

Aber am Ende weiß man nicht einmal, ob die Beschlüsse gelten. Vielfach findet sich irgendein Kleinaktionär, der sie anficht. Daraus entstehen oftmals langwierige Rechtsstreite vor Gericht oder es kommen Deals zustande, bei denen der Vorstand dafür zahlt, dass der Einspruch zurückgenommen wird. In der Schweiz, in Großbritannien oder in den USA dauern solche Versammlungen nur einen Bruchteil der Zeit, die wir aufwenden, und sie sind billiger und effektiver. »Internationale Investoren, die wir dringend brauchen, wenden sich mit Grausen von der deutschen Praxis ab«, sagte ich dem *manager magazin* im Herbst 2001.

Ich denke, das gilt auch heute noch. So typisch deutsch und überperfekt die Verfahren für die Hauptversammlung und der Rechtsschutz für unterlegene Aktionäre ausgestaltet sind, laden sie nicht gerade zur Investition in Firmen bei uns in Deutschland ein. Und dann kommt noch die paritätische Mitbestimmung hinzu. Sie verwischt die Verantwortlichkeiten in der Unternehmensführung und höhlt die Rolle des Aufsichtsrats aus, weil Entscheidungen nicht sachlich ausgefochten, sondern oft verdeckt ausgehandelt werden, so wie es sonst eher in der Politik vorkommt.

Gute Unternehmensführung braucht einen kooperativen und kompetenten Vorstand, der seine Führungsaufgabe meistert, und einen Aufsichtsrat, der den Vorstand wirksam kontrolliert und die Zukunftsentwicklung des Betriebes im Auge hat. Aber gute Unternehmensführung benötigt auch die richtigen Rahmenbedingungen, die der Staat vorgibt, insbesondere eine effiziente Unternehmensverfassung. Dass Corporate Governance, ein Kodex mit Verhaltensstandards zur Unternehmensführung und -überwachung, auch in den Wert eines Konzerns eingeht und damit die Attraktivität eines Wirtschaftsstandorts beeinflusst, hatte McKinsey unmittelbar vor meinem Ausscheiden aus der Firma in einer Studie belegt.

Danach waren internationale Anleger bereit, für ein Unternehmen 20 Prozent mehr zu zahlen, wenn es optimal geführt ist. Hochgerechnet auf den Börsenwert der Dax-30-Konzerne hätte das im Oktober 2001 einen Zuschlag von 120 Milliarden Euro auf den Börsenwert ergeben. Gute Corporate Governance zahlte sich damals aus, und das ist heute erst recht so. Allerdings werden heute laut Uli Lehner aktuelle Gesellschaftsthemen in die Corporate Governance der Unternehmen eingefügt, wie Frauenquote etc., die nichts mit Unternehmensführung zu tun haben. Das ist natürlich nicht Sinn der Sache.

Ein guter Unternehmensführer muss sich nach meiner Überzeugung an drei wesentlichen Kriterien messen lassen: Der Shareholder Value, also der Wert des Unternehmens, muss stimmen, die Marktanteile auf dem heimischen Markt und in den wichtigen Exportregionen müssen stimmen, und die Qualität der Führungsmannschaft muss stimmen. Ein CEO muss sich daran messen lassen, ob er genügend Top-leute rekrutiert und entwickelt, ob er den Führungsnach-wuchs bereits im Hause hat, der in zehn Jahren den Vorstand stellen könnte. Und ob er einen Nachfolger für sich selbst präsentieren könnte – und zwar möglichst nicht nach dem Prinzip der Selbstähnlichkeit auserkoren, also nach der Devise: Ich mache die Sache so wunderbar, also suche ich am besten einen aus, der genauso ist wie ich!

Der CEO des 21. Jahrhunderts muss sich als Spielgestalter verstehen, er muss das Spiel machen. Er muss wissen, wie viel er von jedem in seinem Umfeld erwarten kann, und diese Leistung muss er aus ihm herauskitzeln. Er muss ein Kommunikator nach innen und nach außen sein. Und er muss sich auf die kritischen Punkte der Strategieentwicklung konzentrieren: Das kann heute eine Übernahme und morgen die Expansion in Asien sein. Aber er muss sich davor hüten, alles auf einmal zu machen. Denn es muss unbedingt genug Zeit bleiben, über langfristige Fragen, Ziele und Visionen nachzudenken.

Aber in den über dreißig Jahren, in denen ich Spitzenunternehmen der deutschen Wirtschaft beraten durfte, stellten nicht nur die Fachöffentlichkeit, die Finanzmärkte und zunehmend auch die allgemeine Öffentlichkeit immer höhere Ansprüche an die Unternehmensführer. Auch das wirtschaftliche Geschehen veränderte sich radikal. Der größte Wandel ist mit dem Schlagwort von der Globalisierung erfasst.

In Deutschland hatte man sich daran gewöhnt, dass »Made in Germany« in der Welt gefragt war. Man sonnte sich in den Exporterfolgen, während sich unsere Importe im Wesentlichen auf Vorprodukte und Konsumwaren beschränkten, die hierzulande nicht zu haben waren. Dann begannen mehr und mehr Grenzen zu fallen: für Produkte und Kapital und natürlich auch für Arbeitskräfte.

Viele Menschen in Deutschland fühlten sich bedroht. Plötzlich kamen Kameras und Autos aus Japan auf den Markt. Sie waren billig und gut. Als Konsument griff der Deutsche gern zu Importware, aber als Arbeitnehmer fürchtete er um seinen Job. Tatsächlich wurden immer wieder Fabriken geschlossen, weil sie im globalisierten Wettbewerb nicht mehr rentabel waren. Diese Frage trieb viele um: Macht die Globalisierung die Deutschen arbeitslos?

Im Gegenteil: Deutschland profitiert von der Globalisierung wie kaum ein anderes Land. Ich hatte prophezeit, dass uns die Arbeit nicht ausgeht. Aber dass die Beschäftigungslage sich so glänzend entwickelt, hätte auch ich nicht erwartet. Eine Ursache ist Europa. Es hat tatsächlich den Modellversuch der Integration gewagt und ihn ökonomisch zum Erfolg geführt. Der Binnenmarkt nützt allen in Europa, ganz besonders aber den Deutschen, die einen Großteil ihrer Exporte ohne bürokratische Hürden abwickeln können. Auch der Euro nützt niemandem so wie den Deutschen, die einen Großteil ihres Exportgeschäfts seither ohne Wechselkursrisiken betreiben können.

Es läge im deutschen Interesse, wenn alle Parteien und alle Politiker stärker auf diesen Zusammenhang hinwiesen. Zu viele schauen zu oder machen sogar mit, wenn der Euro verteufelt wird, weil das auf dem Boulevard gut ankommt. Dabei ist der Euro, selbst wenn wir ihn stützen müssen, keine Gefahr für unseren Wohlstand, sondern eine seiner Quellen. Ohne den Euro hätte es dramatische Abwertungswettbewerbe unter den europäischen Währungen gegeben, zum letztlichen Schaden für alle Beteiligten.

Wie das gemeinsame Europa, so muss auch die Globalisierung gestaltet werden. Wie weit sie bereits fortgeschritten ist, hat uns der Finanzmarktzusammenbruch 2008 drastisch vor Augen geführt: Erstmals verbreitete sich eine Krise rasch um den ganzen Globus, kein Kontinent blieb von den wirtschaftlichen Folgen verschont. Die Politik muss daraus lernen, dass Deregulierung auch ihre Grenzen hat, dass eine globalisierte Wirtschaft auch globale Gesetze braucht. Dann wird sie wirksam beitragen, die Probleme der Welt zu lösen.

Das Leben nach McKinsey:
meine Ich-AG

»Was kommt danach, Enten füttern im Englischen Garten?« Diese Frage stellte mir das *manager magazin*, als ich bei McKinsey ausschied. Nein, vom Müßiggang hatte ich noch nie geträumt. Vermutlich hätten das schon meine schwäbischen Gene gar nicht zugelassen.

Natürlich hatte ich in den letzten drei Jahrzehnten durchaus Stress gehabt, aber es war fast immer jener »gute« Stress, der die persönlichen Kräfte fordert, aber nicht aufzehrt, der die Nerven beansprucht, aber nicht ruiniert, der einen brennen, aber nicht ausbrennen lässt. Mein Tatendrang war keineswegs erloschen, als ich mich bei McKinsey verabschiedete.

Lukas Mühlemann hatte mich schon früher gefragt, ob ich bereit wäre, neue Aufgaben zu übernehmen. Der ehemalige McKinsey-Kollege war in die Wirtschaft gewechselt und Chef der Schweizer Großbank Credit Suisse geworden. Als sein Institut Pläne zur Übernahme der damaligen Dresdner Bank schmiedete, dachte er mir eine wichtige Rolle im Management zu. Aber zu dieser Fusion kam es nie.

Im Spätsommer 2001, in den Monaten vor meinem Ausscheiden bei McKinsey, verhandelten Mühlemann und ich über ein Engagement bei der Credit Suisse selbst. Wir einigten uns auf die Rolle eines »Counsel to the chairman«, auf einen Umfang von drei Wochenarbeitstagen und vor allem darauf, dass mein Stammsitz in München sein sollte.

Am 1. Januar 2002 trat ich meinen neuen Teilzeitjob an. Mein Büro befand sich in Bogenhausen, nur wenige Kilometer von meinem früheren McKinsey-Sitz entfernt, im Prinz

Alfons Palais. Wo einst der Wittelsbacher Prinz mit 121 Katzen gehaust haben soll, war die Münchner Niederlassung der Credit Suisse untergebracht, und dort hatte man mir schöne Räumlichkeiten hergerichtet.

Was sollte ich nun tun in meiner neuen Funktion? Die Branche war relativ neu für mich. Wie schon gesagt, ich war kein Banker, und folglich musste ich mich erst in die Welt des Private und Investment Banking hineinfinden. In diesen beiden Sparten war die Credit Suisse damals tätig. Die Investmentbanker wickelten Börsengänge sowie Fusionen oder Übernahmen von Unternehmen in aller Welt ab. Die Privatbanker sammelten das Geld vermögender Privatleute ein und legten es an. Beide Geschäftsbereiche boomten damals enorm, denn es war die Zeit des Internet-Hypes, und es war viel Blasengeld unterwegs.

Die Credit Suisse richtete Filialen in besten Lagen vieler deutscher Großstädte ein, damit uns die Kunden ihre Gelder von 20 000 Euro an aufwärts ins Haus brächten. Kurz darauf platzte die Internetblase und mit ihr dieses Geschäftsmodell. Das Netz der Niederlassungen wurde ausgedünnt. Man setzte nicht mehr auf Laufkundschaft, der gerade eine kleine Spekulation gelungen war, sondern konzentrierte das Marketing auf die Vermögenden, die nicht so leicht zu erschüttern sind.

Meine unmittelbare Tätigkeit in dem neuen Metier hatte nicht mit dem operativen Banking zu tun. Auch hier war ich ein Berater, wenn auch ein interner. Ich kümmerte mich um neue Wege im Recruiting, um Coaching der Führungskräfte und viele andere Projekte. Aber ich stand auch, wie der Titel »Counsel to the chairman« andeutet, Lukas Mühlemann für Gespräche zu strategischen, geschäftspolitischen oder Führungsfragen zur Verfügung.

Wenn mir die Bankenwelt auch relativ neu war, aber mitunter war sie meiner alten Welt so nahe, dass ich meine Erfahrungen aus der Beratertätigkeit ebenfalls operativ nützlich machen konnte. So war ich bei etlichen Unternehmenstransaktionen beteiligt, zum Beispiel als die Gesellschafterfamilien der *Süddeutschen Zeitung* zur Rettung des traditionsreichen Medienhauses neue Investoren suchen mussten. Ebenso als Schaeffler vor drei Jahren Conti übernehmen wollte und dies just in die Zeit der Automobil- und Finanzkrise fiel, war Maria Schaeffler der Credit Suisse und mir sehr verbunden und dankbar, als wir mit zwei unserer Geschäftsführer und einem Team der Credit Suisse 2009 einen Gesprächstermin bei ihr hatten und ihr in dieser schwierigen Zeit unsere Hilfe anbieten konnten.

Die Bank und ich hatten einen Vertrag mit dreijähriger Laufzeit geschlossen. Dann sollte jeweils entschieden werden, ob wir verlängern oder nicht. Das erste Jahr war noch nicht vergangen, als Lukas Mühlemann im Zuge heftiger Auseinandersetzungen an der Spitze des Unternehmens seinen Job verlor. Der Gewinn war eingebrochen, und zugleich holte ihn seine Vergangenheit ein: Man trug ihm nach, dass er in seiner Zeit als stellvertretender Verwaltungsratspräsident bei der Swissair die Fluglinie nicht vor der Pleite bewahren konnte.

Mit Lukas Mühlemann verlor ich den Partner, mit dem ich meinen Vertrag verhandelt und abgeschlossen hatte. Aber auch die Nachfolger Walter Kielholz, Hans-Ulrich Doering und Urs Rohner setzten die Zusammenarbeit fort. Der gegenwärtige CEO der Credit Suisse, Brady W. Dougan, und ich unterzeichneten zuletzt die nunmehr neunte Verlängerung.

Bei drei Tagen Arbeit für die Credit Suisse stehen noch mindestens zwei Wochentage für weitere Aktivitäten zur Verfügung. Einen Tag verwende ich für Aufsichtsratsmandate, früher bei Hochtief, beim FC Bayern München oder im Beirat der internationalen Wirtschaftskanzlei Freshfields. Aktuell bin ich in einem Beirat bei Mainstream Renewable Power, London, tätig, und berate den führenden Offshore-Windkraft-Anbieter bei seiner weiteren Expansion. Mainstream Renewable entwickelt Offshore-Windparks auf der ganzen Welt und verkauft diese an die Energieversorger. Das hat für mich Zukunft, weil sie an Stellen gebaut werden, wo sie die Landschaft nicht verschandeln und wo der Wind regelmäßig pustet.

Die restliche Arbeitszeit setze ich in der Kategorie »pro bono« ein, also für das allgemeine Wohl. Ich bin aktives Mitglied im Kuratorium der Franz Beckenbauer Stiftung und der Messner Mountain Foundation. Das hatte ich schon bei McKinsey begonnen, eines war davon ein Projekt, was mir besonders am Herzen lag, es kam zu mir durch Ion Tiriac.

Tiriac war ein begnadeter Sportler, der als einziger Athlet sowohl im Eishockey als auch im Tennis Spitzenleistungen erreichte. Aber er wurde auch zum Freund. Ich lernte ihn über Daimler kennen, Werner Niefer nannte ihn immer »den Zigeuner«. »Zigeuner, was sagst du jetzt dazu?« Und Tiriac ließ sich das bieten. Mit ihm führte ich viele Gespräche unter vier Augen über die Unabhängigkeit der Rumänen, die sich etwa geweigert hatten, die Olympischen Sommerspiele 1984 in Los Angeles zu boykottieren, wie die Sowjetunion und achtzehn andere sozialistische Länder – als Folge des Ost-West-Konflikts. Stundenlang konnten wir – da gab es noch den Eisernen Vorhang – über die furchtbare Diktatur von Nicolae Ceausescu reden. Wieder und wieder sagte Tiriac: »Diese verdammten Kommunisten, du weißt, was sie uns angetan haben!« Und als Ceausescu 1989 gestürzt und vom Militär erschossen wurde, bat mich Tiriac um eine Unterstützung seines Freundes Petre Roman, des jungen und ersten demokratisch gewählten Ministerpräsidenten Rumäniens. Roman brachte Tiriac dann auch eines Tages plötzlich zu mir, genauer gesagt in mein Haus in Kitzbühel. »Du musst ihn unbedingt treffen«, verkündete Tiriac und präsentierte mir sogleich seinen Freund.

Gemeinsam tranken wir Kaffee und diskutierten darüber, wie es in seinem Land zuging und ob ich, als Deutschland-Chef von McKinsey, Roman und Rumänien helfen könne. Schließlich sagte ich: »Okay, ich komme mal runter und sehe mir alles an.«

Zusammen mit zwei Kollegen flog ich nach Bukarest, und wir sprachen mit vielen Vertretern des Finanzministeriums und der Wirtschaft. So europäisch und mediterran die Hauptstadt Rumäniens auch wirkte, in den Institutionen und Unternehmen herrschte natürlich noch immer sozialistisches Gedankengut vor. Lange überlegte ich, ob wir von Mckinsey da etwas machen könnten. Im Jahr darauf erarbeitete ich die Präsentation der rumänischen Nationalbank für das IWF.

Später kam noch eine andere Hilfe dazu, für ein Kinderdorf in Brașov (Kronstadt), in der historischen Region Siebenbürgen gelegen. Dort wurden, so sagt er, Waisenkinder nach dem Umsturz unter schlimmsten Umständen zurückgelassen. Sofort sagte ich unsere Hilfe durch McKinsey zu.

Die Kinder sollten in drei neu errichteten Heimen aufgenommen und unterrichtet werden. Tiriacs Schwester sollte die Chefin sein, und McKinsey half mit einer Pro-bono-Studie – jedes McKinsey-Büro initiiert Pro-bono-Studien für gemeinnützige Einrichtungen, Institutionen und Projekte – und vielen einzelnen Spenden. Am Ende hatte Boris Becker eines der drei Häuser in Verantwortung übernommen, Tiriac das zweite, McKinsey das dritte.

Die Häuser bestehen immer noch. Jeder von uns Spendern bekam ein Patenkind, und diese haben sich zwischenzeitlich alle bestens entwickelt, teilweise studieren sie, teilweise sind es tolle Sportler geworden. Anders als bei »gesichtlose« Spenden hatte ich hier stets das Gefühl, etwas wirklich Sinnvolles für Kinder getan zu haben.

Viele McKinsey-Leute zahlten monatliche Beträge für das Dorf, ähnlich eines Vereinbeitrags, und es gab gesonderte Lieferungen zu Weihnachten. An meinem 60. Geburtstag, also in meiner Nach-McKinsey-Zeit sammelte ich 20 000 Euro für das Kinderdorf ein.

Zudem kümmere ich mich als Mentor um Nachwuchsführungskräfte. Mentoring, so steht es in *Gablers Wirtschaftslexikon*, ist die Tätigkeit einer erfahrenen Person, die ihr fachliches Wissen und ihre Erfahrungen an eine unerfahrene Person weitergibt. Andere Definitionen gehen weiter und erfassen auch das Motiv des Mentors. Mal wird von persönlichem Interesse gesprochen, mal von Sympathie. Bei mir ist es wohl vor allem die Freude am Umgang mit anderen Menschen und dazu der Wunsch, etwas von dem, was ich lernen und erfahren durfte, an andere weiterzugeben.

Schon in jungen Jahren nahm ich an dem Mentorenprogramm bei McKinsey teil. Es war üblich, dass Partner sich um junge Associates kümmerten, und so übernahm ich das Mentoring für sechs Nachwuchsberater und begleitete sie intensiv in ihren ersten Berufsjahren. Bis ins Detail ließ ich mich über ihre aktuellen Projekte informieren und erörterte ihre Rollen. Dabei habe ich oft den Ombudsmann gespielt, der in einer schwierigen Lage unterstützt und in einem Konflikt vermittelt. Ebenso oft habe ich aber auch denen, die ich zu mentorieren hatte, den Spiegel vorgehalten, um die Selbsterkenntnis zu befördern. Offenheit und Klarheit gehören dazu, wenn einem die Entwicklung eines Mentees wirklich am Herzen liegt.

Heute betreue ich wie achtzig weitere Spitzenleute aus der Wirtschaft einige Studenten und Jahr für Jahr einen Teilnehmer der Bayerischen EliteAkademie. In dieser Einrichtung werden herausragende, leistungsstarke Hochschüler auf Führungsaufgaben vorbereitet, dabei ist das Mentoring ein wichtiger Bestandteil des Eliteprogramms.

Und als Honorarprofessor an der Ludwig-Maximilians-Universität in München (LMU) beschränke ich mich seit zwanzig Jahren nicht auf die reine Lehrtätigkeit. Am Rande der Seminare stehe ich den Studentinnen und Studenten als Gesprächspartner zur Verfügung: Soll ich promovieren oder nicht? Soll ich ins Ausland gehen, und wenn ja wohin? Ist ein Zweitstudium sinnvoll oder doch eher Zeitverschwendung? Ich glaube, ich habe schon manchen guten Rat geben können, wenn es darum ging, die Weichen für ein erfülltes Berufsleben richtig zu stellen.

Die Institution der Universität, die Alma Mater, die den Menschen geistig nährt, sie behielt für mich immer ihren Reiz, auch wenn ich damals einen anderen Weg einschlug. Ich hielt Verbindung zur LMU, wo ich selbst studiert hatte, und war dort mindestens einmal im Jahr mit einem Fachvortrag zu Gast. Das machte mir viel Freude, hatte aber auch einen professionellen Hintergrund, denn wir bei McKinsey hielten an den Universitäten nach den besten Absolventen Ausschau hielten.

Im Mai 1989 lud mich die Westdeutsche Rektorenkonferenz, die Organisation der Hochschulleiter, zu ihrer Jahrestagung nach Hamburg ein. Ich sollte einen Vortrag darüber halten, wie die deutschen Universitäten aus der Perspektive der Wirtschaft dastünden. Ich machte aus meinem Herzen keine Mördergrube und fasste meine Kritik in drastische Worte: Den Professoren warf ich unter anderem vor, zu viele Nebenjobs wahrzunehmen, während sie ihren Assistenten die eigentliche Arbeit an der Universität überließen. Ich hielt ihnen vor, sich zu viel auf Konferenzen und Kongressen herumzutreiben, statt sich um ihre Studenten zu kümmern. Zudem stellte ich das amerikanische System als Vorbild hin, wo die Universitäten sehr viel enger mit der Wirtschaft kooperierten, teilweise sogar von ihr getragen würden. Das *Handelsblatt* sollte am nächsten Tag berichten, mein Vortrag hätte »starken Widerspruch erregt: Hochschulvertreter und Studenten befürchteten offensichtlich einen Ausverkauf von wissenschaftlicher Freiheit und der zum Wesen einer Universität gehörenden Möglichkeit einer umfassenden Bildung anstelle von berufsbezogener Ausbildung.« Der damalige Präsident der Universität Hamburg, Peter Fischer-Appelt, sagte mir zum Abschied: »Kritisieren ist einfach. Tun Sie doch etwas, damit die Universitäten besser werden!«

Wenige Monate später fragte mich mein alter Professor Edmund Heinen, ob ich bereit wäre, an seinem Lehrstuhl an der LMU einen Lehrauftrag zu übernehmen. Meine Zeit war damals überaus knapp, denn als Office Manager von

McKinsey hatte ich eine Organisation zu managen, die im In- und Ausland stürmisch wuchs. Aber die Mahnung des Hamburger Präsidenten, ich möge selbst etwas tun, war mir noch präsent. Ich hatte auch sonst immer wieder kritisiert, dass deutsche Universitäten sich zu sehr abschotteten, dass sie mehr Praktiker zur Lehre einladen sollten und dass mehr Professoren in der Welt draußen ihren Horizont erweitern sollten, auch wenn ihr Status als Lebenszeitbeamte dazu nicht gerade anreizte.

Nun war für mich die Herausforderung gekommen, selbst etwas beizutragen. Ich sagte zu, behielt dieses Engagement über mein Ausscheiden bei McKinsey bei und betreibe es inzwischen seit dieser Zeit, 1992 als Honorarprofessor der betriebswirtschaftlichen Fakultät.

In meinen Gesprächen mit den Studenten in den vergangenen Jahren konnte ich beobachten, wie eine grüne Grundströmung immer stärker wurde. Ich beobachtete aber auch, dass es dabei nicht immer rational zugeht. Mir ist zum Beispiel lebhaft in Erinnerung, wie es im Seminar einmal zu einer Diskussion über ökologische Erfordernisse im Automobilbau kam. Ich erlaubte mir die Bemerkung, der gesamte verkehrsbedingte Ausstoß an Treibhausgasen ließe sich kompensieren, wenn wir weniger Rindfleisch äßen. Die Studenten protestierten einhellig gegen meine Aussage, so als hätte ich gegen eine politische Korrektheit verstoßen.

Mit dem gleichen Ziel, meine Erfahrungen weiterzugeben, engagiere ich mich bei dem Wettbewerb »CEO of the Future«, den McKinsey Deutschland veranstaltet, als Juror und Mentor. Studierende und junge Berufstätige können sich mit einem Essay um die Teilnahme bewerben. Die Auserwählten werden für Führungsaufgaben trainiert, müssen Aufgaben im Team lösen und schließlich vor leibhaftigen Vorstandsvorsitzenden präsentieren. Den drei Besten winkt neben einem sogenannten Karrierebudget von einigen tausend Euros vor allem ein persönliches Mentoring durch ein Jurymitglied.

Absolventen dieses Wettbewerbs und Mentees der Bayrischen Eliteakademie habe ich mit einigen Studenten aus meinen Seminaren zu einem Diskussionskreis zusammengebracht. Diese etwa fünfzehn jungen Leute, die sich »Herbs Hopefuls« nennen, treffen sich mit mir zweimal im Jahr zu einem Wochenende. Wir vergeben vorher Lesedeputate, und anschließend wird bis tief in die Nacht diskutiert. Daneben führe ich mit ihnen regen E-Mail-Kontakt und auch persönliche Einzelgespräche zu allen Fragen, die sich auf ihrem Karriereweg stellen.

Es sind junge Menschen, in die ich große Erwartungen setze und die viel bewegen werden. Inzwischen haben die Teilnehmer auch untereinander enge Beziehungen entwickelt. Im vorigen Jahr sandten sie mir ein Gruppenfoto, aufgenommen am Berg, und schrieben darunter: »*You have touched our lives.*« Für einen Mentor ist ein solcher Satz der schönste Lohn.

Also: Mein Berufsleben nach der offiziellen Verrentung im Rahmen fand in einer Ich-AG statt – weniger stressig als bei McKinsey, aber nicht weniger vielseitig.

Computerunterricht für die Elf und das Phänomen Franz Beckenbauer

Ich weiß noch heute, wie aufregend es war, als die deutsche Nationalmannschaft 1950 erstmals wieder gegen ein ausländisches Team antreten durfte, nämlich vor rund 100 000 Zuschauern in Stuttgart gegen die Schweiz. Die Deutschen gewannen 1:0. Im selben Jahr gab es eine Fußballweltmeisterschaft in Brasilien, aber man erklärte mir, dass man uns Deutsche wegen des Zweiten Weltkrieges nicht dabeihaben wollte, wie auch schon 1948 bei den Olympischen Spielen in St. Moritz und in London.

Die Nationalmannschaft hatte mich schon als Junge immer begleitet, »das Wunder von Bern« sich tief in meine kindliche Seele eingenistet. Jedes Spiel, das 1954 übertragen wurde, musste ich mir anschauen. Einen Fernseher hatten wir noch nicht, deshalb gingen die Männer aus unserer Ortschaft ins Gasthaus »Berg« im nahen Raidwangen. Dort gab es einen, aber natürlich war es uns Kindern nicht erlaubt, mit bei den Erwachsenen zu sitzen. Uns blieb nichts anderes übrig, als von außen durch das Fenster zu schauen. Dieses 6:1 gegen Österreich, das 3:2 gegen Ungarn, das war einfach unglaublich.

Als ich später – da als Freund von Franz Beckenbauer – sogar nach dem WM-Sieg 1990 in Rom mit der Mannschaft feiern durfte, fühlte ich mich wie im siebten Himmel. Ich stand nicht mehr vor der Fensterscheibe des Gasthauses, sondern war der Nationalelf ganz nahe gekommen – ein Jugendtraum hatte sich erfüllt. Über den FC Bayern war ich der Nationalmannschaft auch weiterhin verbunden, denn der Verein bildete ja meist das Korsett der DFB-Elf.

Umso interessierter war ich daher, den Gesprächsfaden zu Oliver Bierhoff zu vertiefen. Ich hatte ihn im Sommer 2005 im Flugzeug von Frankfurt nach München kennengelernt. Bierhoff, der Manager der Nationalelf, der neben dem Sport eine Ausbildung zum Diplomkaufmann an der Fernuniversität Hagen gemacht hat, schien fasziniert von McKinsey zu sein – das ging sogar so weit, dass er überlegte, ob die Nationalmannschaft 2006 nicht sogar ihr Trainingscenter in Kitzbühel bei McKinsey haben sollte. Das ging letztlich nicht, da der Standort nicht geeignet war, die neugierige Presse fernzuhalten. So entschied man sich schließlich für Berlin.

Doch zuvor, als er im Zuge des Bildungsprogramms für Nationalspieler – sie sollten nicht nur Fußball spielen, sondern auch PC-Kurse machen, spannende, vernünftige Bücher lesen, sich darüber Gedanken machen, ihr Geld anzulegen, denn die Phase als Fußballer würde nur eine kurze Zeit umfassen – mich bat, vor einem Länderspiel der Deutschen gegen die Franzosen in Paris 2005 ein Referat über Teambuilding bei McKinsey zu halten, fühlte ich mich geehrt. Bierhoff wollte das Wissen der Nationalspieler erweitern.

Jürgen Klinsmann, ein schwäbischer Landsmann, führte mich ein – da saßen nun die zweiundzwanzig Auswahlkicker in einem Hotel in Köln und hörten *mir* zu. Die angeregte Diskussion danach habe ich noch in guter Erinnerung, auch weil ich erlebte, wie einige der Spieler – und insbesondere natürlich Bierhoff und Klinsmann selbst – hoch interessiert waren. In dem Vortrag zog ich Parallelen zwischen der Leistungsorganisation McKinsey und der Leistungsorganisation Nationalelf. So sagte ich: »Man ist einer der Wenigen, der auserwählt ist, man ist auf Gedeih und Verderb auf das Team angewiesen, und wenn man die Leistung nicht mehr bringt, fliegt man raus.«

Es wäre wohl keine Übertreibung, wenn ich nach dem denkwürdigen Abend eine intellektuelle Rangordnung aufgestellt hätte, und Jens Lehmann dabei als Klassenbester herausgekommen wäre. So fragte er mich: »Ich lebe jetzt in London, können Sie mir sagen, wie die deutsche Volkswirtschaft die Nachteile gegenüber der englischen aufholen soll?« Einige andere helle Köpfe waren Christoph Metzelder, Arne Friedrich und Bastian Schweinsteiger. Letzter hockte sich nach dem Referat fünfzig Meter von uns entfernt hin – Bierhoff und Klinsmann luden mich noch zum »Abhocker« ein – und las in meinem Buch *Das Auge des Bauern macht die Kühe fett*. Das fand ich sehr erstaunlich. Ich sollte es ihm auch noch signieren. Natürlich gab es auch einige, bei denen die Versetzung gefährdet gewesen wäre. In der Tat differierte der Intelligenzquotient gewaltig, und einige Spieler waren froh, als der Abend vorbei war.

Doch ich denke, dass wir einiges erreicht haben. Früher hieß es scherzhaft, die Nationalspieler würden nur ihre Zimmer verlassen, wenn sie ihre Fix-und-Foxi-Hefte ausgelesen hätten – dieses Niveau ist zwischenzeitlich deutlich überwunden. Alle Spieler haben jetzt einen Computer und sind auch in der Lage, etwas über ihre eigenen Zukunftsperspektiven zu sagen.

Kurz vor der Weltmeisterschaft 2006 hielt ich mit dem Trainerteam noch einen Workshop über Krisenmanagement bei der WM-Vorbereitung ab, unter dem Titel: »Was machen wir, wenn einer über die Stränge schlägt.« Darin ging es unter anderem, herauszubekommen, wie man den Torhüterstreit zwischen Lehmann und Oliver Kahn in positive Energie umwandeln kann. Was, wenn einer, um den Lagerkoller zu entfliehen, ausbüchst, was, wenn es gerade Michael Ballack wäre.

Während des »Sommermärchens« tauschten Jürgen Klinsmann und ich mehrere E-Mails über die mangelnde Ausbeute bei unseren Eckbällen aus. Ich schrieb ihm: »Lieber Jürgen Klinsmann, ich finde unsere Eckenausbeute katastrophal.« Früher hieß es, dass ein Eckball ein halbes Tor sei, doch in der Nationalelf waren sowohl in der Vorbereitungszeit wie auch in den WM-Spielen die Ecken mithin bedeutungslos. Klinsmann antwortete: »Right on, die Italiener schießen 60 Prozent ihrer Tore nach Standardsituationen – da müssen wir noch dran arbeiten.« Franz Beckenbauer ließ es sich nicht nehmen, meinen Auftritt vor der Nationalelf zu kommentieren: »Hoffentlich können die Spieler nach deiner intellektuellen Aufrüstung auch noch einen Ball stoppen!«

Mit Oliver Bierhoff und dem Trainerteam machte ich zusammen mit Klaus Berenbeck und Oliver Trebel vor gut zwei Jahren im Winter 2009 einen weiteren Workshop, und zwar bei McKinsey in Kitzbühel. Mit von der Partie waren auch Bundestrainer Joachim Löw, sein Assistenztrainer Hansi Flick sowie Torwartcoach Andreas Köpcke. Thema: »Effective team building? How to overcome persistants impediments, how to become a ›compleat‹ person.« Es war eine tolle Atmosphäre, und ich war natürlich besonders stolz, den Cracks auf dem Rasen beim Skifahren weit davongefahren zu sein.

Aber primär muss man es ganz realistisch sehen: Die Jungs sollen Fußball spielen. Die Nationalmannschaft ist der Deutschen liebstes Kind. Sepp Herberger hat einmal auf die Frage: »Warum gehen so viele Leute zum Fußball«, gesagt: »Weil sie nicht wissen, wie es ausgeht.«

Dieser Punkt ist natürlich nicht vergleichbar mit McKinsey, vergleichbar ist, wie gesagt, diese unbedingte Leistungsorientierung. Man muss top sein, sonst fliegt man raus. Bei McKinsey fliegt man nach zwei schlechten Bewertungen raus, beim Fußball ist es etwas zahmer. Als Jürgen Klinsmann als Trainer beim FC Bayern entlassen wurde, war der Verein Zweiter in der Bundesliga, und in der Champions League hatte er im Viertelfinale gegen den FC Barcelona verloren. Das kann passieren. Aber plötzlich hatten wir die Fans gegen uns, und ungefähr 60 000 Menschen schrien im Stadion: »Klinsmann raus!« Wenn die vox populi sich in dieser Form meldet, gilt es zu handeln. Außerdem war die Qualifikation für die Champions League wirklich in Gefahr.

Noch ein anderer Unterschied: McKinsey ist im Gegensatz zu einer Fußballelf in einem viel höheren Maße ein stabiles Team. Beim Fußball wird man laufend ausgemustert. Spieler sitzen auf der Bank oder sogar auf der Tribüne, erhalten keine Vertragsverlängerung oder lesen in der Zeitung, dass sie verkauft werden sollen. Das ist Unsicherheit pur, gehört man nicht zu den wenigen Fußballern, die so gut sind, dass sie ihre eigenen Regeln aufstellen können. Bei McKinsey kann man sich geradezu statistisch ausrechnen: Von fünf Beratern wird einer Partner, von diesen Partnern werden rund 40 Prozent Seniorpartner (directors). Hat man das erreicht, herrscht doch eine gewisse Stabilität.

Franz Beckenbauer ist für mich ein Phänomen. »Ah, Sie kommen aus Deutschland? Da ist doch auch der Beckenbauer her!« Wo immer ich erzählte, dass ich Bürger der Bundesrepublik sei, erfuhr ich diese Reaktion. Es war schon erstaunlich: Beckenbauer ein Synonym für Deutschland? So war es wohl.

Auf einer Veranstaltung der Lufthansa 1985 lernten wir uns kennen. Wir kamen ins Gespräch und stellten fest, dass wir bald nahezu Nachbarn sein würden: Er war unlängst nach Kitzbühel gezogen, und ich baute dort gerade ein Haus. Von da an trafen wir uns immer wieder.

Im Münchner Gasthaus »Wörnbrunn« brachte ich ihn eines Tages mit Werner Niefer zusammen. Der Daimler-Manager und der Fußballspieler fanden Gefallen aneinander, und sie knüpften eine Geschäftsbeziehung, die noch heute andauert. Daimler-Benz stieg damals in großem Stil in das Sportsponsoring ein. Franz Beckenbauer war Teamchef der Fußballnationalmannschaft und passte wunderbar in das Konzept. In den Mercedes-Anzeigen war er bald nicht mehr wegzudenken. Als er dann 1990 mit der deutschen Mannschaft den Weltmeistertitel holte, machte ihn das noch populärer. Noch heute hält die damals geschaffene Verbindung zwischen Nationalmannschaft und Mercedes Benz.

Als Beckenbauer beim FC Bayern München Präsident werden sollte, trug er mir das Amt des Schatzmeisters an. Mich reizte die Aufgabe durchaus, aber meine Kollegen bei McKinsey rieten zu recht dringend ab. In einer solchen Position wäre ich zum Beispiel in die Verhandlungen mit der Stadt München über die Stadionmiete eingebunden gewesen, aber diese war auch Klientin bei McKinsey. Und da McKinsey auch für das ZDF arbeitete, hätte ich für den Fußballverein über die DFL, die Deutsche Fußball Liga, hohe Zahlungen für die Fernsehübertragungsrechte herausholen können – die latenten Interessenskonflikte waren also zu groß.

Mitte der neunziger Jahre holte mich Franz in den Verwaltungsbeirat des Clubs, und als für das operative Geschäft des Fußballrekordmeisters eine Aktiengesellschaft gegründet wurde, wählte man mich zusätzlich in den Aufsichtsrat. Dort übernahm ich den Vorsitz des Prüfungsausschusses und wurde eines der drei Mitglieder im Präsidialausschuss des Aufsichtsrats.

Über Franz Beckenbauer drang ich weiter in die Welt des Fußballs vor. Er sorgte dafür, dass ich an einem Workshop des DFB zu Organisationsfragen teilnahm. Er führte mich bei Joseph Blatter ein, dem Schweizer Chef des Weltfußballverbands FIFA, was zu einem Auftrag für McKinsey führte.

Im November 2009 machte Beckenbauer den Posten des Präsidenten für Uli Hoeneß frei, der nach dreißig Jahren den Höllenjob auf der Bank beenden wollte. Manager Hoeneß wurde zu seinem Nachfolger und zugleich in den Aufsichtsrat der FC Bayern AG gewählt, wo er im Frühjahr 2010 auch den Vorsitz übernahm.

Ich sollte den Machtwechsel an der Vereinsspitze bald zu spüren bekommen. Uli Hoeneß rief mich an und bat mich zu einem Treffen morgens um sieben Uhr in seinem Haus in Bad Wiessee am Tegernsee. Ich fuhr hin, und er sagte sogleich:»Ich muss Ihnen etwas eröffnen, was Ihnen nicht gefallen wird.« Dann kam er damit heraus: Er habe zehn Prozent der Club-AG an Audi verkauft, und nun verlange der Investor einen Sitz im Aufsichtsrat. Das konnte ich natürlich verstehen. Ich möge bitte meinen Platz im Aufsichtsrat frei machen und im Verwaltungsbeirat des Vereins weiterwirken, das sei kein großer Unterschied.

Für mich war der Vorstoß von Uli Hoeneß eine riesige Enttäuschung, zumal ich ihn zwei Jahre davor in mein »Bayern 2020«-Zukunftsteam geholt hatte. Aber ich beschloss, mich zu fügen. So räumte ich meinen Sitz, behielt aber das Mandat im Verwaltungsbeirat. Nach wie vor versuche ich ein aktiver Beirat zu sein und fühle mich der »Bayernfamilie« sehr verbunden. Mein Verhältnis zu Franz Beckenbauer blieb davon unberührt. Seit Gründung der Franz Beckenbauer Stiftung sitze ich in diesem Kuratorium.

Franz Beckenbauer und ich tauschen uns auch in privaten Angelegenheiten aus. Er verkörpert eine philosophische Weisheit mit bodenständigem Münchner Flair. Sein Talent, mit spielerischer Leichtigkeit über schwierige Situationen hinwegzukommen, ist für mich nachahmenswert. Vielleicht ist er auch deshalb zu so etwas wie der Allzweckwunderwaffe des deutschen Sports geworden. Nachdem er maßgeblich die Fußballweltmeisterschaft 2006 nach Deutschland geholt hatte, sollte er im Juli 2011 auch die Winterolympiade 2018 nach München bringen. »Tu's noch einmal, Franz« titelte die *Münchner Abendzeitung*. Leider wurde aus der Bewerbung nichts, was wirklich nicht an ihm lag.

Er selbst bezeichnet sich gerne als ein Auslaufmodell in der Werbeszene. Aber ich glaube das nicht.

Management zwischen London, Russland und der Finanzkrise

Im April 2008 hieß es auf einmal: Koffer packen. Und zwar nicht nur für eine Reise. Meine zweite Frau Fabienne, unsere drei Kinder und ich waren bereit, uns auf eine neue Stadt einzulassen, auf eine Metropole, in der die Leitungen in den Häusern ständig kaputt sein sollen, was uns aber nicht abschreckte: Wir zogen nach London.

Als die Credit Suisse ein Managementprogramm für Schlüsselkunden in der britischen Hauptstadt aufbauen wollte, bat man mich, dabei zu helfen. Bei McKinsey hatte ich solche Programme entwickelt und bei vielen Klienten realisiert, so dass ich zusagte. Kurz darauf bezogen wir im zentral gelegenen Stadtteil Knightsbridge ein Haus.

Im Jahr zuvor, im April 2007, fragte Credit-Suisse-Chef Brady Dougan bei einer Abstimmung über das nicht öffentliche Rechnernetz Intranet die hundert wichtigsten Mitarbeiter: »Wie lange, glaubt ihr, haben wir noch einen Bull Market mit eindeutig steigenden Börsenkursen?« Es gab nur ganz wenige Skeptiker, über 80 Prozent meinten, drei Jahre gehe es auf jeden Fall noch so weiter, wahrscheinlich länger. Doch die Krise zeigte sich schon: An der Wall Street in New York machte die traditionsreiche Investmentbank Bear Stearns von sich reden, weil sie sich mit den Subprime-Hypotheken auf Eigenheimen zahlungsschwacher Amerikaner verspekuliert hatte. Für einen Spottpreis wurde Bear Stears vom Konkurrenten JPMorgan Chase übernommen.

Diese Transaktion war das Menetekel der Finanzmarktkrise, die dann voll ausbrechen sollte. Bei Credit Suisse glaubten wir noch, ungeschoren davonzukommen, denn wir hatten uns nicht in nennenswerter Größenordnung auf dem US-Immobilienmarkt engagiert. Doch dann ereignete sich der Zusammenbruch der Investmentbank Lehman Brothers. Daraus wurde ein gewaltiges Debakel, weil die gegenseitigen Geschäfte der Banken, die für einen funktionierenden Finanzmarkt unverzichtbar sind, zum Erliegen kamen. Daraus und aus der allgemeinen Unsicherheit folgte, dass die Unternehmen der Realwirtschaft praktisch keine Kredite mehr erhielten. So wurde aus der Finanzmarktkrise eine Weltrezession auf allen Märkten.

Auch an der Credit Suisse ging das alles nicht spurlos vorüber. Konzeptionelles Arbeiten war schwierig, da es ums Überleben ging. Wie groß die Unsicherheit war, zeigte sich in Meetings, wenn Kollegen berichteten, dass sie mit dem Kollaps von Coutts & Co., der Privatbank für Reiche, rechneten oder dass sie ihr eigenes Vermögen rasch neu disponierten – aufgeteilt zwischen möglichst vielen internationalen Banken und der eigenen Matratze. Auch Credit Suisse musste auf Aktiva, die in den Büchern standen, erhebliche Abschreibungen vornehmen, denn für die Bewertung war der Marktpreis maßgeblich, und der fiel, wohin man auch schaute. Glücklicherweise fand sie im Nahen Osten einen neuen Großaktionär: Das Emirat Katar übernahm zehn Prozent des Eigenkapitals. So blieb es Credit Suisse erspart, in Bern um Staatshilfe zu bitten, wie es in Deutschland mehrere Banken bei der Regierung tun mussten. Brady Dougan steuerte unser Schiff mit ruhiger Hand und viel Umsicht erfolgreich durch die Stürme.

Zur Krise im Sommer 2011 möchte ich Ludwig Erhard zitieren, den zweiten Kanzler der Bundesrepublik, aber auch ehemaliger Wirtschaftsminister. Erhard sagte einmal, dass 50 Prozent in der Wirtschaft Psychologie sei – und auf den Sommer 2011 übertragen war das psychologische Sentiment sehr negativ, was auch immer die Regierungen dagegen sagten. Hinzu kam, dass die Banken untereinander zunehmend Zweifel hatten und haben, sich zu vertrauen. Man macht eher keine Geschäfte mehr, als möglicherweise ins Risiko zu gehen. (Das Hauptgeschäft machen ja die Investment-Banken untereinander.) Ich vermag jedenfalls bislang nicht zu erkennen, wie sich die jetzige volatile Situation bei den riesigen Schuldenbergen ändern soll – fast im Wochentakt gab und gibt es neue Kandidaten, denen man die Rückzahlung der enormen Kredite nicht zutraut.

In London konnte ich die praktischen Auswirkungen der Finanzmarktkrise beobachten. In Canary Wharf, einem Bürogebäudekomplex in den Docklands und Zentrum der Investmentbanker, reduzierten die Institute ihre Belegschaften um ein Viertel und mehr. Die Betroffenen hatten gut verdient und ihr Geld, zumindest teilweise, auch ausgegeben. Nun standen die Restaurants leer, Fachgeschäfte verloren Kunden, Immobilienmakler hatten nichts mehr zu tun. Es dauerte ein gutes Jahr, bis sich Großbritannien von der Krise langsam wieder erholte. In den angesagten Restaurants füllten sich die Tische wieder, der Immobilienmarkt balancierte sich neu ein, wenn auch auf niedrigem Niveau.

Die Engländer gingen wieder ihrem Alltag nach und pflegten ihre Eigenarten, die mitunter den Verdacht nährten, sie hätten vielleicht doch recht, sich nicht als Europa zugehörig zu verstehen.

Das Privatleben in London gestaltete sich schwieriger, als ich erwartet hatte. Ich hatte gehofft, auch außerhalb der Bank interessante Kontakte zu knüpfen und zu pflegen, doch damit war es leider nicht weit her. Zwar hatte mich McKinsey London mit offenen Armen aufgenommen. Eine echte Teilnahme am Leben der englischen Gesellschaft gelang mir nicht.

Am besten klappte es noch beim Sport. Über den FC Bayern München lernte ich den Chelsea FC-Manager Peter Kenyon kennen und erhielt so Zugang zu englischen Fußballkreisen. Im Mai 2010, am Rande des Champions League-Endspiels in Madrid, brachte ich Dean Ashton, den

Organisationschef für die englische Bewerbung um die Fußballweltmeisterschaft 2018, mit Fedor Radmann aus dem deutschen WM-Orga-Team 2006 zusammen, in der Hoffnung, Radmann könnte der englischen Bewerbung etwas mehr Erfolgsaussicht verschaffen. Es war vergeblich. Gern hätte ich Premierminister David Cameron und Prinz William die Schmach erspart, aber die Engländer bekamen im Dezember 2010 in Zürich lediglich zwei von den dreizehn Stimmen, die sie gebraucht hätten.

London ist eine faszinierende Stadt, aber als nach drei Jahren mein Auftrag erfüllt war und ich wieder zurück nach München übersiedeln konnte, da fühlte ich mich gelegentlich wie der Engel Aloisius in der Ludwig-Thoma-Satire *Ein Münchner im Himmel*. Der Herrgott kann mit ihm nichts anfangen und schickt ihn als Boten zurück nach München. Aloisius ist überglücklich, wieder Münchner Boden unter den Füßen zu haben, und so ging es auch mir.

Durch die Credit Suisse lernte ich aber nicht nur England, sondern auch Russland näher kennen. Am Rande einer Partnerkonferenz des deutschen McKinsey-Büros 1999 in Moskau traf ich German Oskarowitsch Gref. Er war damals in der Regierung der Russischen Föderation stellvertretender Minister für die Verwaltung des Staatseigentums und stieg wenige Monate später, im Mai 2000, zum Wirtschaftsminister auf. Gref war auf der Suche nach einflussreichen Berater, die ihm bei einem ehrgeizigen Vorhaben helfen könnten: Wie kann ein Land, das ausgezeichnete Naturwissenschaftler und Ingenieure hervorbringt, nun auch endlich hervorragenden Managernachwuchs heranbilden?

In einer kleinen Gruppe überlegten wir, wie dieses Ziel erreicht werden könnte. Mit dabei war der Managing-Partner von McKinsey, der Inder Rajat Gupta. Er hatte einschlägige Erfahrungen, denn er hatte in seinem Heimatland die Indian School of Business in Hyderabad gegründet. Der armenische Banker und Industrielle Ruben Vardanian und andere machten ebenfalls mit, die Idee einer russischen Business School zu entwickeln und voranzubringen.

Noch ein Wort zu Gupta. Wie gesagt, ich hatte ihm immer vertraut – und er wurde zu einer der größten Enttäuschung der letzten Jahre. Als im April 2011 bekannt wurde, dass er Insider-Regeln verletzt hatte – als Beweise diente ein aufgezeichnetes Telefongespräch –, flog er aus allen Aufsichtsräten, in denen er saß, sämtliche Verbindungen zu McKinsey wurden gekappt. Dadurch, dass er einem Investor-Freund von dem erzählt hatte, was gerade im Aufsichtsrat vom weltweit agierenden Finanzdienstleister Goldman Sachs, dem er beiwohnte, besprochen war, hatte er viel Unheil über McKinsey gebracht. Die *New York Times* titelte im April 2011: »Kann man McKinsey noch trauen?« Als ich zwei Monate später auf dem McKinsey-Meeting in New York war, fragte man mich, ob ich das nicht hätte wissen können, wir hätten doch so ein gutes Verhältnis gehabt. Nein, ich wusste von dieser Seite von Gupta nichts. Und das beschäftigt mich noch immer.

Eines Tages rief mich Eberhard von Loehneysen, der Office Manager des Moskauer McKinsey-Büros an und fragte mich, ob ich bereit wäre, die künftige Skolkovo School of Management als Rektor zu leiten. Ich musste wegen meiner anderen Verpflichtungen ablehnen, aber ich war bereit, Mitglied des Aufsichtsrats zu werden und mich in dieser Rolle für das Projekt zu engagieren. In diesem Beirat saßen zehn Persönlichkeiten, und wir hielten viele Brainstormings ab, um der School einen möglichst erfolgreiche Weg in die Zukunft zu eröffnen. Es war ein erhebendes Gefühl, als im September 2005 Russlands Präsident Wladimir Putin in Skolkovo in der Region Moskau den ersten Spatenstich für das Schulgebäude vornahm. Das Gelände war ein Geschenk von Roman Abramowitsch, einem erfolgreichen Unternehmer und dem Eigentümer des Londoner Fußballclubs Chelsea.

Als die Finanzmarktkrise im Sommer 2008 ihren Höhepunkt erreichte, geriet auch die Skolkovo School in Schwierigkeiten. Einige Finanziers, darunter auch Ruben Vardanian, waren schwer getroffen worden. Aber die Russen zeigten, wie man dort mit einer solchen Situation umgeht: Man stellte freundliche, aber sehr direkte Bitten um Unterstützung, und tatsächlich stieg keiner der Sponsoren aus. Im September 2008 konnte der neue Präsident Dmitri Medwedjew die Management-Schule in ihrem architektonisch interessant gestalteten Campuskomplex eröffnen und den ersten Studenten die Einschreibdokumente überreichen. Ein Jahr später, als erstmals Absolventen zu verabschieden waren, kam Medwedjew wieder und hielt eine aufrüttelnde Rede (»Go Russia«), mit der er den Managernachwuchs aufforderte, die wirtschaftliche Kraft Russlands zu entwickeln.

Credit Suisse war einer der Großsponsoren, und ich hatte im Aufsichtsrat an der Konzeption der Schule und an ihrem Curriculum mitgewirkt. Wir waren stolz darauf, dass aus der Idee am Rande des Partnertreffens zehn Jahre zuvor eine Institution geworden war, die nun erstmals fertige Master of Business Art in die Praxis entließ. Viele wollten eine Firma gründen, zu großen internationalen Unternehmen ins Ausland oder zu den neuen, attraktiven Arbeitgebern in Moskau gehen, zu McKinsey oder Investmentbanken. Wir hatten das Gefühl, an einer Zeitenwende mitzuwirken. Russland schien sich auch auf dem Feld des Managements einer modernen Zukunft zuzuwenden.

In Russland ist der Mangel an Managern sehr deutlich, dadurch hat der Nachwuchs in diesem Segment auch keine Vorbilder, wenig Leitbilder. Oligarchen können kaum Vorbilder sein, deshalb benötigt man erfolgreiche Unternehmer, die der Jugend zeigen, wie Management funktionieren kann.

Resümee eines Gipfelstürmers

Je älter ich werde, desto bewusster wird mir der Verlust von zwei Freunden, die während meines Studiums ums Leben kamen – in beiden Fällen durch einen Autounfall. 1966, als ich in den Semesterferien in Südamerika arbeitete, lernte ich auf einer Schiffspassage nach Montevideo Klaus von der Heyde kennen. Er studierte Jura in München, ich Betriebswirtschaft. Wir sahen uns nach dieser Begegnung oft. Doch eines Tages, ich besuchte gerade in Eichholz ein Seminar der Konrad-Adenauer-Stiftung, teilten mir seine Eltern in einem nachgeschickten Trauerbrief mit, Klaus hätte einen tödlichen Unfall mit einem Citroën 2CV gehabt. Die Nachricht hat mich damals tief getroffen, nur wenige Wochen zuvor hatte ich ihn noch gesehen. Zum ersten Mal war ich mit einer Endlichkeit konfrontiert, einer abrupten Endlichkeit.

Im ersten Moment konnte ich auch nichts Näheres über die Umstände des Todes erfahren, es dauerte, bis ich die Eltern von Klaus erreichte. Er selbst war gar nicht gefahren, er hatte als Beifahrer neben dem Verursacher des Unfalls gesessen. In den nächsten Wochen war ich bestimmt von einer gefühlten Endlichkeit, einer gefühlten Verletzlichkeit, von gefühlten Gefahren im Straßenverkehr. Diese Blechkiste von »Ente« schützte einen Menschen nicht sehr.

Danach passierte der andere Unfall. Eberhard Schmidt fuhr von Stuttgart nach Hause, nach Nürtingen. Er hatte Veterinärmedizin studiert und gerade seine mündliche Prüfung bestanden. Voller Freude saß er hinter dem Steuer, als er aus einer Kurve getragen wurde. Er überschlug sich und war sofort tot. Ein weiterer Freund, dem ich sehr nahe war, war auf einmal weg. Das war schon bitter. Zwei weitere Freunde verlor ich in den letzten Jahren: Ulrich Brixner und Ernst Hösl. Beide hielten auf meinem 60. Geburtstag noch Reden.

Blicke ich auf mein Leben zurück, gerade auf mein Berufsleben, weiß ich, dass ich länger aktiv sein konnte als Klaus oder Eberhard. Trotz aller Wehmut spüre ich dabei auch so etwas wie verhaltenen Stolz. Wenn ich mir vorstelle, wie weit weg ich in diesem kleinen Bauerndorf von dem Dasein war, was ich heute führe, was ich in den letzten vierzig Jahren geführt habe, dann war es eine große Brücke, über die ich zu gehen hatte. Es dauerte ja auch eine Weile, bis ich mich in dem anderen Leben zurechtfand und erfolgreich war. Dennoch glaube ich, dass ich dabei die Bodenhaftung behalten habe. Als ich vor einiger Zeit einen politischen Frühschoppen auf der Schwäbischen Alb veranstaltete, stellte ich fest, dass ich immer noch die Sprache der Menschen dort spreche und auch ihre Anliegen verstehe. Einen Teil der Kritik zu »Stuttgart 21« kann ich nachvollziehen. Sagt man einem Schwaben, dass man dadurch schneller von Paris nach Bratislava unterwegs sei, so hat das für die Leute zum Beispiel aus Feuerbach keine Bedeutung.

Meine eigene Nachdenklichkeit setzt an dem Punkt ein, an dem ich mich frage: Habe ich genug gemacht? Ich bin nicht in die Politik gegangen und ich habe kein großes Unternehmen geführt. Wäre ich damals zu Daimler gegangen oder zu Siemens oder zur Deutschen Bank, ich hätte sicherlich eine andere Schwungmasse gehabt, die ich hätte bewegen können. Heute bereue ich das weniger als in den Zeiten, in denen ich immer wieder sogenannte Soul-Searching-Prozesse durchmachte und mir überlegte, dass es vielleicht noch eine spannendere Welt als McKinsey geben könnte. Dieser Gedanke hatte mich sehr beschäftigt. Da ich sehr viele Vorstandsvorsitzende kennenlernte, lag es nahe, dass ich mehrere Male in Situationen kam, um zu sagen: »So, jetzt spring ich halt!«

Und dann bin ich doch nicht gesprungen. Es schien mir wichtig zu sein, mich weiter auf das zu konzentrieren, wofür ich mich entschieden hatte. Wäre ich zu Daimler gegangen, hätte ich sicherlich eine ganz andere Richtung eingeschlagen, hätte eine halbe Million Menschen zu führen gehabt. Aber ich will über solche Szenarien nicht weiter nachdenken, ich habe mich für einen anderen Weg entschieden.

Heute interessieren mich andere Dinge, die ungelösten Probleme unserer Zeit. In dem bäuerlichen Umfeld, aus dem ich stamme, konnte ich erleben, wie meine Großmutter noch elf Kinder bekam, bei meiner Mutter waren es noch zwei. Ich selbst habe wieder fünf Kinder, aber das ist eine Ausnahme. Zwischenzeitlich hat sich die Gesellschaft dem zunehmenden Hedonismus verschrieben, der auch beinhaltet, dass man nur wenig Kinder hat. Man konsumiert hier und heute, denkt aber kaum an die nächste Generation und was man an sie weitergibt. Der Satz, den meine Eltern meinem Bruder und mir immer wieder sagten und mit dem wir groß wurden: »Ihr sollt es mal besser haben als wir«, kann man nicht mehr weitergeben. Ich sehe teilweise sehr große Brüche zwischen den Generationen, ich bin auch aufmerksam genug zu sehen, dass das Auseinanderklaffen von Arm und Reich dramatisch zunimmt.

Die Reallöhne sind in den letzten zehn Jahren nicht gestiegen, ein Drittel der neuen Jobs in Deutschland sind Leiharbeiten. Leiharbeiter mit knapp bemessenen Zeitverträgen werden nicht mehr in der Lage sein, eine ausreichende Rente anzusparen. Das sind alles Dinge, die nicht mehr stimmen. Es scheint ja auch nicht mehr der Europagedanke zu passen, der uns ja doch lange getragen hat. Wir nehmen es einfach nur noch hin, dass wir überallhin reisen können, nicht mehr bedroht werden, keinen Kalten Krieg mehr haben.

Ich fühle mich als Europäer, habe mich immer als Europäer gefühlt. Das große Problem in der Zukunft wird sein, jenen Spagat zwischen der Europaidee und einer Anbindung, einer Identifikationsmöglichkeit mit dem lokalen Dorfplatz hinzubekommen. Wird dies gelingen, wird es eine Perspektive für Europa geben.

Europa ist eine Friedensgemeinschaft, Frieden ist für viele Menschen aber selbstverständlich geworden. Junge Leute können nicht nachvollziehen, warum sie das so toll finden sollen, weil sie es nie anders erlebt haben. Sie wuchsen mit großen Errungenschaften auf, erlebten eine enorme wirtschaftliche Freizügigkeit, sahen, wie viele einst kommunistische Länder in die Union aufgenommen wurden und das Wohlstandsgefälle in diesen Mitgliedstaaten sich reduzierte. Doch daraus hat sich ein Leadership-Problem entwickelt, das wiederum eine Gegenbewegung zur Folge hatte. In Ländern wie Dänemark oder Finnland ist sie besonders ausgeprägt. Da sagt man sich: »Dieses Europa, das kostet uns nur Geld. Das wird von einer sklerotischen Organisation von Brüssel aus geführt, man weiß gar nicht, ob José Manuel Barroso, der Präsident der Europäischen Kommission, überhaupt etwas zu sagen hat. Es scheint nicht so zu sein.« Reinhold Messner, der einst Europaabgeordneter der Grünen war, sagte einmal: »Bei den siebenundzwanzig Mitgliedsländern hat man siebenundzwanzig Außenminister, die alle ihre eigene Politik machen. Es ist schwer, dem vereinigten Europa so etwas wie einen einheitlichen politischen Willen abzuringen.«

Eigentlich könnten wir zufrieden sein. Doch ich merke, dass unsere Gesellschaft alles andere als zufrieden ist. Ich merke, dass sehr viel Politikverdrossenheit existiert, dass es Probleme in der Deutungshoheit gibt. Die Kirchen habe keine mehr, große Organisationen wie die Gewerkschaften auch nicht, ebenso die politischen Parteien; sie finden keine Mitglieder mehr – so wie die Menschen nicht mehr zur Wahl gehen. Das stimmt mich schon sehr nachdenklich. Da denke ich, ob ich mich vielleicht hätte stärker artikulieren müssen, auch was die ökologische Perspektive unserer Erde betrifft. Es ist verständlich, dass man für 29 Euro nach Mallorca fliegen möchte. Aber ich weiß auch, dass die volkswirtschaftlichen Kosten mindestens das Zehnfache von dem ausmachen.

Für die Zukunft müssen wir ein Mehr an Informationen garantieren, an Wissenschaftlichkeit, die in einer vernünftigen und verständlichen Form zu kommunizieren ist. Es darf in unserer Gesellschaft auch keine Schulabbrecher mehr geben. Diese reiche Gesellschaft muss in der Lage sein, jedes Kind, egal welcher Herkunft, zu qualifizieren. Dann muss man auch sicherstellen, dass diejenigen, die zur Elite ausgebildet werden, sich auch wirklich als Elite verhalten und gleichsam in einer Lokomotivfunktion die anderen mitziehen. Das ist zu verlangen. Es muss die Chancengerechtigkeit geben. Große Probleme habe ich damit, dass viele aus meiner Altersgruppe ein Leben führen, dass aus Kreuzfahrten und Golfrunden besteht. Ich gönne jedem Freizeit und Erholung, aber das darf nicht zum Inhalt des Lebens werden, dazu sind die globalen Schwierigkeiten zu groß. Sich einen Abend lang darüber zu unterhalten, dass man am 17. Loch einen Birdie hätte spielen können ... Nein.

Viele Wirtschaftsführer stehen momentan stark in der Kritik, es gibt ein großes Unverständnis darüber, dass Manager in unserer Republik bis zu zehn Millionen Euro jährlich verdienen. Jemand, der im Monat 1400 Euro brutto nach Hause bringt, kann das nicht nachvollziehen. Zu Recht. Natürlich soll jemand, der in einem Vorstand oder Geschäftsführer ist, mehr erhalten – aber dieses immense Auseinanderdriften der Gehälter halte ich für ungesund. Wenn eine Friseurin in München 1400 Euro brutto verdient, dafür auch noch eine Stunde Anreise in Kauf nehmen muss, weil sie sich keine Wohnung mehr in der Stadt leisten kann, so ist das nicht in Ordnung.

Mehr und mehr denke ich darüber nach, wie dieses Wissen zu kommunizieren ist. Wie könnte man die Preise als volkswirtschaftliche Kosten angeben? Wie könnte man deutlicher sagen, dass ein Flug von 29 Euro eigentlich 300 oder 400 Euro kostet? Wäre das möglich, würde man dann nicht auch nach und nach ein anderes Bewusstsein wecken?

In den Zukunftsratssitzungen, die ich leite, versuche ich

den Mitgliedern zu verdeutlichen, dass wir noch stärker kommunizieren müssen, wohin die Reise gehen soll. Die Probleme, die vor uns liegen, sind einfach zu kritisch, als dass wir sie aussitzen könnten.

Es herrscht eine zu große Orientierungslosigkeit bei den Menschen. Man will keinem folgen, aber man weiß selbst auch nicht, wo es hingehen soll. Auf dem Evangelischen Kirchentag in Dresden Anfang Juni 2011 kamen zum Abschlussgottesdienst 120000 Menschen, die links und rechts der Elbe unter freiem Himmel gesungen und gebetet haben. Das war ein großes Community-Erlebnis, und man brauchte nur wenige Polizisten, weil es trotz dieser Menge von Personen nichts gab, was zu Problemen führte. Vielleicht sind diese Art von Veranstaltungen eine Hilfe, um in dieser heillos komplex gewordenen Welt, in dieser immensen Unübersichtlichkeit, die den Menschen Angst macht, eine Perspektive zu entwickeln. Wem verkaufen wir Panzer, wem verkaufen wir keine Panzer? Antworten auf Fragen wie diese sind nicht mehr so einfach, weiß man nicht, ob man damit etwas Sinnvolles bewirkt oder möglicherweise einen neuen Diktator heranzieht. Wenn ich mich dafür einsetze, nicht mehr das ganze Jahr Frischblumen kaufen zu können, dass die Frachtflieger sie nicht nach Deutschland importieren sollen, weiß ich zugleich, dass damit 100000 Beschäftigte in Westafrika keinen Job mehr haben. Wenn wir das nicht wollen, müssen wir der Gerechtigkeit halber auch auf Krabben und Joghurt verzichten, auch auf Billigflüge. Und das Benzin wird dann mindestens drei Euro kosten.

Mag es mich nicht so sehr tangieren, ich könnte mir immer noch Fernreisen oder Benzin leisten, aber bei vielen Menschen ist das nicht der Fall. Ist es möglich, ihnen das, was man ihnen in den letzten siebzig Jahren an materiellen Segnungen gegeben hat, einfach wieder wegzunehmen?

Ich hänge der Vorstellung an, dass ich selbst ein gutes Role-Model abgeben muss. Der Schweizer Pfarrer und Schriftsteller Jeremias Gotthelf hat einmal gesagt: »Im Hause muss beginnen, was leuchten soll im Vaterland.« Das heißt auch: Einem anderen nicht auf die Nerven zu fallen und zu fordern: »Tu was für mich«, sondern selbst etwas zu machen. Im Großen und Ganzen wird daraus ein besseres Ergebnis für die gesamte Welt herauskommen.

Wir Älteren, die mehr Zeit zum Reflektieren haben, sollten laut und deutlich äußern: »Ihr Nachkommenden, wir müssen euch eine andere Welt hinterlassen, als es jetzt den Anschein hat. Wir müssen in der Gesellschaft ein stärkeres Miteinander einfordern.« Auf Tagungen oder in politischen Runden versuche ich vorzuschlagen: »Wir haben mit der Wehrpflicht aufgehört – aber warum richten wir kein soziales Pflichtjahr für Männer und Frauen im Alter zwischen sechzehn und einundzwanzig Jahren ein?« Die Gegenargumente sind immer dieselben, immer gleich massiv: »Oh Gott, das können wir nie und nimmer durchsetzen. Erstens nehmen wir den jungen Menschen ein Jahr von ihrer Ausbildung weg, und zweitens kann man doch nicht von jedem soziale Hingabe erwarten. Auch muss man für einen sozialen Dienst speziell geschult sein …« Wenn man unsere Gesellschaft wieder mehr zusammenbringen möchte, müsste man wissen, dass der Kitt, der sie zusammenhält, nicht darin bestehen kann, dass man zusammen ein Fußballspiel in der Allianz-Arena erlebt, auch nicht durch Public Viewing oder eine gemeinsame Stauerfahrung.

Es ist mir bekannt, dass in Deutschland sechzehn Millionen Menschen ehrenamtlich tätig sind – das gibt es in keiner anderen Gesellschaft Europas. Es existiert auch ein Vereinswesen, das ausgesprochen vielseitig ist. Laut Alois Glück, CDU-Politiker und Vorsitzender der Bergwacht Bayern, bewerben sich bei der Bergwacht fünfmal so viele junge Leute wie sie nehmen können. Ähnlich sollen die Zahlen bei der Wasserwacht sein. Aber davon berichten die Medien kaum, die Summe der Informationen, die sie an die Menschen weitergeben, sind reines Nervengift.

Es scheinen allgemein Leitbilder zu fehlen, überzeugende

Role-Models. Während einer Abschiedsrede der Bayrischen Eliteakademie, die mein Mentee Johannes Elsner hielt, hörte ich, wie er von einer »heroenlosen« Generation sprach. Da ist etwas Wahres dran. Die Leitbilder, mit denen ich aufgewachsen bin, waren eindeutig übertrieben. Der »Führerwahnsinn« im Dritten Reich eine Perversion. Aber vollkommen ohne Vorbilder zu sein, halte ich auch für keine gute Sache. Wenn ich in meinen universitären Veranstaltungen frage: »Wem wollt ihr eigentlich nacheifern? Wer ist denn euer Hero?«, bekomme ich meist nur ein Schweigen als Antwort. Manchmal sagen einige: »Michael Schumacher.« Oder: »Oliver Kahn«. Das war es aber auch schon. In Amerika sieht es schon anders aus, da heißt es dann: »Bill Gates, Steve Jobs, Mark Zuckerberg. Wenn ich das einwerfe, gibt es immer den gleichen Kommentar: »Warum soll ich so werden wie Bill Gates oder Steve Jobs? Ich gehe meinen eigenen Weg.« Und das geschieht in einem erschreckenden Maße mehr als je zuvor, für mich auch ein Ausdruck jener allgemein festgestellten Bindungslosigkeit.

Meine Vorbilder waren Ron Daniel und in vielem auch Alfred Herrhausen. Das waren für mich erstrebenswerte Biografien, große Persönlichkeiten.

Wenn ich mich dagegen in der Politik umsehe, tue ich mich sehr schwer, jemanden auszumachen, der eine Identifikationsfigur abgeben könnte.

Als ich auf dem Weltwirtschaftsforum 2011 in Davos die Ministerin für Soziales und Arbeit, Ursula von der Leyen, in einem Gespräch näher kennenlernte, faszinierte sie mich. Bei ihr hatte ich das Gefühl, dass da kein Plastik war, die war echt. Bildungs- und Forschungsministerin Annette Schavan kenne ich noch aus Stuttgart, sie ist eine Politikerin, die ich akzeptiere. Wolfgang Schäuble verehre ich. Wer solche Prüfungen im Leben durchstehen muss, wie Schäuble sie gemacht hat, und sie immer noch durchzustehen hat, vor einem solchen Menschen kann ich nur den Hut ziehen. Angela Merkel: Sie ist schnippisch, verkörpert den Willen zur

Macht. Sie ist im Ausland deutlich höher angesehen als bei uns, und während auch ich oft unter ihrer Taktiererei stöhne, muss ich doch bedenken, dass sie mit einem schwächelnden Koalitionspartner regieren muss. Und dass Horst Köhler einfach sein Amt aufgab, habe ich bis heute nicht verstanden.

Einem jungen Menschen, der gerade mit dem Studium fertig ist, würde ich sagen, dass er sich in einer glücklichen Situation befindet, denn er gehört einer Altersgruppe an, die in den nächsten zehn Jahren um 15 Prozent abnehmen wird. Wenn das Angebot an hoch qualifizierten Absolventen abnimmt und die Nachfrage zunimmt, so ist das volkswirtschaftlich eine fantastische Situation. Der Krieg um die Talente hat schon eingesetzt, die Möglichkeiten sind wieder unbegrenzt. Also: »Seid entspannt, ihr könnt es euch aussuchen.« Als Zweites würde ich ihnen mit auf den Weg geben: »Versteht dieses Asien. Geht nach Asien, so wie ich damals nach Amerika gegangen bin.« Für mich gab es keine andere Alternative, es ging damals, 1968, einzig um den American Way of Life. Es gab keine andere Alternative. Heute muss man nach Asien.

Eine weitere Herausforderung ist die Tatsache, dass wir in einer digitalen Revolution leben. Was sie am Ende bringen wird, wissen wir alle noch nicht. Als die Revolution der Informationstechnik begann, holte man sich einen Spezialisten, der den Server anwarf und mit dicken Stößen von Ausdrucken daherkam. Heute sind die Jungen die Kinder der Revolution, von ihnen ist zu erwarten, dass sie alles können, auch Kunden über Facebook zu kontaktieren. Wissen ist ubiquitär geworden, auch wenn mein eigenes Gehirn nicht mehr ständig Twittern und Facebooken möchte. Aber die heutige junge Generation wird ganz neue Wege finden, mit diesen Medien umzugehen und gleichzeitig die eigene Privatsphäre zu retten. Sie wird auch damit zu tun haben, dass sie ihren Job noch häufiger wechseln müssen, als sie es heute schon tun. Es wird immer mehr um die Employability gehen als um den Employer, der Mensch wird weniger ein Arbeitnehmer sein, sondern ein Problemlöser. Da die Halbwertzeit des Wissens so drastisch sinkt, sich ständig atrophiert, wird man in ein Leben hineinkommen, dass man es alle vier, fünf Jahre auf einen neuen Stand bringen muss. In meiner Generation sagte man noch, dass ein Diplomkaufmann, der darüber Bescheid wusste, wie eine Buchführung zu machen war, vierzig Jahre mit diesem Wissen auskommen konnte. Das wird nie wieder so sein.

Ich studierte damals in einem Elfenbeinturm. Heute haben sich Hochschulen und Universitäten viel stärker um die gesellschaftlichen Entwicklungen zu kümmern. Parallel dazu, ist der Einzelne gefordert, sich zu engagieren. Es gibt einen Spruch, der für mich fast wie ein Lebensmotto ist: »Wenn dir der Schöpfer ein Mehr an Fähigkeiten gegeben hat, dann hat die Gesellschaft auch das Recht, von dir dieses Mehr an Fähigkeiten einzufordern.« Noch immer verdient ein Akademiker durchschnittlich zweimal so viel wie ein Nicht-Akademiker. Da wäre es doch angebracht, dieses Mehrwert auch in der einen oder anderen Weise zurückzugeben.

Es hat immer Phasen in meinem Leben gegeben, in denen ich über dem Limit war. Ich war so überzeugt vom Wachstum, von meiner eigenen Organisation McKinsey, dass ich, wann immer ich gute Leute fand, sie auch anstellte. Mein Credo war: »Gute Leute schaffen ihren Markt.« Und alle haben sich auch angestrengt – was wir hatten, war ein fast lineares Wachstum, es ging immer weiter wunderbar nach oben, steil nach oben. Über vierzehn Jahre lang. In dieser Zeit gab es volkswirtschaftlich einige Krisen zu überwinden, und man brauchte viel Kraft, um die Partner, mit denen man zusammenarbeitete, davon zu überzeugen, dass Wachstum eine gute Sache sei. Häufig sagten die Partner: »Lass uns lieber wieder so sein, wie wir früher waren, klein und überschaubar.« Wollte man das Gegenteil, so kostete dies enorme

Energie. Es bedeutete, dass ich bei den einzelnen Klienten intensiv involviert war, gleichzeitig merkte, dass ich mich nicht so im Detail auskannte, wie ich es gern gehabt hätte. Mehr und mehr musste ich mich auf meine Teams verlassen, und da kam auch bei mir das Gefühl auf: »Puh, ist das denn richtig? Merkt mein Gegenüber, wenn ich nicht so tief im Detail drin bin?« Die Furcht davor, irgendwann aufgedeckt zu werden, dass mir ein Klient sagt: »Sie haben ja überhaupt keine Ahnung« – das war absolut am Limit.

Und das war es auch, wenn ich meine Rolle bei McKinsey betrachtete. Niemals wollte ich in New York der Gesamtchef dieser Beratungsfirma werden, aber ich musste sicherstellen, dass wer auch immer der Boss war, mir viel Autonomie gegeben wurde.

Heute denke ich, dass man den Wachstumsbegriff in der volkswirtschaftlichen Gesamtrechnung neu definieren muss. Eine Reihe neuer Komponenten sind hinzuzufügen, etwa die Nachhaltigkeit oder die Wettbewerbsfähigkeit. Aber mit dem Älterwerden habe ich auch mein persönliches Wachstum neu sehen können. Ich selbst wachse, meine Wissensbasis wächst, meine Fähigkeiten, anderen zu helfen, wachsen ebenfalls. Was ich früher in einer Woche erledigt habe, schaffe ich jetzt an zwei Tagen. Das ist auch eine Form von Wachstum, von Produktivitätswachstum. Dieses persönliche Wachstum ist so wichtig, weil es auch die Leute um den betreffenden Menschen herum infiziert, weil er in der Lage ist zu sagen: »So kann es doch nicht bleiben, lass uns doch noch besser, noch schneller werden, noch höher springen.« Mit dem Besserwerden kann ich mich identifizieren, aber das Schneller, Höher, Weiter muss in der heutigen Zeit mit einem großen Fragezeichen versehen werden.

Aber ich würde wieder ans Limit gehen. Ohne Zweifel.

Dank

An dieser Stelle möchte ich Dank sagen, ein Dank an meine Klienten, die mich geprägt haben, an meine Mitarbeiter, die mich tatkräftig unterstützt haben, an meine verschiedenen Netzwerke, die ich gestalten durfte und an meine Verwandten und Freunde, die mich durch Höhen und Tiefen begleitet haben.

Dank an meine Klienten, die ich oft über eine lange Wegstrecke begleitet habe. Zwei möchte ich an dieser Stelle insbesondere erwähnen, da sie im Laufe der Zeit väterliche Freunde geworden sind. Es waren einmal Dieter von Sanden bei der Siemens AG und dann Werner Niefer beim Daimler. Diesen beiden Persönlichkeiten verdanke ich sehr viel. Beide sind nicht mehr unter uns. Ich pflege ein ehrendes Gedenken.

Meinen engen Mitarbeiterinnen und Mitarbeitern verdanke ich unendlich viel.

Beate Strobel, die schon bei der Credit Suisse in Frankfurt gearbeitet hatte, wechselte nach München, als ich dort »andockte«, und seit nunmehr fast zehn Jahren managt sie mein Büro. Mit größter Sorgfalt und Perfektion koordiniert sie alle meine Termine und Aufgaben innerhalb der Bank sowie Übergreifendes wie Aufsichtsratsmandate und anderes mehr in meinem oft vollen Terminplan.

Sonja Mosbach führt sehr umsichtig und effizient den McKinsey-Teil meiner heutigen Aktivitäten. Diese Rheinländerin repräsentiert McKinsey auf hervorragende Weise und assistiert inzwischen bei internationalen Meetings der Organisation.

Roswitha Frenzel, eine Stuttgarterin und dreißig Jahre dabei, führte bei McKinsey mein Münchner Büro und später die Alpine University mit viel Einsatz. Ihre große Stärke war die überzeugende Seniorität, die sie gegenüber Klienten ausstrahlte. Nach innen war sie eine Institution.

Gisela Ludorf, eine in Irland aufgewachsene Westfälin, managte über fünfzehn Jahre lang mein Hauptbüro in Düsseldorf. Sie war schon die Chefsekretärin meines Vorgängers John McDonald gewesen. Dank ihrer großen Erfahrung sorgte sie dafür, dass ich mich stets um die richtigen Dinge kümmerte. Als ich als Office Manager aufhörte, quittierte sie ihren Dienst bei McKinsey.

Ina Weber, effektiv arbeitende Chief Operation Officer in Düsseldorf, war einst als »*Girl Friday*«, als Mädchen für alles, in New York gestartet und hatte dann im deutschen Büro alles im Griff – von der Kleiderordnung für die Mitglieder des Supports über die Rahmenprogramme unserer Partnermeetings bis hin zu Sommerfesten und Weihnachtsfeiern. Es gab wenige Dinge im Büro, die sie nicht kannte. Zu mir hatte die Fränkin aus Würzburg jederzeit direkten Zugang.

Barbara Klett besuchte einst mit ihren Eltern ein Fußballspiel, das McKinsey veranstaltete, und beschloss, dass dies die richtige Firma für sie sei. Sie fing tatsächlich bei uns an und wurde eine sehr verschwiegene, sehr effizient arbeitende Leiterin des Supports für den Personalbereich. *Peter Neusser* leitete unsere Druckerei und Designabteilung; *Joshi Fuhrmann*, ein großer Fußballer, sorgte dafür, dass wir stets hervorragend produzierte Schaubilder zur Verfügung hatten.

Christel Delker, ehemalige *Handelsblatt*-Journalistin, war bei uns die Chefin der Kommunikation. Sie war einmalig, nicht immer diplomatisch, wenn sie Entwürfe kritisierte, aber stets höchster Qualität verpflichtet. Ihr Rat war wertvoll und eindeutig: Als Erich Böhme mich einmal in seine Sendung *Talk im Turm* einlud, kommentierte sie knapp:

»Wenn Sie am Sonntagabend nichts Besseres vorhaben, dann gehen Sie hin. Für McKinsey bringt es jedenfalls nichts!« Ich folgte ihrem Rat und schlug Talk-Einladungen fast immer aus. *Christa Wobornik* war eine allseits beliebte Personalchefin bei McKinsey. Sie kannte die Sorgen und Nöte von Bewerbern und Beratern, insbesondere ihr Urteilsvermögen half mir oft. *Hubert Dicks*, der Chef der Research-Abteilung, wusste immer, wo man eine Information auftreiben konnte, die man dringend brauchte. Für mich und viele meiner Kollegen war er häufig die letzte Hoffnung. Unvergessen sind die minutenlangen Ovationen, als er auf der Weihnachtsfeier zum »sector head« befördert wurde.

Des Weiteren: *Patrick Tange*, ein hervorragender Ökonom, der leider viel zu früh verstorben ist, *Rainer Roggendorf*, ein umsichtiger Controller, *Josef Feider*, der heutige Finanzchef, *Inge Klopp*, die Leiterin des World Processing (leider früh verstorben), *Knut Steglich*, der frühere Chief of Staff, *Jutta Weider Pipping*, die effiziente Assignment Koordinatorin, *Detlev Oelrich*, mein Fahrer in München, und *Peter Klinz*, mein Fahrer in Düsseldorf, die uns auch in brenzligen Situationen immer sicher ans Ziel brachten. In den ersten Jahren bei McKinsey haben mich *John McDonald*, *Hasso von Falkenhausen* (leider verstorben) und *Harald Schröder* geprägt. Ihnen gebührt großer Dank.

Dankbar bin ich auch meinen McKinsey-Kollegen und deren Ehefrauen im deutschen Büro: In den ersten Jahren des Office Managements waren es insbesondere *Helmut Hagemann*, *Michael Roever* und *Friedrich Schiefer* (beide verstorben), *Peter Schlenzka*, *Peter Kraljc* und vor allem *Michael Muth* und *Armin Timmermann*, *Dieter Pommerening*, *Dietmar Mayersiek*, mit denen ich viele Klienten gemeinsam betreute. Später waren es *Wolf Klinz*, *Peter Kastil*, *Detlev Mohr*, *Ingo Beyer von Morgenstern*, *Konrad Stiglbrunnen*, *Rainer Salfeld*, *Lothar Stein*, *Ed Krubasik* mit denen ich die Klientenarbeit bei Siemens weiterentwickelte. *Wilhelm Rall*,

Günter Rommel, Axel Born, Klaus Droste, Jürgen Kluge, Andi Biagosch, Thomas von Mitschke und schließlich *Michael Jung*, der »*intellectual giant*«, waren Mitglieder im späteren operating commitee, das mich wirkungsvoll unterstützte. Besonders eng habe ich außerdem mit *Ralph Heck, Cornelius Baur, Hajo Riesenbeck, Heino Fassbender, Detlev Hoch, Georg Nederegger, Klaus Behrenbeck, Claus Benkert* und vor allem mit dem jetzigen Office Manager *Frank Mattern* zusammengearbeitet. Mit einigen Frauen arbeitete ich intensiv, um nur einige zu nennen – mit *Annet Aris, Ulrike Michel, Clara Streit, Claudia Nemat*. *Steffi Eckermann* organisierte hervorragende Veranstaltungen zur Nachwuchswerbung mit Prominenten wie Markus Wasmeier, Reinhold Messner und Franz Beckenbauer.

Als enge Kollegen auf internationaler Ebene möchte ich *John Banham* (späterer CBI-Präsident), *Ian Davis* (Office Manager in London und späterer McKinsey Chef), *Peter Foy* (mit umwerfenden Humor), *Norman Sanson* (der schottische referee), *Chuck Farr* (ging zu *American Express* – und verstarb leider viel zu früh), *Ron Daniel* (förderte mich als Managing Partner), *Fred Gluck* (der kameradschaftliche Chef), *Don Waite* (der über die professionellen Ethics wachte), *Charlie Shaw* (mein Joggingpartner im New Yorker Central Park), *Pete Walker* (der Inbegriff von client dedication), *Lowell Bryan* und *Ted Hall* (zwei superbrains), *Tino Puri* (der die indische Weisheit mit westlichen Intellekt verband), *Rajat Gupta* (ein kongenialer Partner als Managing Director), *Tore Myrholt* (mein Zehnkampf-Partner) und *Mickey Huibregtsen* (an dessen intellektuellem Anspruch ich wuchs) erwähnen.

Meine Zeit als European Chairman führte zur engen Zusammenarbeit mit *Thomas Knecht, Christian Casal, Gianimiglio Osculati, Rolando Polli, Pacco Moreno, Manuel da Silva, Yann Duchesne, Michael Halbye, Eberhard von*

Loehneysen, Anton von Rossum, Rob Reibestein und *Herman de Bode.*

Dann ein allgemeiner Dank an die zahlreichen Partner und Associates, die mit mir gearbeitet, mit mir Fußball gespielt haben und mit mir Ski gelaufen sind, auch an jene, die es nicht geschafft haben bei McKinsey (sie sind ja deshalb keine schlechten Menschen), an meine Hundertschaften von Studenten, zahllosen Mentees – und natürlich viele, viele McKinsey-Beraterinnen und Beraterinnen, und den kompletten Support-Staff im In- und Ausland. Wenn ich heute noch scherzhaft in vielen Büros als »living legend« bezeichnet werde, so verdanke ich es ihnen.

In den letzten zehn Jahren bei der Credit Suisse lernte ich viele neue Kollegen näher kennen. Besonderer Dank an dieser Stelle an *Lukas Mühlemann* (der mich holte), *Walter Kielholz*, *Hans-Ulrich Döring*, *Urs Rohner* (mein neuer Chairman), *John Mack*, *Ossi Grübel*, *James Leigh-Pemberton*, *Brady Dougan* (mein kollegialer Chef), *Norbert Reis* und natürlich mein überaus loyaler und integrativer CEO in Deutschland *Michael Rüdiger*.

Geprägt haben mich die Wissenschaft und die Arbeit an »meiner« Universität, der Ludwigs-Maximilian-Universität in München. Besonderer Dank gilt an dieser Stelle *Horst Albach* (mein wissenschaftliches Idol), *Eberhard Schaich* (früher Rektor in Tübingen), *Walter Schweizer* (heute Präsident in Passau), *Ed Heinen* (der mich zur LMU-Fakultät brachte), *Werner Kirsch* und *Dietmar Harhoff*.

In der Arbeit mit und für Politiker habe ich viel gelernt; über den gerade bei uns sehr schwierigen Beruf des Politikers. Ich fühlte mich privilegiert, mit Horst Köhler in den verschiedenen Phasen seiner beruflichen Entwicklung arbeiten zu dürfen, Kurt Biedenkopf als intellektuelle Herausforderung zu erleben, Roman Herzog innovatorische Ratschläge zu geben, mit Lothar Späth eine über viele Lebensphasen dauernde Partnerschaft vom Berater im ersten Umweltinformationensystem bis zum Ko-Autor (fünf gemeinsame Bücher) entwickeln zu können und schließlich für einen stets rastlosen Edmund Stoiber als enger McKinsey Ratgeber arbeiten zu dürfen. Aktuell erlebe ich Horst Seehofer in meiner Funktion als Vorsitzender des Zukunftsrates Bayerns und bewundere ihn dafür.

Viel denke ich an meine Freunde aus der Jugendzeit, die in der schwäbischen Heimat, in der Region Nürtingen, geblieben sind. *Siegfried Henzler*, genannt »Mühlesieger«, ist ein Homme de lettres, ein großer Fotograf, Sänger und sportbegeisterter Sponsor des Turnerbunds, des Sportvereins meines Heimatorts Neckarhausen. Seit Jahren besucht er meine Mutter nach dem sonntäglichen Kirchgang.

Hans-Udo Nagel und ich haben in Saarbrücken gemeinsam studiert und viel Spaß gehabt. Er ging hinterher zu Daimler, und ich konnte auf ihn zählen, wenn es darum ging zu erfahren, wie die Ebene unterhalb des Vorstands zu den Projekten stand, die wir bei McKinsey entwickelt hatten. Wir begegnen uns immer wieder bei meinen Besuchen zu Hause in Neckarhausen.

Peter Maier, ein hervorragender Arzt, der mit mir in München studierte, betreut meine betagte Mutter und gibt mir das Gefühl, dass sie medizinisch in besten Händen ist. *Hans Dengler* ist ein Freund aus frühen Tagen, der in Tübingen und Freiburg Medizin studierte und zu einem erstklassigen Orthopäden wurde. Jetzt, im Ruhestand, schreibt er Bücher und fiebert mit dem VfB Stuttgart.

Alle vier Freunde aus alter Zeit kümmern sich großartig um meine Mutter, die einst, wenn wir gelegentlich nachts bei ihr auftauchten, Spiegeleier für uns briet, und die nichts dagegen hatte, wenn wir im Mostkeller das »hintere Fässle« anzapften.

Axel Munte ist mein enger Freund aus Studientagen, wir haben schon sehr viel zusammen erlebt. Für mich war und bleibt er ein großer Freund in allen Lebenslagen, ein großartiger Arzt – und ein sportlicher, intellektuell anregender Kamerad, mit dessen Familie ist seit mehr als vier Jahrzehnten eng verbunden bin.

Hans Widmer ist seit über 40 Jahren ein enger, anregender und oft auch sehr kompetitiver Freund. Unsere Duelle auf der Piste und beim Elfmeterschießen gehen schon ins vierte Jahrzehnt. Mit ihm und seiner Familie bin ich eng verbunden.

Helmut Linssen ist ein Freund aus Studientagen. Später wurde er Finanzminister in Nordrhein-Westfalen, und wir haben uns über all die Jahre intensiv ausgetauscht.

Mit *Thorlef Spickschen* studierte ich gemeinsam in Berkeley. Später traf ich ihn bei McKinsey wieder und verlor ihn nie mehr aus den Augen. Er ist Similauner der ersten Stunde.

Nicht unerwähnt bleiben dürfen aus frühen Tagen *Butzel Schröder* – ein Tierarzt oder auch »Viechdoktor«, wie sie damals in Tirol sagten; *Sepp Oesterle* – ein Studienfreund und Pate meiner Tochter Nicole; *Hermi Hoch* – ein äußerst humorvoller Augenarzt aus Polling; *Joe Wirth* – ein großer Kamerad aus frühen Münchner Tagen; *Robert Link* – ein Freund seit unseren gemeinsamen Tagen bei der Shell, der vor einiger Zeit verstorben ist.

Auch in meiner Münchner Umgebung sind Freundschaften fürs Leben entstanden. Hierzu gehören *Timmi Ackermann, Karl-Hermann Baumann, Ernst Freiberger, Bernhard Heiss, Klaus Neugebauer, Wolfgang Reitzle* und *Roland Schafroth, Albrecht Schmidt, Martin Steinmeyer* und *Mark Wössner* und auch deren Ehefrauen. Aus meiner frühen Kitzbüheler Zeit pflege ich noch heute enge Freundschaften zu *Sibylle Beckenbauer, Gabi Reitzle, Maria Schaeffler* und *Petra Zamek.*

Franz Beckenbauer zähle ich zu meinen engen Freunden, ebenso wie alle meine Similauner, darunter besonders *Uli*

Cartellieri, der älteste und fiteste, der so etwas wie ein großer Bruder beim Bergsteigen für mich ist und natürlich *Reinhold Messner*, der König der Berge.

Dank gilt an dieser Stelle dem legendären Winfried Wilhelm, dem langjährigen stellvertretenden Chef des *manager magazins* und Hubert Burda. Beide haben mich nachhaltig zum Schreiben dieser Autobiografie ermuntert. Ich hoffe, ich kann ihren hohen Ansprüchen genügen.

Besonderer Dank gebührt meiner Familie, der Familie meines Bruders und den Familien meiner Kinder Nicole in Seattle und Oliver in New York.

Meine Schwägerin Ursel und mein Bruder Siegfried haben meine Entwicklung stets verständnisvoll begleitet und Oliver und Leah in New York bringen eine künstlerische Dimension in mein Leben. Nicole und John in Seattle sorgen für meine zeitgemäße philosophische Aufrüstung.

Personenregister

Bildnachweis

Wenn nicht anders bezeichnet, stammen die Bilder aus der Sammlung des Autors.

Bildteil:

Seite 4 oben: © dpa – Bildarchiv; Seite 12 oben: © picture-alliance/Sven Simon; Seite 13 oben: © Armin Brosch, München; Seite 13 unten: © picture-alliance/dpa – Fotoreport; Seite 14 unten: © Rolf Poss; Seite 14 oben: © picture-alliance/Sven Simon

Bitte beachten Sie auch die folgenden Seiten.

»Dieses Buch hilft, die richtigen Entscheidungen zu treffen«

New York Times

Richard H. Thaler
Cass R. Sunstein

Nudge

Wie man kluge
Entscheidungen anstößt

Econ

Richard H. Thaler / Cass R. Sunstein · **Nudge**
Wie man kluge Entscheidungen anstößt
388 Seiten · Gebunden mit Schutzumschlag
€ [D] 22,90 · € [A] 23,60
ISBN 978-3-430-20081-3

Nudge – so heißt die Formel, mit der man andere dazu bewegt, die richtigen Entscheidungen zu treffen. Denn Menschen verhalten sich von Natur aus nicht rational. Nur mit einer Portion List können sie dazu gebracht werden, vernünftig zu handeln. Aber wie schafft man das, ohne sie zu bevormunden? Wie erreicht man zum Beispiel, dass sie sich um ihre Altervorsorge kümmern, umweltbewusst leben oder sich gesund ernähren? Darauf gibt Nudge die Antwort.

Econ

Strategisch zum Erfolg

Ingmar P. Brunken · **Die 6 Meister der Strategie**
und wie Sie beruflich und privat von ihnen profitieren können
260 Seiten · gebunden mit Schutzumschlag
€ [D] 19,95 · € [A] 20,60
ISBN 978-3-430-11573-5

Die Klassiker der Erfolgsstrategien sind auch heute noch ein wertvoller Schatz.
Doch wer hat die Zeit, sie im Original zu lesen? Erstmals stellt Ingmar P. Brunken
die wichtigsten »Lebensstrategen« aus Ost und West in einem Band vor: ihre
Stärken und Schwächen, anschaulich mit lebendigen Beispielen, für jedermann
anwendbar. Clausewitz, Hagakure, Macchiavelli, Musahi, Seneca und Sun-Tsu:
ein Muss für alle, die wissen wollen, welches der für sie passende
Weg zum beruflichen und privaten Erfolg ist.